工业企业供电

（第2版）

东北大学　周　瀛　李鸿儒　主编

北　京

冶 金 工 业 出 版 社

2010

内 容 提 要

　　全书共分 7 章,主要内容包括电力系统概述,工业企业电力负荷计算,短路电流及其计算,工业企业变电站及供电网路,工业企业供电系统的保护装置,工业企业供电系统二次接线与自动装置,供电质量的提高与电能节约。各章均附有习题。

　　本书理论联系实际,实用性强,有关的图形符号、技术数据均采用了最新标准、最新规范,是工业电气自动化专业本科生教学用书,也可供从事电力系统运行、设计及科研的工程技术人员参考。

图书在版编目(CIP)数据

　　工业企业供电/周瀛,李鸿儒主编 . —2 版 . —北京:
冶金工业出版社,2002.4 (2010.3 重印)
　　ISBN 978-7-5024-2949-2

　　Ⅰ. 工… Ⅱ.①周… ②李… Ⅲ. 工业用电—供电
Ⅳ. TM727.3

　　中国版本图书馆 CIP 数据核字(2002)第 006905 号

出 版 人　曹胜利
地　　址　北京北河沿大街嵩祝院北巷 39 号,邮编 100009
电　　话　(010)64027926　电子信箱　postmaster@cnmip.com.cn
责任编辑　王　优　美术编辑　王耀忠　责任校对　刘　倩　责任印制　李玉山
ISBN 978-7-5024-2949-2
北京兴华印刷厂印刷;冶金工业出版社发行;各地新华书店经销
1985 年 11 月第 1 版,2002 年 4 月第 2 版,2010 年 3 月第 12 次印刷
787mm×1092mm　1/16;16 印张;380 千字;243 页;51801-53300 册
28.00 元

冶金工业出版社发行部　电话:(010) 64044283　传真:(010) 64027893
冶金书店　地址:北京东四西大街 46 号(100711)　电话:(010)65289081
　　　　　(本书如有印装质量问题,本社发行部负责退换)

第 2 版前言

1979 年,由东北工学院耿毅教授主编的高等学校教学用书《冶金工业供电》由冶金工业出版社出版,1985 年按教育部的专业规划重新编写出版,改名为《工业企业供电》,经数次印刷,在国内高等学校得到广泛应用,受到一致好评。然而,随着电力电子器件、微处理器和工业企业电气设备的飞速发展,原有的一些供电设备、技术已经落伍或淘汰,加之高等学校教学改革的不断进行,教材的重新编写势在必行。1997 年,原冶金工业部把《工业企业供电》列为"九五"规划教材,并委托东北大学负责编写。在此背景下,我们在原《工业企业供电》教材的基础上,总结多年来讲授这门专业课的体会和实际供电系统设计的经验,结合部分高校、厂矿及设计研究院的专家学者的意见,编写了本书。本书为工业电气自动化专业的教材,也可供从事电力系统运行、设计及科研的工程技术人员参考。

在本书编写中,对第 1 版教材修改的主要部分有:第 5 章中删去了部分电磁继电器的内容;第 6 章中增加 4 节内容,即计算机在供电中的应用、智能电源监视器、微机监控组态软件及用 RSview32 软件组态监控平台;第 6 章与第 7 章合为一章讲述。同时,有关的图文符号、技术数据均采用了最新标准、最新规范,并且注意介绍了新技术在工业企业供电中的应用和供电技术的发展趋势。

全书本着深入浅出、少而精的原则,重点做到使以本书为教材并且参加听课和实验的学生能对工业企业供电的基本知识和主要技术深入理解、牢固掌握。

本书由东北大学周瀛、李鸿儒任主编。全书共分 7 章,第 1 章及附表由周瀛编写,第 4 章、第 7 章由李鸿儒编写,第 3 章、第 6 章 1~4 节由冯健编写,第 6 章 5~8 节由钱晓龙编写,第 2 章由苏敬东、周瀛编写,第 5 章由苏敬东、李鸿儒、冯健编写。

本书由沈阳工业学院李宗纲教授主审,东北大学顾树生教授和殷洪义教授参加了审稿工作,他们对书稿进行了认真的审阅和讨论,并提出了许多宝贵的修改意见。另外,在本书的内容取舍、编写和定稿过程中,他们也提出了大量的宝贵意见,在此表示最诚挚的谢意。

感谢耿毅等原书作者为本书编写所奠定的坚实基础。

由于编者水平所限,书中难免有不妥之处,恳请专家和读者不吝指正,深表谢忱。

编　者

2002 年 1 月

第1版前言

一九七九年我们根据工矿企业自动化专业培养目标的要求,编写了《冶金工业供电》教材。经过几年的使用,普遍反映该教材内容基本上符合教学需要,对提高教学质量起到了一定的作用。

在一九八四年五月教育部公布的"高等学校工科通用专业简介"(审订稿)中,与自动化有关的专业已统一归口,定名为工业电气自动化专业,并明确指出该专业的培养目标为"培养电力拖动及其自动控制系统以及工业企业供电系统的研究、设计和运行方面的高级工程技术人才"。为了适应这个专业培养目标的需要,我们在总结几年来讲授这门专业课的教学经验的基础上,同时听取了部分厂矿及设计研究单位的意见,重新编写出这本《工业企业供电》教材。

在这本教材中,我们针对工业企业供电系统的研究、设计及运行的需要,在重点讲授供电基本理论和基本知识的同时,重视了供电系统的设计与计算;加强了理论教学与工程实际的联系;在内容选取上努力贯彻了少而精原则;有关的技术数据、资料均按新技术政策、新设计规范及新设备产品样本进行了整理修订;并注意在有关章节内介绍了新技术的应用和供电技术的发展趋势。本书可作为高等工科院校工业电气自动化专业的教材,或作为电力类其他专业的教学参考书,也可供从事电力系统运行、设计及科研的工程技术人员参考。

本教材共分为八章。其中第一、六(一至二节)、七、八章由耿毅同志执笔;第二、三章及第六章中的第三节(一至三部分)由林文铮同志执笔;第四章由白尔清同志执笔;第五章由刘家煌同志执笔;第六章第三节中的第四部分由王子午同志执笔。全书由耿毅同志负责主编。

本教材由鞍山钢铁学院刘玉林同志担任主审,并邀请沈阳工业学院李宗纲同志、阜新矿业学院崔承基同志、本钢工学院史美伦同志、张剑同志、鞍山钢铁学院韩春升同志、北京钢铁学院白尔清同志、中南矿冶学院刘家煌同志等主讲工业企业供电课的教师进行了全面审查,提出了许多宝贵意见,特在此表示衷心感谢。

由于我们业务水平有限,因此本教材难免有错误和不当之处,请读者批评指正。

编　者
1985 年 8 月

目　录

1 绪 论

1.1 电力系统的基本概念

近代一切大规模工农业生产、交通运输和人民生活都需要大量的电能。电能是由发电厂生产的,而发电厂多建立在一次能源所在地,距离城市和工业企业可能很远,这就需要将电能输送到城市或工业企业,之后再分配到用户或生产车间的各个用电设备。为了保证电能的经济输送、合理分配,满足各电能用户安全生产的不同要求,需要变换电能的电压。下面简要介绍一下电能的生产、变压、输配和使用几个环节的基本概念。

1.1.1 发电厂

发电厂是生产电能的工厂,又称发电站。它把其他形式的一次能源,如煤炭、石油、天然气、水能、原子核能、风能、太阳能、地热、潮汐能等等,通过发电设备转换为电能。由于所利用一次能源的形式不同,发电厂可分为火力发电厂、水力发电厂、原子能发电厂、潮汐发电厂、地热发电厂、风力发电厂和太阳能发电厂等等。我国电能的获得当前主要是火电,其次是水电和原子能发电,至于其他形式的发电,所占比例都较小。

1.1.1.1 火力发电厂

火力发电厂是指用煤、油、天然气等为燃料的发电厂。其中的原动机多为汽轮机,个别的也有用柴油机和燃气轮机的。火力发电厂又可分为凝汽式火电厂和热电厂。

1.1.1.2 水力发电厂

水力发电厂是把水的位能和动能转变成电能的发电厂。主要可分为堤坝式和引水式水力发电厂。如正在建设中的三峡水电站即为堤坝式水力发电厂,建成后坝高 185m,水位175m,总装机容量为 1768 万 kW,年发电量可达 840 亿 kW·h,居世界首位。

1.1.1.3 原子能发电厂

原子能发电厂又称核电站,如我国秦山、大亚湾核电站,是利用核裂变能量转化为热能,再按火力发电厂方式发电的,只是它的"锅炉"为原子核反应堆。

1.1.2 变电站

变电站又称变电所,是变换电能电压和接受电能与分配电能的场所,是联系发电厂和用户的中间枢纽。它主要由电力变压器、母线和开关控制设备等组成。变电站如果只有配电设备等而无电力变压器,仅用以接受和分配电能,则称为配电站。凡是担负把交流电能变换成直流电能的变电站统称为变流站。

变电站有升压和降压之分。升压变电站多建立在发电厂内,把电能电压升高后,再进行长距离输送。降压变电站多设在用电区域,将高压电能适当降低电压后,对某地区或用户供电。降压变电站就其所处的地位和作用又可分为以下三类。

1.1.2.1 地区降压变电站

地区降压变电站又称为一次变电站,位于一个大用电区或一个大城市附近,从 220~500kV 的超高压输电网或发电厂直接受电,通过变压器把电压降为 35~110kV,供给该区域的用户或大型工业企业用电。其供电范围较大,若全地区降压变电站停电,将使该地区中断供电。

1.1.2.2 终端变电站

终端变电站又称为二次变电站,多位于用电的负荷中心,高压侧从地区降压变电站受电,经变压器电压降到 6~10kV,对某个市区或农村城镇用户供电。其供电范围较小,若全终端变电站停电,只是该部分用户中断供电。

1.1.2.3 企业降压变电站及车间变电站

企业降压变电站又称企业总降压变电站,与终端变电站相似,它是对企业内部输送电能的中心枢纽。而车间变电站是接受企业降压变电站所提供的电能,电压降为 220/380V,对车间各用电设备直接进行供电。

1.1.3 电力网

电力网是输电线路和配电线路的统称,是输送电能和分配电能的通道。电力网是把发电厂、变电站和电能用户联系起来的纽带。它由各种不同电压等级和不同结构类型的线路组成,从电压的高低可将电力网分为低压网、中压网、高压网和超高压网等。电压在 1kV 以下的称低压网;1kV 到 10kV 的称中压网;高于 10kV 低于 330kV 的称高压网;330kV 及以上的称超高压网。

1.1.4 电能用户

所有的用电单位均称为电能用户,其中主要是工业企业。据 1982 年的资料统计,我国工业企业用电占全年总发电量的 63.9%,是最大的电能用户。因此,研究和掌握工业企业供电方面的知识和理论,对提高工业企业供电的可靠性,改善电能品质,做好企业的计划用电、节约用电和安全用电是极其重要的。

为了提高供电的可靠性和经济性,现今广泛地将各发电厂通过电力网连接起来,并联运行,组成庞大的联合动力系统。其中由发电机、变电站、电力网和电能用户组成的系统称为电力系统,如图 1-1 所示。发电机生产的电能,受发电机制造电压的限制,不能远距离输送。发电机的电压一般多为 6.3、10.5、13.8、15.75kV,少数大容量的发电机也有采用 18kV 或 20kV 的。这样低的电压级只能满足自用电和给附近的电能用户直接供电。要想长距离输送大容量的电能,就必须把电能电压升高,因为输送一定的容量,输电电压越高,电流越小,线路的电压损失和功率损失也都越小。因此,通常使发电机的电压经过升压达 330~500kV,再通过超高压远距离输电网送往远离发电厂的城市或工业集中地区,再通过那里的地区降压变电站将电压降到 35~110kV,然后再用 35~110kV 的高压输电线路将电能送至终端变电站或企业降压变电站。

对于用电量较大的厂房或车间,可以直接用 35~110kV 电压将电能送到厂房或车间附近的降压变电站,变压后对厂房或车间供电。这对于减少网路损耗和电压损失,保证电能品

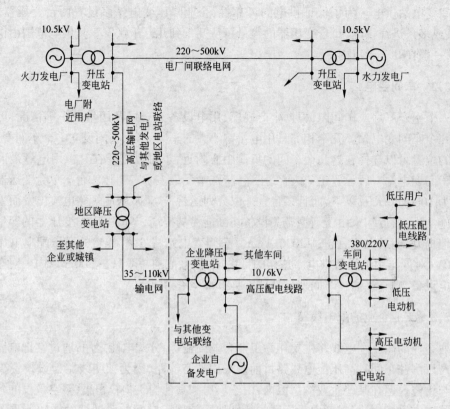

图 1-1　电力系统示意图

质具有十分重要的意义。

1.2　工业企业供电系统

工业企业供电系统由企业降压变电站、高压配电线路、车间变电站、低压配电线路及用电设备组成,如图 1-1 的点划线框内部分所示。工业企业供电系统一般都是联合电力系统的一部分,其电源绝大多数是由国家电网供电的,但在下述情况时,也可以建立工业企业自用发电厂:

1)距离系统太远;

2)本企业生产及生活需要大量热能;

3)本企业有大量重要负荷,需要独立的备用电源;

4)本企业或所在地区有可供利用的能源。

对于重要负荷不多的工业企业,作为解决第二能源的措施,发电机的原动机可利用柴油机或其他小型动力机械。大型企业,若符合上述条件时,一般建设热、电并供的热电厂,机组台数不超过两台,容量一般不超过 25000kW/台。

1.2.1　企业降压变电站

一般来说,大型工业企业均设立企业降压变电站,把 35 ~ 110kV 电压降为 6 ~ 10kV 电压向车间变电站供电。为了保证供电的可靠性,企业降压变电站多设置两台变压器,由一条、两条或多条进线供电,每台变压器的容量可从几千到几万千伏安。其供电范围由供电容量决定,一般在几千米以内。

1.2.2 车间变电站

在一个生产厂房或车间内,根据生产规模、用电设备的布局及用量大小等情况,可设立一个或几个车间变电站。几个相邻且用电量都不大的车间,可以共同设立一个车间变电站,变电站的位置可以选择在这几个车间的负荷中心附近,也可以选择在其中用电量最大的车间内。车间变电站一般设置 1 ~ 2 台变压器,特殊情况最多不宜超过 3 台。单台变压器容量通常均为 1000kV·A 及以下,而且多台宜采取分列运行,这是从限制短路电流出发而采取的相应措施。不过,近年来由于新型开关设备切断能力的提高,车间变电站变压器的容量也可以相应地提高,但最大不宜超过 2000kV·A。车间变电站将 6 ~ 10kV 的高压配电电压降为 220/380V,对低压用电设备供电。这样的低电压,供电范围一般只在 500m 以内。对车间的高压用电设备,则直接通过车间变电站的 6 ~ 10kV 母线供电。

1.2.3 工业企业的配电线路

工业企业的高压配电线路主要作为工业企业内输送、分配电能之用,通过它把电能送到各个生产厂房和车间。高压配电线路目前多采用架空线路,因为架空线路建设投资少且便于维护与检修。但在某些企业的厂区内,由于厂房和其他构筑物较密集,架空敷设的各种管道在有些地方纵横交错,或者由于厂区的个别地区扩散于空间的腐蚀性气体较严重等因素的限制,在厂区内的部分地段确实不宜于敷设架空线路。此时可考虑在这些地段敷设地下电缆网路。最近几年来由于电缆制造技术的迅速发展,电缆质量不断提高且成本下降,同时为了美化厂区环境以利于文明生产,现代化企业的厂区高压配电线路已逐渐向电缆化方向发展。

工业企业低压配电线路主要用以向低压用电设备供电。在户外敷设的低压配电线路目前多采用架空线路,且尽可能与高压线路同杆架设以节省建设费用。在厂房或车间内部则应根据具体情况确定,或采用明线配电线路,或采用电缆配电线路。在厂房或车间内,由动力配电箱到电动机的配电线路一律采用绝缘导线穿管敷设或采用电缆线路。

对矿山来说,井筒及井巷内的高低压配电线路均应采用电缆线路,沿井筒壁或井巷壁敷设,每隔 2 ~ 4m 用固定卡加以固定。在露天采矿场内多采用移动式架空线路,但对高低压移动式用电设备,如电铲、钻机等应采用橡套电缆进行供电。

车间内电气照明线路和动力线路通常是分开的,一般多由一台配电用变压器分别供电,如采用 220/380V 三相四线制线路供电,动力设备由 380V 三相线供电,而照明负荷则由 220V 相线和零线供电,但各相所供应的照明负荷应尽量平衡。如果动力设备冲击负荷使电压波动较大时,则应使照明负荷由单独的变压器供电。事故照明必须由可靠的独立电源供电。

工业企业低压配电线路虽然距离不长,但用电设备多,支路也多,设备的功率虽然不大,电压也较低,但电流却较大,导线的有色金属消耗量往往超过高压配电线路。因此,正确解决工业企业低压配电系统的问题,是一项既复杂又重要的工作。

1.3 电力系统的额定电压

为使电气设备生产标准化,便于大量成批生产,使用中又易于互换,对发电、供电、受电等所有设备的额定电压都必须统一规定。电力系统额定电压的等级是根据国民经济发展的需要,考虑技术经济上的合理性以及电机、电器制造工业的水平发展趋势等一系列因素,经全面研究分析,由国家制定颁布的。我国1981年颁布的额定电压国家标准为 GB156—80。

所谓电气设备的额定电压,就是能使发电机、变压器和一切用电设备在正常运行时获得最经济效果的电压。按照 GB156—80 的规定,额定电压分为两类:

1.3.1 3kV 以下的设备与系统的额定电压

此类额定电压包括直流、单相交流和 3kV 以下的三相交流等三种,如表 1-1 所示。在国家标准中规定,受电设备的额定电压和系统的额定电压是一致的。供电设备的额定电压是指电源(蓄电池、交直流发电机和变压器二次绕组等)的额定电压。

表 1-1　3kV 以下的额定电压/V

直　流		单相交流		三相交流		备　注
受电设备	供电设备	受电设备	供电设备	受电设备	供电设备	
1.5	1.5					1. 直流电压均为平均值,交流电压均为有效值
2	2					
3	3					
6	6	6	6			2. 标有 + 号者只作为电压互感器、继电器等控制系统的额定电压
12	12	12	12			
24	24	24	24			
36	36	36	36	36	36	3. 标有 * 号者只作为矿井下、热工仪表和机床控制系统的额定电压
		42	42	42	42	
48	48					4. 标有 ** 号者只准许在煤矿井下及特殊场所使用的电压
60	60					
72	72					
		100+	100+	100+	100+	5. 标有▽号者只供作单台设备的额定电压
110	115					
		127*	133*	127*	133*	6. 带有斜线者,斜线之上为额定相电压,之下为额定线电压
220	230	220	230	220/380	230/400	
400▽,440	400▽,460			380/660	100/690	
800▽	800▽					
1000▽	1000▽					
				1140**	1200**	

1.3.2 3kV 以上的设备与系统的额定电压及其对应的最高电压

此类电压均为三相交流线电压,国家标准规定如表 1-2 所示。表中所列设备最高电压系指根据绝缘性能和与最高电压有关的其他性能而确定的该级电压的最高运行电压。表中对 13.8、15.75、18、20kV 的设备最高电压未作具体规定,可由供需双方研究确定。

表 1-2　3kV 以上的额定电压及其最高电压/V

受电设备与系统额定电压	供电设备额定电压	设备最高电压	备　注
3 6 10	3.15,3.3 6.3,6.6 10.5,11	3.5 6.9 11.5	1. 标有 * 号者只用作发电机的额定电压,与其配套的受电设备额定电压,可取供电设备的额定电压 2. 设备最高电压,通常不超过该系统额定电压的 1.15 倍。但对 330kV 以上者取 1.1 倍
	13.8* 15.75* 18* 20*		
35 60 110 220		40.5 69 126 252	
330 500 750		363 550	

　　从表 1-1 和表 1-2 看出,电压在 100V 以上的供电设备额定电压均高于受电设备额定电压。这样规定的原因如下:

　　1) 考虑到发电机通过线路输送电流时,必然产生电压损失,因此规定发电机额定电压应比受电设备额定电压高出 5%,用以补偿线路上的电压损失。

　　2) 变压器二次绕组额定电压高出受电设备额定电压的百分值,归纳起来有两种情况:一种情况高出 10%,另一种情况高出 5%。这是因为:电力变压器二次绕组的额定电压均指空载电压而言,当变压器满载供电时,由于其一、二次绕组本身的阻抗将引起一个电压降,使变压器满载运行时,其二次绕组实际端电压较空载时约低 5%,比受电设备额定电压尚高出 5%。利用这个 5% 补偿线路上的电压损失,受电设备可以维持其额定电压。这种电压组合情况多用于变压器供电距离较远时。另一种情况变压器二次绕组额定电压比受电设备额定电压只高出 5%,多适用于变压器靠近用户,配电距离较小时。由于线路很短,其电压损失可忽略不计。所高出的 5% 电压,基本上用以补偿变压器满载时其一、二次绕组的阻抗压降。

　　由于变压器一次绕组均连接在与其额定电压相对应的电力网末端,相当于电力网的一个负载,所以规定变压器一次绕组的额定电压与受电设备额定电压相同。

　　电力网系统的额定电压虽然规定和受电设备额定电压相同,但实际上电力网从始端到末端,由于电压损失的影响,各处是不一样的,距电源越远处的电压越低,并且随负荷的大小而变化。那么网路的电压究竟以哪个数值来表示最为合理呢? 通常在计算短路电流时,为了简化计算且使问题的处理在技术上又合理,习惯上用线路的平均额定电压 U_{av} 来表示线路的电压。所谓线路的平均额定电压系指网路始端最大电压 U_1(指变压器空载电压)和末端受电设备额定电压 U_2 的平均值,即

$$U_{av} = \frac{U_1 + U_2}{2}$$

由于工业企业内生产机械类型繁多，因而所配用的电动机和电器，从容量和电压等级来看，也是类型繁多的。电压等级用的多，势必增加变电、配电以及控制设备的类型和投资；增加故障的可能性及继电保护的动作时限，不利于迅速切除故障和运行维护，而且要求企业备用的备品备件的品种规格增多，极易造成积压浪费。因此在同一个企业内一般不应同时采用两种高压配电电压。

近年来，有些企业采用的大型生产机械日益增多，用电量剧增，所以已广泛采用35～110kV甚至更高的电压直接深入到负荷中心的供电方式。从发展趋势看，随着大规模生产的发展，35～110kV等级的电压将成为大型企业的高压配电电压。

1.4 决定供电质量的主要指标

决定工业企业供电质量的主要指标为电压、频率和可靠性。

1.4.1 电压

加于用电设备端的电网实际电压与用电设备的额定电压相差较大时，对用电设备的危害很大，以照明用的白炽灯为例，当加于灯泡的电压低于其额定电压时，发光效率降低，发光效率的降低使工人的身体健康受影响，也会降低劳动生产率。当电压高于额定电压时，则使灯泡经常损坏。例如，某车间由于夜间电压比灯泡额定电压高5%～10%，致使灯泡损坏率达30%以上。

对电动机而言，当电压降低时，转矩急剧减小。例如，当电压降低20%，转矩将降低到额定值的64%，电流增加20%～35%，温度升高12%～15%。转矩减小，使电动机转速降低，甚至停转，导致工厂产生废品甚至招致重大事故，感应电动机本身也将因为转差率增大致使有功功率损耗增加，线圈过热，绝缘迅速老化，甚至烧毁。

某些电热及冶炼设备对电压的要求非常严格，电压降低使生产率下降，能耗显著上升，成本增高。

电网容量扩大和电压等级增多后，保持各级电网和用户电压正常是比较复杂的工作，因此，供电单位除规定用户电压质量标准外，还进行无功补偿和调压规划的设计工作以及安装必要的无功电源和调压设备，并对用户用电和电网运行也作了一些规定和要求，详见第7章。

1.4.2 频率

我国工业上的标准电流频率为50Hz，除此而外，在工业企业的某些方面有时采用较高的频率，以减轻工具的重量，提高生产效率，加热零件。如汽车制造或其他大型流水作业的装配车间采用频率为175～180Hz的高频工具，某些机床采用400Hz的电机以提高切削速度，锻压、热处理及熔炼利用高频加热等。

电网低频率运行时，所有用户的交流电动机转速都将相应降低，因而许多工厂的产量和质量都将不同程度地受到影响，例如频率降至48Hz时，电动机转速降低4%，冶金、化工、机械、纺织、造纸等工业的产量相应降低，有些工业产品的质量也受到影响，如纺织品出现断线、毛疵，纸张厚薄不匀，印刷品深浅不规律，计算机发生误计算和误打印，信号误表示等。

频率的变化对电力系统运行的稳定性影响很大,因而对频率的要求要比对电压的要求严格得多,一般不得超过±0.5%。

由电力系统变电站供电的工业企业,其频率是由电力系统保证的,即在任一瞬间,电源发出的有效功率等于用户负荷所需的有效功率。当发生重大事故时,电源发出的有效功率与用户负荷所需的有效功率不再相等,以致影响到频率的质量。电力系统往往按照频率的降低范围,切除某些次要负荷,这是一套自动装置,称为在故障情况下,自动按频率减负荷装置。

1.4.3　可靠性

在工业企业中,各类负荷的运行特点和重要性不一样,它们对供电的可靠性和电能品质的要求则不相同。有的要求很高,有的要求很低,必须根据不同的要求来考虑供电方案。为了合理地选择供电电源及设计供电系统,以适应不同的要求,我国将工业企业的电力负荷按其对供电可靠性的要求不同划分为一级负荷、二级负荷和三级负荷三个等级。

1.4.3.1　一级负荷

这类负荷在供电突然中断时将造成人身伤亡的危险,或造成重大设备损坏且难以修复,或给国民经济带来极大损失。因此一级负荷应要求由两个独立电源供电。而对特别重要的一级负荷,应由两个独立电源点供电。

所谓独立电源的含义是这样的,当采用两个电源向工业企业供电时,如果任一电源因故障而停止供电,另一电源不受影响,能继续供电,那么这两个电源的每一个都称为独立电源。凡同时具备下列两个条件的发电厂、变电站的不同母线均属独立电源:

1) 每段母线的电源来自不同的发电机;

2) 母线段之间无联系,或虽有联系,但当其中一段母线发生故障时,能自动断开联系,不影响其余母线段继续供电。

所谓独立电源点主要是强调几个独立电源来自不同的地点,并且当其中任一独立电源点因故障而停止供电时,不影响其他电源点继续供电。例如,两个发电厂,一个发电厂和一个地区电力网,或者电力系统中的两个地区变电站等都属于两个独立电源点。

特别重要的一级负荷通常又叫做保安负荷。对保安负荷必须备有应急使用的可靠电源,以便当工作电源突然中断时,保证企业安全停产。这种为安全停产而应急使用的电源称为保安电源。例如,为保证炼铁厂高炉安全停产的炉体冷却水泵,就必须备有保安电源。保安电源取自企业自备发电厂或其他总降压变电站,它实质上也是一个独立电源点。保安负荷的大小和企业的规模、工艺设备的类型以及车间电力装备的组成和性质有关。在进行供电设计时,必须考虑保安电源的取得方案和措施。

1.4.3.2　二级负荷

这类负荷如果突然断电,将造成生产设备局部破坏,或生产流程紊乱且恢复较困难,企业内部运输停顿,或出现大量废品或大量减产,因而在经济上造成一定损失。这类负荷允许短时停电几分钟,它在工业企业内占的比例最大。

二级负荷应由两回线路供电,两回线路应尽可能引自不同的变压器或母线段。当取得两回线路确有困难时,允许由一回专用架空线路供电。

1.4.3.3 三级负荷

所有不属于一级和二级负荷的电能用户均属于三级负荷。三级负荷对供电无特殊要求，允许较长时间停电，可用单回线路供电。

在工业企业中，一、二级负荷占的比例较大(占60%～80%)，即使短时停电造成的经济损失一般都很可观。掌握了工业企业的负荷分级及其对供电可靠性的要求后，在设计新建或改造企业的供电系统时可以按照实际情况进行方案的拟定和分析比较，使确定的供电方案在技术经济上最合理。

1.5　工业企业用电设备的主要特征

按照用电设备对供电可靠性的要求，工业企业的电力负荷划分为三个等级。在每级负荷中，用电设备的类型繁多且容量相差悬殊，其运行特征又是各种各样。用电设备的这些不同特征关系到供电技术措施的确定。这里对工业企业用电设备的主要特征作一些简要介绍，供确定供电措施时参考。

工业企业广泛使用的空压机、通风机、水泵、破碎机、球磨机、搅拌机、制氧机以及润滑油泵等机械的拖动电动机，不论其功率大小(从不足1千瓦到几千千瓦)及电压高低(从380V～10kV)，一律为三相交流电动机，它们均属于恒速持续运行工作制的用电设备。这些设备在正常运行时，其负荷基本上均匀稳定且三相对称，仅在启动或偶尔出现异常情况时才引起供电系统的负荷波动。具有这种特征的用电设备从供电系统取用电能时，它们的需用系数(见第2章)都较高(0.65～0.85)，且功率因数也很稳定，一般可达0.8～0.85。大型空压机、通风机、水泵和球磨机等如有条件时可选用同步电动机拖动，这对整个企业能起到改善功率因数的作用。这类用电设备属于供电系统的稳定用户，并可直接根据其额定功率进行负荷计算来选择供电设备，如变压器、网路导线及开关设备等。

有一些生产机械，如烧结机、连续铸管机、卷取机、回转窑等，它们的拖动电机也属于持续运行工作制，其负荷性质基本上也是稳定的。但是这些机械在运转中要求调速，多采用易调速的直流电动机拖动系统。而直流电源靠增设的变流机组或可控硅整流装置供给，于是要多用一套变流装置。此时供电设备应根据变流机组的原动机功率或整流变压器的容量来计算选用。这些用电设备由于增加了变流环节以及需要调速，从供电系统取用电能的需用系数和功率因数均稍降低一些。

提升机、高炉卷扬机、各种轧钢机以及工业企业大量使用的各类吊车、起重机等的拖动电机，工作运转时间与停转或空转时间交相更替，属于反复短时工作制的用电设备。这类设备的负荷时刻在变化，是供电系统的不稳定负荷。对这类性质的生产机械必须选用反复短时工作制电动机，即电机制造厂专门生产的注明有暂载率(25%，40%，60%及100%)的电动机。这种负荷的统计计算见第2章所述。

反复短时工作制用电设备从供电系统取用电能的需用系数较低，一般都在0.4以下。由于需用系数低，供电设备除了短时承受冲击负荷外，经常处于低负载状态，所以功率因数也偏低，一般在0.5～0.6以下。这类用电设备属于供电系统的不良用户。

工业用电炉分为电弧炉、电阻炉和感应电炉。电弧炼钢炉是工业企业常用的一种大容量用电设备，单台容量可达10000～20000kW。在精炼期间，三相负荷均匀对称。在起始熔炼期间,由于受炉内原料堆积不均匀及熔融差别等因素的影响,每相负荷波动很大,电流可达其额定值的 3.0 ~ 3.5 倍,以致引起很大的网路电压波动。电弧炉通过专用的电炉变压器供电,频率为工频 50Hz,电压为 6 ~ 35kV。电弧炉的负荷性质,即使包括其专用变压器的感抗在内,基本上也接近于阻性,故功率因数较高,一般可达 0.85 以上。至于熔炼有色金属的间接作用电弧炉,其负荷波动较电弧炼钢炉为小,仅为其额定电流的两倍左右。这种电弧炉大部分为单相设备,功率因数高达 0.9。电阻炉多用于加热金属或对金属进行热处理,有三相和单相之分。其容量由几十至几千千瓦,相差很悬殊,但负荷性质均比较稳定,需用系数为 0.7 ~ 0.8,而功率因数高达 0.96 ~ 0.98。电阻炉是供电系统受欢迎的用户。感应电炉分中频(500 ~ 8000Hz)和高频(10^5 ~ 10^8Hz)两种,由变频机或可控硅变频装置供电,电源为工频 380V 低压至 6kV 高压。感应电炉属于三相对称负荷,但在熔炼期间由于炉料的磁和电性能的变化,将引起负荷的波动,波动范围有时可达 30%。感应电炉的需用系数为 0.75 ~ 0.8,功率因数很低。高频电炉的功率因数甚至低到 0.1 左右。中频电炉的功率因数虽稍好些,但也只有 0.3 ~ 0.4。因此,必须采取有效的功率因数改善措施。电炉虽然按炉型不同允许断电几分钟到二三十分钟不等,但考虑到断电时间如再延长,炉温下降,极可能造成凝炉事故,使炉体遭受破坏,所以除用于表面淬火及渗透加热的小型电阻炉和小型感应电炉之外,其他电炉均划为一级负荷。电炉的运行虽有一定的间歇性,但工作周期一般均超过 30min,故把电炉均划为持续运行工作制用电设备。

电解设备(电解槽)是提炼有色金属(铝、铅、铜等)的主要设备,容量可达数万千瓦,是工业中耗用电能最大的用户。电解设备使用直流电,直流电能可通过硅整流装置供给,其交流侧电源电压用 6 ~ 35kV,直流侧为低压大电流:电压由几十伏到几百伏,电流可达几千安至几万安。电解设备属于持续运行工作制,负荷均匀稳定,功率因数较高(0.8 ~ 0.9),是供电系统的稳定用户。从要求供电可靠性方面来看,电解设备虽然短时停电 1 ~ 2min 不至于引起严重后果,但有时会出现大量有害气体或其他不良现象,例如电解槽出现反电势,将使再度电解时要多消耗大量的电能,因而电解设备也被划为一级负荷,不允许停电。

电焊设备分为交流电焊和直流电焊两种。常用的交流电焊设备是工频单相电焊机,它主要用作弧焊和点焊,属于间歇运行工作制。另外,还有三相多头电焊机,其负荷情况不匀称,但比单相电焊机稍好一些。交流电焊设备的供电电压为 380V 或 220V,功率因数很低,弧焊时功率因数为 0.3 ~ 0.35,点焊时功率因数为 0.4 ~ 0.65。直流电焊设备由电动发电机组供电,交流侧为三相感应电动机,其三相负荷的均匀性比交流电焊设备好。直流电焊设备工作时,其功率因数可达 0.7 ~ 0.8,空载时往往在 0.4 以下。因此,电焊设备在不工作时宜将电源切断。电焊设备为移动性设备,使用时皆为临时接线供电。

工业企业的照明设备有固定式和移动式之分,但均为单相而恒定的负荷。照明负荷的功率因数较高,通常为 0.95 ~ 1.0。照明设备虽然属于稳定负荷,但整个地区或企业的照明设备同时集中接电也会造成系统出现尖峰负荷,故应重视节约照明用电。生产照明划为二级负荷,其他非生产照明均为三级负荷。但生产中的事故照明属于一级负荷,必须将其接至独立的保安电源。

<h2 style="text-align:center">习　题</h2>

1-1　试用技术经济观点分析说明为什么电力系统要由多级电压网路及多级变电站组成。

1-2 试说明工业企业供电系统的组成规律。

1-3 为什么电力变压器二次绕组的额定电压定为空载电压,为什么电力变压器要规定出两种空载电压值?

1-4 网路的额定电压和平均额定电压有何区别,为什么对网路要规定一个平均额定电压?

1-5 为什么要对工业企业的负荷划分为三级,划分的原则是什么,什么叫保安负荷?

1-6 试联系实际说明两个独立电源和两个独立电源点的构成及区别。

1-7 试列表归纳工业企业常用用电设备的主要特征。

2 工业企业电力负荷计算

工业企业生产所需电能,一般是由外部电力系统供给,经企业内各级变电站变换电压后,分配到各用电设备。工业企业变电站是企业电力供应的枢纽,所处地位十分重要,所以正确地计算选择各级变电站的变压器容量及其他设备是实现安全可靠供电的前提。进行企业电力负荷计算的目的就是为正确选择企业各级变电站的变压器容量,各种电气设备的型号,规格以及供电网络所用导线牌号等提供科学的依据。

2.1 负荷曲线与计算负荷

在讨论电力负荷的计算方法之前,首先介绍一下有关电力负荷的基本概念。

2.1.1 负荷曲线

负荷曲线是表示电力负荷随时间变化情况的一种图形。它绘制在直角坐标系中,纵坐标表示负荷(有功功率或无功功率),横坐标表示对应于负荷变动的时间(一般以小时为单位)。

负荷曲线按对象分,有工厂的、车间的或某设备组的负荷曲线。按负荷性质可分为有功和无功负荷曲线。按所表示时间分可以分为年的、月的、日的或工作班的负荷曲线。

图 2-1 为某企业的日有功负荷曲线,它一般是利用全厂总供电线路上的有功功率自动记录仪所记录的半小时连续值求平均值得到的。

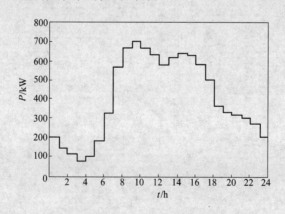

图 2-1　日有功负荷曲线

工厂的年负荷曲线是根据一年中有代表性的冬日和夏日的日负荷曲线来绘制的。年负荷曲线的横坐标是用一年 365 天的总时数 8760h 来分格。绘制时,冬日和夏日所占天数应视当地的地理位置和气温情况而定。具体绘制时,应从最大负荷值开始。依负荷递减顺序进行。图2-2即为某厂的年负荷曲线绘制方法,其中负荷功率 P_1 在年负荷曲线上对应时间 T_1 等于与 P_1 相对应的夏日负荷曲线上时间 t_1 和 t_1' 之和,再乘以夏日的天数;而负荷功率 P_2 在年负荷曲线上所占时间 T_2 等于 P_2 对应夏日负荷曲线上时间 t_2 乘以夏日天数,再加上 P_2 对应冬日曲线上时间($t_2' + t_2''$)乘以冬日天数。其余类推可绘出该曲线。

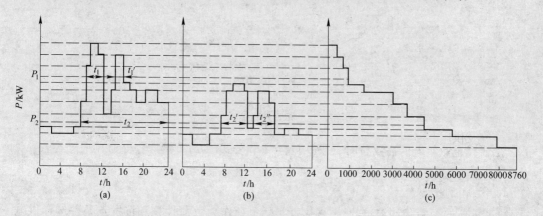

图 2-2 年负荷曲线的绘制

(a)夏日负荷曲线;(b)冬日负荷曲线;(c)年负荷持续时间曲线

上述负荷曲线可以明显看出企业在一年内不同负荷所持续的时间,但不能看出相应的负荷出现在什么时间,所以另有一种年每日最大负荷曲线,其横坐标以日期分格,曲线按每日最大负荷绘制,可以了解全年内负荷变动情况。

2.1.2 企业年电能需要量

企业年电能需要量就是企业在一年内所消耗的电能,它是企业供电设计的重要指标之一。

若已知企业的年负荷曲线,如图2-3所示,则负荷曲线下面的面积即为企业的有功年电能需要量 W_a,故:

$$W_a = \int_0^{8760} p \cdot \mathrm{d}t \tag{2-1}$$

将负荷曲线下面的面积用一个等值的矩形面积 $OABM$ 来代替,如图2-3所示,则

$$W_a = \int_0^{8760} p \cdot \mathrm{d}t = P_{max} \cdot T_{max \cdot a} \tag{2-2}$$

式中　P_{max}——年最大负荷,即为全年中负荷最大工作日中消耗电能最大的半小时平均功率,$P_{max} = P_{30}$;

　　　$T_{max \cdot a}$——称做企业"有功年最大负荷利用小时",它是一个假想的时间。

由图可知,年负荷曲线越平稳,$T_{max \cdot a}$ 之值越大,反之则越小。经过长期观察,同一类型企业的 $T_{max \cdot a}$ 值大致相近。同理,无功电能耗用量也有类似的值 $T_{max \cdot r}$,称为"无功年最大负荷利用小时"。各类工厂的 $T_{max \cdot a}$ 和 $T_{max \cdot r}$ 可参见表2-1。

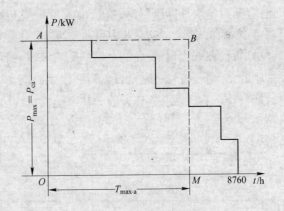

图 2-3　年有功负荷曲线

在估算企业年电能需要量时,可利用表 2-1 和公式(2-2)直接计算得到。

2.1.3　计算负荷

通过负荷的经验统计求出的,用来代替实际负荷作为负荷计算和按发热条件选择供电系统各元件的负荷值,称做计算负荷。其物理意义是指由这个计算负荷所产生的恒定温升等于实际变化负荷所产生的最大温升。

由于一般 16mm^2 以上导线的发热时间常数 τ 均在 10min 以上,而导线达到稳定温升的时间约为 3τ,即 30 min,所以只有持续时间在半小时以上的负荷值,才有可能造成导体的最大温升,因此计算负荷一般取负荷曲线上的半小时最大负荷 P_{30}(即年最大负荷 P_{max})。相应的其他计算负荷可分别表示为 Q_{30}、S_{30} 和 I_{30}。

表 2-1　各种企业的有功和无功年最大负荷利用小时数

工厂类别	$T_{max \cdot a}$ 有功年最大负荷利用小时数	$T_{max \cdot r}$ 无功年最大负荷利用小时数	工厂类别	$T_{max \cdot a}$ 有功年最大负荷利用小时数	$T_{max \cdot r}$ 无功年最大负荷利用小时数
化工厂	6200	7000	农业机械制造厂	5330	4220
苯胺颜料工厂	7100		仪器制造厂	3080	3180
石油提炼工厂	7100		汽车修理厂	4370	3200
重型机械制造厂	3770	4840	车辆修理厂	3560	3660
机床厂	4345	4750	电器工厂	4280	6420
工具厂	4140	4960	氮肥厂	7000~8000	
滚珠轴承厂	5300	6130	各种金属加工厂	4355	5880
起重运输设备厂	3300	3880	漂染工厂	5710	6650
汽车拖拉机厂	4960	5240			

2.2 用电设备计算负荷的确定

负荷计算目前常用的方法有需用系数法和二项式法。其他一些方法如以概率为理论依据的利用系数法,由于计算较繁琐,一般较少采用。

2.2.1 按需用系数法确定计算负荷

2.2.1.1 基本公式

在进行负荷计算时,一般将车间内多台设备按其工作特点分组,即把负荷曲线图形特征近的归成一个设备组,则该设备组总额定容量 $P_{N\Sigma}$ 应为该组内各设备额定功率之和,即 $P_{N\Sigma} = \sum P_N$。由于一组内设备不一定都同时运行,运行的设备也不一定都满负荷,同时设备本身和配电线路上都有功率损耗,因此用电设备组的计算负荷 P_{30} 可表示为:

$$P_{30} = \frac{K_\Sigma \cdot K_L}{\eta \cdot \eta_{WL}} \cdot P_{N\Sigma} \qquad (2\text{-}3)$$

式中　　K_Σ——设备组的同时使用系数(即最大负荷时运行设备的容量与设备组总额定容量之比);

　　　　K_L——设备组的平均加权负荷系数(表示设备组在最大负荷时输出功率与运行的设备容量的比值);

　　　　η——设备组的平均加权效率;

　　　η_{WL}——配电线路的平均效率。

令式(2-3)中 $\dfrac{K_\Sigma \cdot K_L}{\eta \cdot \eta_{WL}} = K_d$,则 K_d 称为需用系数。由式(2-3)可知 K_d 的定义式为:

$$K_d = \frac{P_{30}}{P_{N\Sigma}} \qquad (2\text{-}4)$$

即用电设备组的需用系数,就是设备组在最大负荷时需要的有功功率与设备组总额定容量的比值。

由此可见,需用系数法的基本公式为:

$$P_{30} = K_d \cdot P_{N\Sigma} \qquad (2\text{-}5)$$

实际上,需用系数与设备组的生产性质、工艺特点、加工条件以及技术管理、生产组织、工人的熟练程度等诸多因素有关,因此需用系数一般通过实测分析确定,以使之更接近于实际。表 2-2 列出各设备的 K_d 值,供设计时参考。

在求出有功计算负荷 P_{30} 后,可按下列各式分别求出其余计算负荷:

无功计算负荷:　　　　　　　$Q_{30} = P_{30} \cdot \tan\varphi$ 　　　　　　　　　(2-6)

式中　$\tan\varphi$——用电设备组的功率因数角的正切值。

视在计算负荷:　　　　$S_{30} = \sqrt{P_{30}^2 + Q_{30}^2} = \dfrac{P_{30}}{\cos\varphi}$ 　　　　　(2-7)

式中　$\cos\varphi$——用电设备组的平均功率因数。

计算电流:　　　　　　　　$I_{30} = \dfrac{S_{30}}{\sqrt{3}\, U_N}$ 　　　　　　　　　(2-8)

式中　U_N——用电设备组的额定电压。

表 2-2　工业企业常见用电设备组的 K_d 及 $\cos\varphi$

序　号	用 电 设 备 组 名 称	K_d	$\cos\varphi$	$\tan\varphi$
1	通风机:生产用	0.75 ~ 0.85	0.8 ~ 0.85	0.75 ~ 0.62
	卫生设施用	0.65 ~ 0.70	0.8	0.75
2	水泵、空压机、电动发电机组	0.75 ~ 0.85	0.8	0.75
3	透平压缩机和透平鼓风机	0.85	0.85	0.62
4	起重机:修理、金工、装配车间用	0.05 ~ 0.15	0.5	1.73
	铸铁、平炉车间用	0.15 ~ 0.3	0.5	1.73
	脱锭、轧制车间用	0.25 ~ 0.35	0.5	1.73
5	破碎机、筛选机、碾砂机	0.75 ~ 0.80	0.8	0.75
6	磨碎机	0.80 ~ 0.85	0.80 ~ 0.85	0.75 ~ 0.62
7	搅拌机	0.75	0.75	0.88
8	连续运输机械:连锁的	0.65	0.75	0.88
	非连锁的	0.6	0.75	0.88
9	各型金属加工机床:冷加工车间	0.14 ~ 0.20	0.6	1.33
	热加工车间	0.20 ~ 0.25	0.55 ~ 0.60	1.52 ~ 1.33
10	压床、锻锤、剪床及其他锻工机械	0.25	0.6	1.33
11	回转窑:主传动	0.8	0.82	0.7
	辅传动	0.6	0.7	1.02
12	水银整流机组:电解负荷	0.90 ~ 0.95	0.82 ~ 0.90	0.70 ~ 0.48
	电机车负荷	0.40 ~ 0.50	0.92 ~ 0.94	0.43 ~ 0.36
	起重机负荷	0.30 ~ 0.50	0.87 ~ 0.90	0.57 ~ 0.48
13	电焊机	0.35	0.5 ~ 0.6	1.73 ~ 1.33
14	电阻炉:自动装料	0.70 ~ 0.80	0.98	0.20
	非自动装料	0.60 ~ 0.70	0.98	0.20
15	感应电炉(不带功率因数补偿装置):			
	低频炉	0.8	0.35	2.68
	高频炉	0.7	0.10	9.95
16	电热设备	0.5	0.65	1.17
17	空气锤	0.25	0.5	1.73
18	电弧炼钢炉变压器	0.80 ~ 0.90	0.85 ~ 0.88	0.62 ~ 0.54
19	各型电焊变压器	0.40 ~ 0.50	0.35 ~ 0.40	2.68 ~ 2.30
20	整流变压器:不可控整流用	0.70 ~ 0.75	0.5 ~ 0.8	1.73 ~ 0.75
	可控整流用	0.35 ~ 0.55	0.3 ~ 0.6	3.2 ~ 1.33
21	电葫芦	0.65	0.65	1.17
22	砂轮机	0.5	0.70	1.02
23	试验台:带试验变压器的	0.15 ~ 0.30	0.25	3.87
	带电动发电机组的	0.15 ~ 0.40	0.70	1.02

表 2-3　工业企业各种车间的 K_d 及 $\cos\varphi$

车间名称	K_d	$\cos\varphi$	车间名称	K_d	$\cos\varphi$
炼铁车间	0.30		电镀车间	0.40~0.62	0.85
转炉车间	0.35~0.55		电解车间	0.75	0.80
平炉车间	0.20~0.25		充电站	0.6~0.7	0.80
电炉车间	0.72~0.80		煤气站	0.5~0.7	0.65
初轧车间	0.50~0.60		氧气站	0.75~0.85	0.80
大型车间	0.50		冷冻站	0.70	0.75
中型车间	0.40~0.65		水泵站	0.50~0.65	0.80
小型车间	0.45~0.50		压缩空气站	0.70~0.85	0.75
无缝车间	0.42~0.52		乙炔站	0.70	0.90
薄板车间	0.41		试验站	0.40~0.45	0.80
中板车间	0.40~0.50		中心试验室	0.40~0.60	0.6~0.8
线材车间	0.55~0.65		锅炉房	0.65~0.75	0.80
铸钢车间(不包括电炉)	0.30~0.40	0.65	发电机车间	0.29	0.60
铸铁车间	0.35~0.40	0.70	变压器车间	0.35	0.65
铸管车间	0.50	0.78	电容器车间	0.41	0.98
锻压车间(不包括水泵)	0.20~0.30	0.55~0.65	开关设备车间	0.30	0.70
热处理车间	0.40~0.60	0.65~0.70	绝缘材料车间	0.41~0.50	0.80
铆焊车间	0.25~0.30	0.45~0.50	漆包线车间	0.80	0.90
落锤车间	0.20	0.60	电磁线车间	0.68	0.80
机修车间	0.20~0.30	0.55~0.65	绕线车间	0.55	0.87
电修车间	0.34		压延车间	0.45	0.78
金工车间	0.20~0.30	0.55~0.65	烘干室	0.70~0.80	0.7~0.8
木工车间	0.28~0.35	0.65	污水处理站	0.75~0.80	0.7~0.8
工具车间	0.30	0.65	仓库	0.25~0.40	0.85
废钢铁处理车间	0.45	0.68	辅助性车间	0.30~0.35	0.65~0.70

表 2-4　各种工厂的全厂 K_d 及 $\cos\varphi$(供参考)

工厂类别	K_d		最大负荷时的 $\cos\varphi$	
	变动范围	建议采用	变动范围	建议采用
汽轮机制造厂	0.38~0.49	0.38	—	0.88
重型机械制造厂	0.25~0.47	0.35	—	0.79
机床制造厂	0.13~0.3	0.2	—	
重型机床制造厂	0.32	0.32		0.71
工具制造厂	0.34~0.35	0.34	—	—
仪器仪表制造厂	0.31~0.42	0.37	0.8~0.82	0.81
滚珠轴承制造厂	0.24~0.34	0.28	—	—
电机制造厂	0.25~0.38	0.33	—	—

工厂类别	K_d		最大负荷时的 $\cos\varphi$	
	变动范围	建议采用	变动范围	建议采用
石油机械制造厂	0.45 ~ 0.5	0.45	—	0.78
电线电缆制造厂	0.35 ~ 0.36	0.35	0.65 ~ 0.8	0.73
电气开关制造厂	0.3 ~ 0.6	0.35	—	0.75
阀门制造厂	0.38	0.38	—	—
铸管厂	—	0.5	—	0.78
橡胶厂	0.5	0.5	0.72	0.72
通用机器厂	0.34 ~ 0.43	0.4	—	—

2.2.1.2 用电设备组的工作制及其额定容量的确定

工业企业用电设备按其工作制可分为长期连续工作制,短时工作制和反复短时工作制三类。

(1)长期连续工作制 设备在规定的环境温度下长期连续运行,任何部分产生的温度和温升均不超过最高允许值,负荷较稳定。如常用的拖动电机,电炉,电解设备等均属此类。

(2)短时工作制 设备运行时间短而停歇时间长,在工作时间内设备来不及发热到稳定温度即停止工作,开始冷却,而且在停歇时间内足以冷却到环境温度。如常用的一些机床辅助电机,水闸电机等均属此类。这类设备数量较少。

(3)反复短时工作制 设备时而工作,时而停歇,其工作时间 t 与停歇时间 t_0 相互交替。如常用的电焊和吊车电机等。这类设备一般用暂载率 $\varepsilon\%$ 来表示其工作特性,定义式如下:

$$\varepsilon\% = \frac{t}{T} \cdot 100 = \frac{t}{t + t_0} \cdot 100 \qquad (2\text{-}9)$$

式中 t, t_0——工作时间与停歇时间,两者之和为工作周期 T。

由于用电设备有不同的工作制和不同的暂载率,用电设备组的额定容量就不能将各设备铭牌上的额定容量简单相加,而应换算为同一工作制和规定暂载率下才能相加。

(1)长期连续工作制和短时工作制用电设备组的额定容量 P_N P_N 等于各用电设备铭牌上的额定容量之和。

(2)反复短时工作制用电设备组(如吊车)的额定容量 此额定容量应换算到规定暂载率 $\varepsilon\% = 25$ 时的各用电设备额定容量之和,换算公式为:

$$P_N = P_{N\varepsilon} \cdot \sqrt{\frac{\varepsilon}{\varepsilon_{25}}} = 2P_{N\varepsilon} \cdot \sqrt{\varepsilon} \qquad (2\text{-}10)$$

式中 $P_{N\varepsilon}$——用电设备铭牌上在额定暂载率 $\varepsilon\% = 25$ 时的额定功率。

(3)电焊机及电焊变压器组的额定容量 此容量应统一换算到暂载率 $\varepsilon\% = 100$ 时的设备额定有功功率之和,换算公式为:

$$P_N = P_{N\varepsilon} \cdot \sqrt{\frac{\varepsilon}{\varepsilon_{100}}} = S_{N\varepsilon} \cdot \cos\varphi \cdot \sqrt{\varepsilon} \qquad (2\text{-}11)$$

式中 $S_{N\varepsilon}$——电焊机及电焊变压器组铭牌上在额定暂载率 $\varepsilon\% = 100$ 时的额定视在功率;

$\cos\varphi$——与 S_{Ne} 相对应的铭牌规定额定功率因数。

（4）电炉变压器组的额定容量　此容量是指其在额定功率因数 $\cos\varphi$ 下的额定有功功率之和,换算公式为:

$$P_N = S_N \cdot \cos\varphi \tag{2-12}$$

式中　S_N——电炉变压器组铭牌上的额定视在功率。

（5）照明用电设备组的额定容量 P_N　P_N 等于各灯具上标出的额定功率之和。

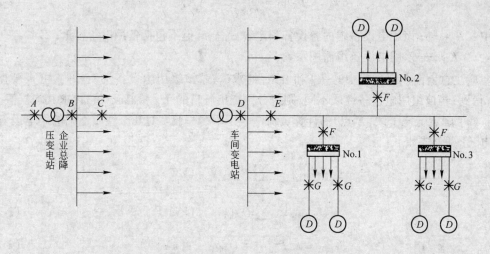

图 2-4　供电系统中具有代表性的各点的电力负荷计算图

2.2.1.3　计算负荷的确定

负荷计算的步骤应从负载端开始,逐级上推到电源进线端为止。现以图 2-4 所示供电系统为例,介绍计算方法与步骤。

（1）确定单台用电设备支线（ G 点）的计算负荷　由公式(2-5)和式(2-3)可得:

$$P_{30(G)} = K_d \cdot P_N = \frac{K_\Sigma \cdot K_L}{\eta \cdot \eta_{WL}} \cdot P_N \quad (kW)$$

由于是单台设备, $K_\Sigma = 1$, $K_L = 1$,而且供电支线较短,故 $\eta_{WL} = 1$,则上式变为:

$$P_{30(G)} = K_d \cdot P_N = \frac{P_N}{\eta} \quad (kW) \tag{2-13}$$

其余计算负荷为:

$$Q_{30(G)} = P_{30(G)} \cdot \tan\varphi \quad (kvar) \tag{2-14}$$

$$S_{30(G)} = \sqrt{P_{30(G)}^2 + Q_{30(G)}^2} = \frac{P_{30(G)}}{\cos\varphi} \quad (kV \cdot A) \tag{2-15}$$

$$I_{30(G)} = \frac{S_{30(G)}}{\sqrt{3} \cdot U_N} = \frac{P_N}{\sqrt{3} \cdot U_N \cdot \eta \cdot \cos\varphi} \quad (A) \tag{2-16}$$

式中　P_N——换算到规定暂载率下的设备额定功率;

U_N——用电设备的额定电压;

$\cos\varphi, \tan\varphi$——用电设备的功率因数及功率因数角的正切值;

η——设备在额定负荷下的效率。

19

(2) 确定用电设备组(F 点)的计算负荷   由需用系数法的基本公式(2-5)可得设备组计算负荷为：

$$P_{30(F)} = K_d \cdot P_{N\Sigma} \quad (kW) \tag{2-17}$$

$$Q_{30(F)} = P_{30(F)} \cdot \tan\varphi \quad (kvar) \tag{2-18}$$

$$S_{30(F)} = \sqrt{P_{30(F)}^2 + Q_{30(F)}^2} \quad (kV \cdot A) \tag{2-19}$$

$$I_{30(F)} = \frac{S_{30(F)}}{\sqrt{3} \cdot U_N} \quad (A) \tag{2-20}$$

式中 $P_{N\Sigma}$——该用电设备组内各设备额定容量总和,但不包括备用设备容量;

K_d——该用电设备组需用系数。

应注意上面一组公式中的 K_d 和 $\tan\varphi$ 的求法;若该组用电设备性质相同,可直接查表2-2 得到;若该组用电设备性质不同,则应分别查出各自的 K_d 和 $\tan\varphi$ 值,再求其均权值。

(3) 确定低压干线(E 点)的计算负荷   低压干线一般多对几个性质不同的用电设备组供电,计算公式如下：

$$P_{30(E)} = \sum_{i=1}^{n} P_{30(F)i} \quad (kW) \tag{2-21}$$

$$Q_{30(E)} = \sum_{i=1}^{n} Q_{30(F)i} \quad (kvar) \tag{2-22}$$

$$S_{30(E)} = \sqrt{P_{30(E)}^2 + Q_{30(E)}^2} \quad (kV \cdot A) \tag{2-23}$$

$$I_{30(E)} = \frac{S_{30(E)}}{\sqrt{3} \cdot U_N} \quad (A) \tag{2-24}$$

(4) 确定车间变电站低压母线(D 点)的计算负荷   在车间变电站低压母线上接有多组用电设备,这时应考虑各组用电设备最大负荷不同时出现的因素,在计算公式中加入同时系数(又称参差系数)$K_{\Sigma P}$ 和 $K_{\Sigma Q}$,即：

$$P_{30(D)} = K_{\Sigma P} \cdot \sum_{i=1}^{n} P_{30(E)i} \quad (kW) \tag{2-25}$$

$$Q_{30(D)} = K_{\Sigma Q} \cdot \sum_{i=1}^{n} Q_{30(E)i} \quad (kvar) \tag{2-26}$$

$$S_{30(D)} = \sqrt{P_{30(D)}^2 + Q_{30(D)}^2} \quad (kV \cdot A) \tag{2-27}$$

$$I_{30(D)} = \frac{S_{30(D)}}{\sqrt{3} \cdot U_N} \quad (A) \tag{2-28}$$

同时系数的数值是根据统计规律和实际测量结果确定的,其范围是:对车间干线,可取 $K_{\Sigma P} = 0.85 \sim 0.95$,$K_{\Sigma Q} = 0.9 \sim 0.97$;对低压母线,若由各设备组直接相加计算时,可取 $K_{\Sigma P} = 0.8 \sim 0.9$,$K_{\Sigma Q} = 0.85 \sim 0.95$;若由车间干线负荷相加计算时,可取 $K_{\Sigma P} = 0.9 \sim 0.95$,$K_{\Sigma Q} = 0.93 \sim 0.97$。具体计算时,同时系数要根据组数多少来确定,组数越多,取值越小。

例 2-1   某机修车间低压干线上接有如下三组用电设备,试用需用系数法求各用电设备组(F 点)和车间低压干线(E 点)的计算负荷。

No.1 组:小批生产金属冷加工机床用电机,计有 7.5kW 1 台,5kW 两台,3.5kW 7 台;

No.2 组:水泵和通风机,计有 7.5kW 2 台,5kW 7 台;

No.3 组:非连锁运输机,计有 5kW 2 台,3.5kW 4 台。

解 先求各设备组的计算负荷。查表 2-2 可得各设备组数据为:

No.1 组:取 $K_{d1} = 0.2, \cos\varphi_1 = 0.6, \tan\varphi_1 = 1.33$;

No.2 组:取 $K_{d2} = 0.75, \cos\varphi_2 = 0.8, \tan\varphi_2 = 0.75$;

No.3 组:取 $K_{d3} = 0.6, \cos\varphi_3 = 0.75, \tan\varphi_3 = 0.88$。

No.1 组:$P_{N\Sigma 1} = 1 \times 7.5 + 2 \times 5 + 7 \times 3.5 = 42$ （kW）

$$P_{30(1)} = K_d \cdot P_{N\Sigma 1} = 0.2 \times 42 = 8.4 \quad （kW）$$

$$Q_{30(1)} = P_{30(1)} \cdot \tan\varphi = 8.4 \times 1.33 = 11.2 \quad （kvar）$$

$$S_{30(1)} = \sqrt{P_{30(1)}^2 + Q_{30(1)}^2} = \sqrt{8.4^2 + 11.2^2} = 14 \quad （kV \cdot A）$$

或者 $S_{30(1)} = \dfrac{P_{30(1)}}{\cos\varphi} = \dfrac{8.4}{0.6} = 14 \quad （kV \cdot A）$

$$I_{30(1)} = \frac{S_{30(1)}}{\sqrt{3} \cdot U_N} = \frac{14}{\sqrt{3} \times 0.38} = 21.3 \quad （A）$$

类似地,可分别算出 No.2 组和 No.3 组的计算负荷为:

No.2 组:$P_{N\Sigma 2} = 50kW$, $P_{30(2)} = 37.5kW$, $Q_{30(2)} = 28.2kvar$, $S_{30(2)} = 47kV \cdot A$,

$\qquad I_{30(2)} = 71.4A$。

No.3 组:$P_{N\Sigma 3} = 24kW$, $P_{30(3)} = 14.4kW$, $Q_{30(3)} = 12.7kvar$, $S_{30(3)} = 19.2kV \cdot A$,

$\qquad I_{30(3)} = 29.2A$。

车间低压干线的计算负荷为:

$$P_{30(E)} = \sum_{i=1}^{n} P_{30(F)i} = 8.4 + 37.5 + 14.4 = 60.3 \quad （kW）$$

$$Q_{30(E)} = \sum_{i=1}^{n} Q_{30(F)i} = 11.2 + 28.2 + 12.7 = 52.1 \quad （kvar）$$

$$S_{30(E)} = \sqrt{P_{30(E)}^2 + Q_{30(E)}^2} = \sqrt{60.3^2 + 52.1^2} = 79.7 \quad （kV \cdot A）$$

$$I_{30(E)} = \frac{S_{30(E)}}{\sqrt{3} \cdot U_N} = \frac{79.7}{\sqrt{3} \times 0.38} = 121.1 \quad （A）$$

上述需用系数法计算简便,现仍普遍用于供电设计中。但需用系数法未考虑用电设备组中大容量设备对计算负荷的影响,因而在确定用电设备台数较少而容量差别较大的低压支线和干线的计算负荷时,所得结果往往偏小,所以需用系数法主要适用于变电站负荷的计算。

2.2.2 按二项式法确定计算负荷

2.2.2.1 基本公式

二项式法的基本公式是:

$$P_{30} = b \cdot P_{N\Sigma} + c \cdot P_x \tag{2-29}$$

式中　$b \cdot P_{N\Sigma}$——表示用电设备组的平均负荷,其中 $P_{N\Sigma}$ 的计算方法同前面需用系数法所述;

$\quad c \cdot P_x$——表示用电设备组中的 x 台容量最大的设备投入运行时增加的附加负荷,

　　　　　其中 P_x 为 x 台容量最大的设备容量之和;

$\quad \cdot b, c$——二项式系数,其数值随用电设备组的类别和台数而定。

其余计算负荷 Q_{30}，S_{30}，I_{30} 的计算方法与前述需用系数法相同。

表 2-5 中列出部分用电设备组的二项式系数 b，c 和最大容量设备的台数 x 值，供参考。

表 2-5 二项式系数

用 电 设 备 组 名 称	计算公式 $c \cdot P_x + b \cdot P_{N\Sigma}$	$\cos\varphi$	$\tan\varphi$
小批生产金属冷加工机床	$0.4P_5 + 0.14P_{N\Sigma}$	0.5	1.73
大批生产金属冷加工机床	$0.5P_5 + 0.14P_{N\Sigma}$	0.5	1.73
大批生产金属热加工机床	$0.5P_5 + 0.26P_{N\Sigma}$	0.65	1.17
通风机、泵、压缩机及电动发电机组	$0.25P_5 + 0.65P_{N\Sigma}$	0.8	0.75
连续运输机械(连锁)	$0.2P_5 + 0.6P_{N\Sigma}$	0.75	0.88
连续运输机械(不连锁)	$0.4P_5 + 0.4P_{N\Sigma}$	0.75	0.88
锅炉房、机修、装配、机械车间的吊车($\varepsilon = 25\%$)	$0.2P_3 + 0.06P_{N\Sigma}$	0.5	1.73
铸工车间的吊车($\varepsilon = 25\%$)	$0.3P_3 + 0.09P_{N\Sigma}$	0.5	1.73
平炉车间的吊车($\varepsilon = 25\%$)	$0.3P_5 + 0.11P_{N\Sigma}$	0.5	1.73
轧钢车间及脱锭脱模的吊车($\varepsilon = 25\%$)	$0.3P_3 + 0.18P_{N\Sigma}$	0.5	1.73
自动装料的电阻炉(连续)	$0.3P_2 + 0.7P_{N\Sigma}$	0.95	0.33
非自动装料的电阻炉(不连续)	$0.5P_1 + 0.5P_{N\Sigma}$	0.95	0.33

注：P_5—5 台大型机械设备容量总和；P_3—3 台大型机械设备容量总和；P_2—2 台大型机械设备容量总和；P_1—1 台大型机械设备容量。

2.2.2.2 计算负荷的确定

对于单台用电设备支线(G 点)的计算负荷的确定，与前述需用系数法相同。如果用电设备组只有 1~2 台设备时，也可取 $P_{30} = P_{N\Sigma}$，而在设备台数较少时，$\cos\varphi$ 值也应适当取大。

(1) 确定用电设备组(F 点)的计算负荷 对于性质相同的用电设备组，计算负荷可按下列各式计算：

$$P_{30(F)} = b \cdot P_{N\Sigma} + c \cdot P_x \quad (\text{kW}) \tag{2-30}$$

$$Q_{30(F)} = P_{30(F)} \cdot \tan\varphi \quad (\text{kvar}) \tag{2-31}$$

$$S_{30(F)} = \sqrt{P_{30(F)}^2 + Q_{30(F)}^2} \quad (\text{kV} \cdot \text{A}) \tag{2-32}$$

$$I_{30(F)} = \frac{S_{30(F)}}{\sqrt{3} \cdot U_N} \quad (\text{A}) \tag{2-33}$$

(2) 确定车间低压干线(E 点)的计算负荷 采用二项式法确定为多组用电设备供电的低压干线的计算负荷时，应考虑各组用电设备的最大负荷不可能同时出现的因素。因此，在计算时只取各组用电设备的附加负荷 $c \cdot P_x$ 的最大值计入总计算负荷，计算公式如下：

$$P_{30(E)} = \sum_{i=1}^{n} (b \cdot P_{N\Sigma})_i + (c \cdot P_x)_{\max} \quad (\text{kW}) \tag{2-34}$$

$$Q_{30(E)} = \sum_{i=1}^{n} (b \cdot P_{N\Sigma} \cdot \tan\varphi)_i + (c \cdot P_x)_{\max} \cdot \tan\varphi_{\max} \quad (\text{kvar}) \tag{2-35}$$

式中 $\sum_{i=1}^{n} (b \cdot P_{N\Sigma})_i$ ——各设备组有功平均负荷的总和；

$\sum_{i=1}^{n} (b \cdot P_{N\Sigma} \cdot \tan\varphi)_i$ ——各设备组无功平均负荷的总和；

22

$(c \cdot P_x)_{\max}$——各设备组有功附加负荷的最大值；

$\tan\varphi_{\max}$——$(c \cdot P_x)_{\max}$对应的设备组功率因数角正切值。

其余计算负荷 $S_{30(E)}$，$I_{30(E)}$ 的计算方法与前述需用系数法相同。

（3）确定车间低压母线（D 点）的计算负荷　与前述需用系数法完全相同。

采用二项式法计算时，应将计算范围内所有用电设备统一分组，不应逐级计算后相加。

二项式法不仅考虑了用电设备组的平均最大负荷，而且考虑了容量最大的少数设备运行对总计算负荷的额外影响，弥补了需用系数法的不足。但是，二项式法过分突出大容量设备的影响，其计算结果往往偏大；另外，系数 b，c，x 的选取缺乏理论根据，是经验统计数据，并且数据较少，因而使二项式法的应用范围受到一定限制，一般适用于机械加工，机修装配及热处理等用电设备数量少而容量差别大的车间配电箱和支干线计算负荷的确定。

2.2.3　单相用电设备组计算负荷的确定

在工业企业中，除了广泛应用的三相设备外，还有各种单相设备，如电焊机，电炉，照明灯具等。单相设备接在三相线路中，应尽可能地均衡分配，以使三相负荷尽可能地平衡。如果单相设备总容量小于三相设备总容量的 15%，则无论单相设备如何分配，均可按三相平衡负荷计算。

2.2.3.1　单相设备接于相电压时的负荷计算

首先按最大负荷相所接的单相设备容量 $P_{N\phi \cdot \max}$ 求其等效三相设备容量 $P_{N\Sigma}$，即

$$P_{N\Sigma} = 3 \cdot P_{N\phi \cdot \max} \tag{2-36}$$

然后，按前面所述公式分别计算其等效三相计算负荷 P_{30}，Q_{30}，S_{30}，I_{30}。

2.2.3.2　单相设备接于同一线电压时的负荷计算

采用电流等效的方法，即令等效三相设备容量 $P_{N\Sigma}$ 所产生的电流与单相设备容量 $P_{N\phi}$ 所产生的电流相等，

即
$$\frac{P_{N\Sigma}}{\sqrt{3} \cdot U\cos\varphi} = \frac{P_{N\phi}}{U\cos\varphi}$$

故有
$$P_{N\Sigma} = \sqrt{3} \cdot P_{N\phi} \tag{2-37}$$

然后接前述方法分别计算其等效三相计算负荷。

2.2.3.3　单相设备分别接于线电压和相电压时的负荷计算

首先应将接于线电压的单相设备容量换算为接于相电压的设备容量，然后分相计算各相设备容量和计算负荷。而总的等效三相有功计算负荷就是最大有功负荷相的有功计算负荷的 3 倍，即

$$P_{30} = 3 \cdot P_{30 \cdot \phi\max} \tag{2-38}$$

总的等效三相无功计算负荷为最大有功负荷相的无功计算负荷的 3 倍，即

$$Q_{30} = 3 \cdot Q_{30 \cdot \phi\max} \tag{2-39}$$

其他计算负荷 S_{30} 和 I_{30} 计算方法同前。

接于线电压单相设备容量换算为接于相电压设备容量的公式如下：

$$
\left.
\begin{aligned}
P_A &= p_{AB-A} \cdot P_{AB} + p_{CA-A} \cdot P_{CA} \quad (\text{kW}) \\
Q_A &= q_{AB-A} \cdot P_{AB} + q_{CA-A} \cdot P_{CA} \quad (\text{kvar}) \\
P_B &= p_{BC-B} \cdot P_{BC} + p_{AB-B} \cdot P_{AB} \quad (\text{kW}) \\
Q_B &= q_{BC-B} \cdot P_{BC} + q_{AB-B} \cdot P_{AB} \quad (\text{kvar}) \\
P_C &= p_{CA-C} \cdot P_{CA} + p_{BC-C} \cdot P_{BC} \quad (\text{kW}) \\
Q_C &= q_{CA-C} \cdot P_{CA} + q_{BC-C} \cdot P_{BC} \quad (\text{kvar})
\end{aligned}
\right\}
\tag{2-40}
$$

式中　P_{AB}, P_{BC}, P_{CA}——接于 AB, BC, CA 相间有功负荷；

P_A, P_B, P_C——换算为 A, B, C 相间的有功负荷；

Q_A, Q_B, Q_C——换算为 A, B, C 相间的无功负荷；

$p\cdots, q\cdots$——有功及无功功率换算系数,见表 2-6 所列。

表 2-6　相间负荷换算为相负荷的功率换算系数

功率换算系数	负荷功率因数								
	0.35	0.4	0.5	0.6	0.65	0.7	0.8	0.9	1.0
p_{AB-A}、p_{BC-B}、p_{CA-C}	1.27	1.17	1.0	0.89	0.84	0.8	0.72	0.64	0.5
p_{AB-B}、p_{BC-C}、p_{CA-A}	−0.27	−0.17	0	0.11	0.16	0.2	0.28	0.36	0.5
q_{AB-A}、q_{BC-B}、q_{CA-C}	1.05	0.86	0.58	0.38	0.3	0.22	0.09	−0.05	−0.29
q_{AB-B}、q_{BC-C}、q_{CA-A}	1.63	1.44	1.16	0.96	0.88	0.8	0.67	0.53	0.29

2.3　工业企业供电系统的功率损耗和电能损耗

在确定各用电设备组的计算负荷后,如果要确定车间或全厂的计算负荷,就需逐级计入线路和变压器的功率损耗。如图 2-4 所示,要确定高压配电线首端(C 点)的计算负荷,就应将车间变电站低压侧(D 点)的计算负荷,加上车间变压器的功率损耗和高压配电线上的功率损耗。下面分别讨论线路和变压器功率损耗的计算方法。

2.3.1　供电系统的功率损耗

2.3.1.1　线路功率损耗的计算

线路功率损耗包括有功功率损耗 ΔP_{WL} 和无功功率损耗 ΔQ_{WL} 两部分,其计算公式为：

$$\Delta P_{WL} = 3 \cdot I_{30}^2 \cdot R_{WL} \times 10^{-3} \quad (\text{kW}) \tag{2-41}$$

$$\Delta Q_{WL} = 3 \cdot I_{30}^2 \cdot X_{WL} \times 10^{-3} \quad (\text{kvar}) \tag{2-42}$$

式中　I_{30}——线路的计算电流,A；

R_{WL}——线路每相的电阻,$R_{WL} = R_0 \cdot l$,R_0 为线路单位长度电阻,可查有关手册；

X_{WL}——线路每相的电抗,$X_{WL} = X_0 \cdot l$,X_0 为线路单位长度电抗,可查有关手册；

l——线路长度。

2.3.1.2　变压器功率损耗的计算

变压器的功率损耗也包括有功和无功两部分。

（1）变压器的有功功率损耗　有功功率损耗可分为两部分：一部分是主磁通在铁心中产生的有功功率损耗，即铁损 ΔP_{Fe}。它在一次绕组外加电压和频率不变的情况下，是固定不变的，与负荷电流无关。铁损一般由空载实验测定，空载损耗 ΔP_0 可近似认为是铁损，因为变压器在空载时电流很小，在一次绕组中产生的有功功耗可忽略不计。另一部分是负荷电流在变压器一、二次绕组中产生的有功功率损耗，即铜损 ΔP_{Cu}。它与负荷电流的平方成正比，一般由变压器短路实验测定，短路损耗 ΔP_{K} 可认为是铜损，因为变压器短路时一次侧短路电压很小，故在铁心中产生的有功功耗可忽略不计。

由以上分析可知变压器有功功率损耗为：

$$\Delta P_{\text{T}} = \Delta P_{\text{Fe}} + \Delta P_{\text{Cu}} \cdot \left(\frac{S_{30}}{S_{\text{N}}}\right)^2 \approx \Delta P_0 + \Delta P_{\text{K}} \cdot \left(\frac{S_{30}}{S_{\text{N}}}\right)^2 \tag{2-43}$$

式中　S_{N}——变压器的额定容量；

　　　S_{30}——变压器的计算负荷。

令 $\beta = \dfrac{S_{30}}{S_{\text{N}}}$（$\beta$ 称变压器负荷率），则有

$$\Delta P_{\text{T}} = \Delta P_0 + \Delta P_{\text{K}} \cdot \beta^2 \tag{2-44}$$

（2）变压器的无功功率损耗　无功功率损耗也可分为两部分：一部分用来产生主磁通，也就是用来产生激磁电流或近似地认为产生空载电流。这部分无功功率损耗用 ΔQ_0 来表示，它只与绕组电压有关，而与负荷电流无关。另一部分消耗在变压器一、二次绕组的电抗上。这部分无功功率损耗与负荷电流的平方成正比，在额定负荷下用 ΔQ_{N} 来表示。

这两部分无功功率损耗可用下式近似计算：

$$\Delta Q_0 \approx S_{\text{N}} \cdot \frac{I_0\%}{100} \tag{2-45}$$

$$\Delta Q_{\text{N}} \approx S_{\text{N}} \cdot \frac{u_{\text{K}}\%}{100} \tag{2-46}$$

式中　$I_0\%$——变压器空载电流占额定电流的百分值；

　　　$u_{\text{K}}\%$——变压器短路电压(即阻抗电压 U_{Z})占额定电压的百分值。

因此，变压器的无功功率损耗为：

$$\Delta Q_{\text{T}} = \Delta Q_0 + \Delta Q_{\text{K}} \cdot \left(\frac{S_{30}}{S_{\text{N}}}\right)^2 \approx S_{\text{N}} \cdot \left(\frac{I_0\%}{100} + \frac{u_{\text{K}}\%}{100} \cdot \beta^2\right) \tag{2-47}$$

上式中 $\Delta P_0, \Delta P_{\text{K}}, I_0\%$, $u_{\text{K}}\%$ 均可从变压器技术数据中查得。

例 2-2　已知某车间变压器型号为 SJL₁-1000/10，10/0.4kV 其二次侧计算负荷为 $P_{30} = 596\text{kW}$，$Q_{30} = 530\text{kvar}$，$S_{30} = 800\text{kV} \cdot \text{A}$。

解　由附表 3 可查得该变压器技术数据为：

$\Delta P_{\text{K}} = 2.0\text{kW}; \Delta P_0 = 13.7\text{kW}; u_{\text{K}}\% = 4.5; I_0\% = 1.7$

变压器负荷率　　　　$\beta = \dfrac{S_{30}}{S_{\text{N}}} = \dfrac{800}{1000} = 0.80$

变压器有功损耗为：　$\Delta P_{\text{T}} = \Delta P_0 + \Delta P_{\text{K}} \cdot \beta^2 = 2.0 + 13.7 \times 0.8^2 = 10.8$　（kW）

变压器无功损耗为：$\Delta Q_{\text{T}} = S_{\text{N}} \cdot \left(\dfrac{I_0\%}{100} + \dfrac{u_{\text{K}}\%}{100} \cdot \beta^2\right) = 1000 \times \left(\dfrac{1.7}{100} + \dfrac{4.5}{100} \times 10.8^2\right) = 45.8$　（kvar）

2.3.2 供电系统的电能损耗

企业一年内所耗用的电能,一部分用于生产,还有一部分在供电系统元件(主要是线路及变压器)中损耗掉。掌握这部分损耗的计算,并设法降低它们,便可节约电能,提高电能的利用率。

2.3.2.1 供电线路的电能损耗

供电线路中的电流是随着负荷大小随时变化的,因此线路上的有功功率损耗 ΔP 也是变化的,一年内线路的电能损耗为:

$$\Delta W_{WL} = \int_0^{8760} \Delta P \cdot dt \tag{2-48}$$

又由式(2-41)变化可得:

$$\Delta P = 3 \cdot I^2 \cdot R \times 10^{-3} = \frac{S^2}{U_N^2} \cdot R \times 10^{-3} = \frac{R}{U_N^2 \cdot \cos^2\varphi} \cdot P^2 \times 10^{-3}$$

故有:

$$\Delta W_{WL} = \frac{R \times 10^{-3}}{U_N^2 \cdot \cos^2\varphi} \int_0^{8760} P^2 \cdot dt \tag{2-49}$$

由于实际负荷 P_{30} 随时都在变化,且无固定规律,所以很难由上式求得 ΔW_{WL},实际应用中常用等效面积法来求,即:

$$\Delta W_{WL} = \int_0^{8760} \Delta P \cdot dt = \Delta P_{WL} \cdot \tau \tag{2-50}$$

式中 ΔP_{WL}——按计算负荷求得的线路最大功率损耗;

τ——线路的最大负荷损耗小时,它是一个假想的时间。

τ 的物理意义是:假如线路负荷维持在 P_{30},则在 τh 内的电能损耗,恰好等于实际负荷全年在线路上产生的电能损耗。它与负荷曲线的形状有关,所以与 $T_{max \cdot a}$ 也是相关的,并且与功率因数 $\cos\varphi$ 有关。图 2-5 给出了 τ 与 $T_{max \cdot a}$ 及 $\cos\varphi$ 的关系曲线,可利用该曲线查得的 τ 值来计算线路年电能损耗。

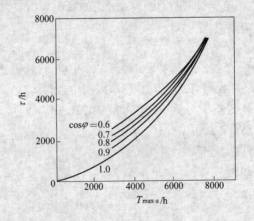

图 2-5　$T_{max \cdot a}$ 与 τ 的关系曲线

2.3.2.2 变压器的电能损耗

变压器的有功电能损耗包括两部分。一部分是铁损 ΔP_{Fe} 引起的电能损耗,只要外加电压和频率不变,其值是固定不变的,即:

$$\Delta W_{T1} = \Delta P_{Fe} \times 8760 \approx \Delta P_0 \times 8760 \quad (kW \cdot h) \tag{2-51}$$

式中 ΔP_0——变压器的空载损耗。

另一部分是由变压器铜损 ΔP_{Cu} 引起的电能损耗,它与负荷电流的平方成正比,即与变压器负荷率 β 的平方成正比:

$$\Delta W_{T2} = \Delta P_{Cu} \cdot \beta^2 \cdot \tau \approx \Delta P_K \cdot \beta^2 \cdot \tau \tag{2-52}$$

因此,变压器总的年有功电能损耗为:

$$\Delta W_T = \Delta W_{T1} + \Delta W_{T2} \approx \Delta P_0 \times 8760 + \Delta P_K \cdot \beta^2 \cdot \tau \tag{2-53}$$

2.4 工业企业计算负荷的确定

确定工业企业计算负荷常用的方法有:逐级计算法、需用系数法和估算法等几种。

2.4.1 按逐级计算法确定企业计算负荷

如图 2-4 在逐级向上求得车间低压母线(D 点)的计算负荷后,加上车间变压器和高压配电线上的功率损耗,即得到企业总降压变电站高压配电线路(C 点)的计算负荷,即:

$$P_{30(C)} = P_{30(D)} + \Delta P_T + \Delta P_{WL} \quad (kW) \tag{2-54}$$

$$Q_{30(C)} = Q_{30(D)} + \Delta Q_T + \Delta Q_{WL} \quad (kvar) \tag{2-55}$$

企业总降压变电站高压母线(B 点)的计算负荷为:

$$P_{30(B)} = K_{\Sigma P} \cdot \sum_{i=1}^{n} P_{30(C)i} \quad (kW) \tag{2-56}$$

$$Q_{30(B)} = K_{\Sigma Q} \cdot \sum_{i=1}^{n} Q_{30(C)i} \quad (kvar) \tag{2-57}$$

式中 $K_{\Sigma P}, K_{\Sigma Q}$ 为同时系数,其取值范围是:$K_{\Sigma P} = 0.8 \sim 0.95$;$K_{\Sigma Q} = 0.85 \sim 0.97$。

企业总降压变电站高压进线(A 点)的计算负荷,即全厂总计算负荷为:

$$P_{30(A)} = P_{30(B)} + \Delta P_T \quad (kW) \tag{2-58}$$

$$Q_{30(A)} = Q_{30(B)} + \Delta Q_T \quad (kvar) \tag{2-59}$$

其他计算负荷 S_{30} 和 I_{30} 计算方法同前。

2.4.2 按需用系数法确定企业计算负荷

需用系数法是将企业用电设备容量(不含备用设备容量)相加得到总容量 $P_{N\Sigma}$,然后乘以企业的总的需用系数 K_d,即可得到企业有功计算负荷 P_{30},计算公式同式(2-5)。然后再根据企业的功率因数,按式(2-6)~式(2-8)求出企业的无功计算负荷 Q_{30},视在计算负荷 S_{30} 和计算电流 I_{30}。

表 2-3 和表 2-4 列出部分企业的需用系数和功率因数,供参考使用。

2.4.3 按估算法确定企业计算负荷

在进行初步设计或方案比较时,企业的计算负荷可用下述方法估算。

2.4.3.1 单位产品耗电量法

已知企业年产量 n 和单位产品耗电量 w,即可得企业年电能需要量:

$$W_a = w \cdot n \tag{2-60}$$

各类工厂单位产品耗电量 w 可根据实测统计确定,也可查有关设计手册得到。

由式(2-2)变化可得企业的计算负荷为

$$P_{30} = P_{max} = \frac{W_a}{T_{max \cdot a}} \tag{2-61}$$

其他计算负荷 Q_{30},S_{30} 和 I_{30} 的计算方法与前相同。

2.4.3.2 单位产值耗电量法

已知企业年产值 B 和单位产值耗电量 b,即可得企业年电能需要量:

$$W_a = B \cdot b \tag{2-62}$$

各类工厂单位产值耗电量 b 也可由实测或查设计手册得到。

按上述式(2-61)可求得 P_{30},其他计算负荷 Q_{30},S_{30} 和 I_{30} 的计算方法与前相同。

2.4.4 无功补偿后企业计算负荷的确定

当企业用电的功率因数低于国家规定值时,应在车间变电站或企业总降压变电站安装并联移相电容器,来改善功率因数至规定值。因此,在确定补偿设备装设地点前的总计算负荷时,应扣除无功补偿的容量 Q_C,即:

$$Q'_{30} = Q_{30} - Q_C \tag{2-63}$$

显然,补偿后的总视在计算负荷 $S'_{30} = \sqrt{P_{30}^2 + Q'^2_{30}}$ 小于补偿前的总视在计算负荷 $S_{30} = \sqrt{P_{30}^2 + Q_{30}^2}$,这就可能使选用的变压器容量降低,从而降低变电站建设初投资并减少企业运行后的电费开支。

习 题

2-1 什么叫计算负荷,确定此值目的何在?

2-2 什么叫年最大负荷和年最大负荷利用小时?

2-3 需用系数法和二项式法各有何特点,各适于哪些场合?

2-4 工业企业用电设备按工作制分为哪几类,各有何工作特点?

2-5 电力变压器的有功功率损耗包括哪两部分,各如何确定,与负荷各有何关系?

2-6 某车间380V支线上有10t桥式吊车一台,在暂载率为40%时的铭牌额定功率为39.6kW,且已知 $\eta = 0.8$,$\cos\varphi = 0.5$,试求该吊车的计算用额定容量及向该吊车供电的支线的计算负荷。

2-7 某机修车间380V电力线路接有下列用电设备组:

(1)小批生产金属冷加工机床,计有 7.5kW 1台,4kW 3台,2.2kW 7台。

(2)生产用通风机2台,共3kW。

(3)电阻炉1台2kW。

试用需用系数法确定各设备组支线及该段干线上的计算负荷。

2-8 试用二项式法确定习题2-7中的计算负荷,并比较两种方法的计算结果。

2-9 如图2-6所示,某220/380V三相四线制线路上,接有220V单相电热干燥箱4台,其中2台10kW接于 A 相,1台30kW接于 B 相,1台20kW接于 C 相;另有380V单相对焊机4台,其中2台14kW($\varepsilon = 100\%$)接于 AB 相,1台20 kW($\varepsilon = 100\%$)接于 BC 相,1台30kW($\varepsilon = 60\%$)接于 CA 相,试求该线路计算负荷。

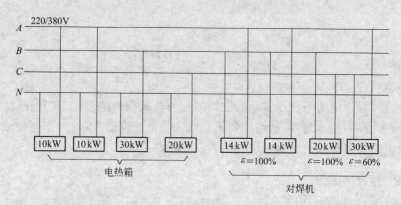

图2-6 习题2-9图

2-10 一条10kV高压线路给两台并列运行的电力变压器供电。高压线路采用 LJ-70 铝绞线,等距水平架设,线距为1m,长为2km。两台电力变压器均为 SL7-800/10 型,总的计算负荷为900kW,$\cos\varphi = 0.86$,$T_{max \cdot a} = 4500h$,试分别计算此高压线路和电力变压器的功率损耗和年电能损耗。

2-11 某电器开关制造厂共有用电设备5840kW,试估算该厂计算负荷。

3 短路电流及其计算

3.1 概述

所谓短路,是指电力系统正常运行之外的相与相或相与地之间的"短接"。在正常运行的电力系统中,除中性点之外,相与相和相与地之间是绝缘的,不论由于何种原因使绝缘遭到破坏而构成通路,即所谓电力系统发生了短路故障。

3.1.1 短路的原因

产生短路的主要原因是电气设备载流部分的绝缘破坏。引起绝缘破坏的原因有:绝缘材料的自然老化、脏污,各种形式的过电压(如雷击等),直接的机械损坏等。绝缘破坏在大多数情况下是由于没有及时发现和消除设备中的缺陷,或是由于设计、安装和运行维护不良造成的。此外,运行人员不按正确的操作规程操作,如带负荷拉隔离开关,检修后未拆除地线就送电等,也是引起短路故障的一个主要原因。再有,自然界的各种动物跨接到裸露的载流导体上,以及大风、雨雪、冰雹、地震等自然灾害,也是引起故障短路的常见因素。

在三相交流电力系统中,短路的类型与电源的中性点是否接地有关,在中性点不接地系统中(图 3-1 所示),可能发生的短路有三相短路($K^{(3)}$)及两相短路($K^{(2)}$),如图 3-1(a)、(b)所示。而在中性点接地系统中,可能发生的短路除三相短路及两相短路外,还有单相短路($K^{(1)}$)及两相接地短路($K^{(1,1)}$),如图 3-2(a)、(b)所示。

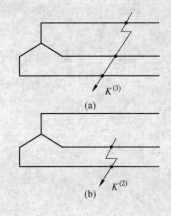

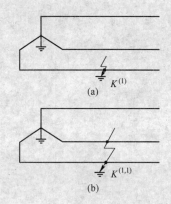

图 3-1　中性点不接地系统的短路　　　　图 3-2　中性点接地系统的短路

3.1.2 短路的类型

电力系统的运行经验表明,发生各种短路的概率是不同的。一般单相接地短路发生的概率最多,约可占全部短路次数的 60% ~ 70%,而三相短路约为 5%。所有各种短路情况中,以单相短路的短路电流最大,但是在中性点直接接地系统中,若使其中点经过电抗器接地,或只将系统中某一部分中点接地,则可人为地减小单相短路的短路电流值。因此,在现代工业企业供电系统中,单相短路电流的最大可能值通常不超过三相短路电流的最大可能值,故今后我们在进行短路电流的计算时,均按三相短路来进行。只有在校验继电保护灵敏度时,才需要进行两相短路电流计算。

3.1.3 短路的后果及进行短路电流计算的目的

电力系统发生短路时,系统的总阻抗显著减少,短路所产生的电流随之剧烈增加。例如发电机出线端处三相短路时,电流的最大瞬时值可达到额定电流的 10 ~ 15 倍,其值可达几万安培,甚至十多万安培。在电流急剧增加的同时,系统中的电压将大幅度下降。如三相短路时,短路点的三相电压均降到零,靠近故障点的各点电压也将显著下降,所以短路的后果往往都是破坏性的,其主要危害大致有如下几方面:

1)短路的电弧有可能烧坏电气设备,甚至危及到建筑物,很大的短路电流会引起设备急剧发热,持续时间过长就可能引起设备过热,绝缘损坏;

2)极大的短路电流会产生很大的电动力,有可能使电气设备发生永久变形或遭到严重破坏;

3)短路时系统电压可能大幅度下降,引起电动机转速突然下降,甚至停转,导致大量产品报废、生产中断、设备损坏等严重后果;

4)当发生单相对地短路时,不平衡电流产生较强的不平衡磁场,对附近的通讯线路、铁路信号集闭系统、可控硅触发系统以及其他弱电控制系统,可能产生干扰信号,使通讯失真,控制失灵,设备产生误动作;

5)如果电流发生在靠近电源处,且持续时间较长,则可导致供电系统中的同步发电机失步、解列,使电力系统稳定运行受到破坏,引起大面积停电,这是短路故障最严重的后果。

目前电力系统短路电流计算的研究有很大发展,短路电流计算为正确地选择和校验电气设备、合理地配置继电保护装置和自动装置、选定正确合理的主接线提供了依据。

3.2 三相短路过渡过程分析

电力系统的短路故障往往是突然发生的。短路发生后,系统就由工作状态经过一个暂态过程,然后进入短路后的稳定状态。电流也将由原来正常的负荷电流突然增大,再经过暂态过程达到短路后的稳定值。由于暂态过程中的短路电流比起稳态值要大得多,所以暂态过程虽然时间很短,但它对电气设备的危害远比稳态短路电流要严重得多。因此,有必要对三相短路的暂态过程作以简单分析。

短路电流的暂态过程的变化与电源系统的容量有关,一般分为无限大容量电源系统和有限容量电源系统来讨论。

所谓无限大容量电源系统,是一个等效的概念,实际短接电力系统的容量总是有限的。由于工业企业往往通过本企业的降压变电站从电力系统取得电能,而工业企业所安装的用电设备的容量远比电力系统的容量(MV·A)小得多,所有可以认为向工业企业供电的电力系统的母线电压不随用户负荷的变化而波动,即 U_m = 常数。换句话说,可以认为系统等值发电机的内阻抗为零,即 $X_\mathrm{s} = 0$。事实上,电力系统的容量(MV·A)和阻抗总有一定的数值,在工程计算中常把内阻抗小于短路回路总阻抗10%的电源,视为无限大容量电源系统。

3.2.1 无限大容量电源系统三相短路过渡过程

图 3-3 为无限大容量电源的供电系统示意图。系统在 M 处的母线电压和负载电流分别为:

$$u = U_\mathrm{m}\sin(\omega t + \theta) \tag{3-1}$$

$$i = I_\mathrm{m}\sin(\omega t + \theta - \varphi) \tag{3-2}$$

式中　$U_\mathrm{m}, I_\mathrm{m}$ ——短路前系统电压幅值和负载电流的幅值;

θ, φ ——电源电压的初相角和短路前负载的阻抗角。

假定供电线路在 K 点发生三相突然短路,电路中原来的负载电流 i 则变为短路电流,常以 i_K 表示。因为所讨论的系统是三相对称系统,发生的短路也是三相对称短路,所以在分析这个三相系统短路电流的过渡过程时,可以只取其中一相来讨论(例如 A 相电路),而其他各相的短路电流过渡过程可按照三相电路的对称性规律来确定。如果 M 到 K 点的短路回路电阻为 R,电感为 L,无限大系统的内阻抗视为零,则短路后母线 M 处电压幅值保持不变。其单相的等值电路如图 3-4 所示。

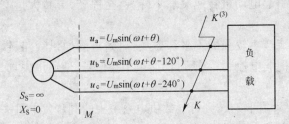
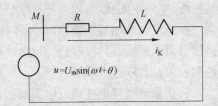

图 3-3　无限大系统三相短路电路图　　　　图 3-4　无限大系统三相短路单相等值电路图

由图 3-4 可列出短路回路的电压方程为:

$$R i_K + L \frac{\mathrm{d} i_K}{\mathrm{d} t} = U_\mathrm{m}\sin(\omega t + \varphi) \tag{3-3}$$

解此一阶微分方程可得:

$$i_K = I_\mathrm{pm}\sin(\omega t + \theta - \varphi_K) + \left[I_\mathrm{m}\sin(\theta - \varphi) - I_\mathrm{pm}\sin(\theta - \varphi_K) \right] \mathrm{e}^{-\frac{t}{T_\mathrm{a}}} \tag{3-4}$$

式中　I_pm ——短路电流周期分量(periodic component)幅值;

φ_K ——短路回路的阻抗角,$\varphi_K = \arctan \dfrac{\omega L}{R}$;

T_a ——短路回路的时间常数,$T_\mathrm{a} = \dfrac{L}{R}$。

由公式(3-4)可见,短路电流 i_K 由两部分组成,第一部分是随时间按正弦规律变化的,称为短路电流的周期分量,用 i_p 表示。第二部分是随时间按指数规律衰减的,并且偏于时间轴的一侧,称为非周期分量(aperiodic component),用 i_ap 表示。所以整个过渡过程电流可表示为:

$$i_K = i_p + i_{ap} \tag{3-5}$$

产生非周期分量的原因在于电路中有电感存在,在短路发生瞬间,回路中的电流要由负载电流 $I_m\sin(\theta-\varphi)$ 增加至 $I_{pm}\sin(\theta-\varphi_K)$,由于电感电路的电流不能突变,势必产生一个非周期分量电流来维持其原来的电流。这个非周期分量电流的初始值是短路瞬间回路中的负载电流与短路后回路应达到的电流之差,即

$$i_{ap(t=0)} = I_m\sin(\theta-\varphi) - I_{pm}\sin(\theta-\varphi_K) \tag{3-6}$$

非周期分量按指数规律衰减的快慢取决于短路回路的时间常数 T_a。对于一般高压电网,其电阻较电抗小得多,常取 $T_a = 0.05s$,而在计算大容量电力网或电机附近短路时,T_a 为 $0.1\sim0.2s$,如按 $T_a = 0.05s$ 考虑,非周期分量在短路后的 0.2s 左右即可衰减完毕。

当非周期分量衰减到 0 时,过渡过程结束,电路中的电流进入稳态,稳态电流就是短路电流的周期分量。

3.2.2 产生最大短路电流的条件

从表示短路过渡过程电流公式(3-4)可以看出,有多种因素影响短路电流的大小及变化规律。为了研究产生最大(最严重)短路电流的条件,首先,根据供电系统的实际情况将式(3-4)稍加变化。通常当发生三相短路时,短路点以后的电路阻抗连同负载阻抗均被短接,因此,整个短路回路只剩下短路点以前的线路阻抗。而输电线路一般总是感抗 $X_L = \omega L$ 远大于电阻 R,尤其在 10kV 以上的高压线路更为明显,这样可以近似地认为电路为纯感性电路,则 $\varphi_K \approx 90°$,代入公式(3-4)得:

$$i_K = I_{pm}\sin(\omega t + \theta - 90°) + [I_m\sin(\theta-\varphi) - I_{pm}\sin(\theta-90°)]e^{-\frac{t}{T_a}}$$

$$= -I_{pm}\cos(\omega t + \theta) + [I_m\sin(\theta-\varphi) + I_{pm}\cos\theta]e^{-\frac{t}{T_a}} \tag{3-7}$$

该式仍然表明短路电流中含有一个周期分量和一个按指数规律衰减的分量。

决定短路稳态电流(短路电流周期分量)I_p 大小的主要因素是短路发生的地点。短路点距电源愈近,则短路电流周期分量的幅值 I_{pm} 愈大,短路电流的稳态值 I_p 也就愈大,所以短路点发生在高压系统(离电源近时),短路情况愈严重。

另外,从式(3-4)或式(3-7)看出,短路发生后,当非周期分量(暂态分量)没衰减完时,短路电流是稳态分量和暂态分量的迭加值。影响过渡过程短路电流大小的另一些因素是:发生短路前电路的原始状态及短路发生的时刻。观察式(3-7)如果当发生电路的瞬间($t=0$),恰好有一相(例如 A 相)电压瞬时值过零($U_a=0$),也就是电压的"合闸相角"等于零(即 $\theta = 0$),则式(3-7)可以表达为:

$$i_K = -I_{pm}\cos\omega t + [I_m\sin(-\varphi) + I_{pm}]e^{-\frac{t}{T_a}}$$

$$= -I_{pm}\cos\omega t + [-I_m\sin\varphi + I_{pm}]e^{-\frac{t}{T_a}}$$

如果短路前,电路处于空载状态,即 $I_m = 0$,则上式进而可表达为:

$$i_K = -I_{pm}\cos\omega t + I_{pm}e^{-\frac{t}{T_a}} \tag{3-8}$$

图 3-5 中绘出了由式(3-8)所决定的短路电流的变化过程。从式(3-8)和图 3-5 均不难看出,当 $t=0$ 时,短路电流周期分量具有负的最大值($-I_{pm}$),而非周期分量的初始值为正

的最大值,其大小等于 I_{pm}。因此,使短路开始瞬间($t=0$),合成的短路电流为零,经过半个周期后,即 $\omega t=\pi$,$t=0.01s$,短路电流出现最大冲击值 i_{sh}。

综合以上分析,产生最大短路电流的条件主要有以下三个:

1)短路电路近似于纯感性电路,即 $\varphi_K\approx90°$;

2)短路发生前,电路为空载,即 $I_m=0$;

3)发生短路瞬间($t=0$),电压瞬时值恰好过零,即该相的"合闸相角"等于零,即 $\theta=0$。

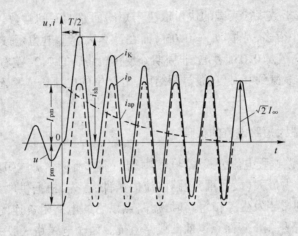

图 3-5　无限大系统三相短路产生最大短路电流的波形图

在实际运行的供电系统中,如将备用的供电线路投入系统,在合闸操作瞬间就可以出现上述情况。例如某回供电线路原来没有负载($I_{pm}=0$),但线路上已存在着三相短路的隐患,未经绝缘检查就将该线路投入供电系统运行,而合闸瞬间又恰好赶上有一相电压过零($\theta=0$),这些因素合在一起,构成了产生最大短路电流的条件,当然其后果是出现最严重的短路事故。在现场把这种故障称为"无载线路合闸严重短路"。

在实际供电系统中,出现上述情况的概率很小,但是它所引起的短路后果将是最严重的,为了研究最大短路电流的数值及其效应,分析这种最严重的短路情况是十分必要的。

应该指出的是上面只讨论了 A 相的情况,该相是在上述假定条件下产生最大短路电流的相。由于三相系统各相电压的相位互差 120°,故三个相的短路电流值及变化情况是不相同的。在研究三相短路时,各相短路电流的变化规律,可根据三相电路的对称性质来决定。顺便指出,当发生三相短路时,并不是各相都会出现最严重情况,只有在合闸时电压过零的那一相才会出现最严重情况。另外还要指出,在实际短路发生后,并不能在电路中分别测出短路电流周期分量和非周期分量,实际测得的是两者迭加后完整的短路电流波形。引入周期分量和非周期分量的目的,仅仅是为了分析问题的方便和清晰。

3.2.3　有限容量电源供电系统三相短路的过渡过程

有限容量电源系统,是和无限大容量电源系统相对而言的。在这种系统中发生短路时,或因电源容量较小,或是短路点靠近电源,这时电源的母线电压不能继续维持恒定。在短路暂态过程中,不但非周期分量是衰减的,周期分量的幅值也将是衰减的。因此,短路的过渡过程比较复杂,下面简单加以介绍。

当发电机定子回路发生三相短路,由于阻抗突然减少,产生很大的近似纯感性的短路电流 i_K。同时在定子回路中随之产生一个很大的磁通 Φ_K,其方向和正常工作时的励磁磁通 Φ_{ex} 相反,形成去磁作用,如图 3-6 所示。根据磁链不能突变的原则,转子里的励磁绕组与阻尼绕组都将感应出电势,并分别流有自由分量的电流 i_{fK} 和 i_{dK},同时又分别产生磁通 Φ'_{fK} 和 Φ'_{dK}(图中未画出阻尼绕组以及 i_{dK} 和 Φ'_{dK}),使短路瞬间两侧磁通大小相等,即 $\Phi_K = \Phi'_{fK} + \Phi'_{dK}$,且方向相反,以维持发电机气隙间的总磁通不变,所以短路瞬间发电机的电势并不变。可是励磁绕组和阻尼绕组中的自由分量电流 i_{fK} 和 i_{dK} 由于无恒定电源维持,势必按指数规律衰减。随着励磁绕组和阻尼绕组中 i_{fK} 和 i_{dK} 迅速减少,短路电流所产生的去磁作用显著增加,则引起发电机的总磁通减少,使定子内的电势随之下降,这就造成短路电流的周期分量也随之下降,一般经过 3 ~ 5s 之后,转子中的自由分量电流衰减结束,使发电机进入短路后的稳定状态。

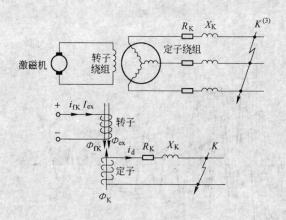

图 3-6 发电机突然短路时磁通关系示意图

实际上,现代发电厂的发电机都装有自动调节励磁装置(包括强行励磁装置),当发电机电压波动时,它可以自动地调节发电机的端电压,保持在规定的范围内,这种装置称为自动电压调整器(AUR)。当发电机外部发生突然短路时,短路电流引起的去磁作用,使发电机的端电压急剧下降,自动调节励磁装置将迅速增大励磁电流,以使发电机的端电压重新回升。但是不论何种自动励磁装置,由于调整装置本身的反应时间以及发电机本身的励磁绕组的电感作用,都不可能立即增大励磁电流,而是经过一段很短时间后才能起作用。因此可认为在短路后的几个周波内,短路电流的变化和无自动电压调整器的情况类似。图 3-7 所示分别为有自动调节励磁装置和无自动调节励磁装置的发电机在发生突然短路后短路电流的变化曲线。

从图中可以看出,两者的区别在于:有自动调节励磁装置的发电机系统在发生短路后,短路电流周期分量经过最初的下降之后,随着发电机电压的回升将逐渐增大而进入稳定状态;无自动调节励磁装置的发电机系统在短路后,短路电流的周期分量是一直下降而达到稳定状态。

有限容量系统无论有无自动调节励磁装置,发生三相短路时,产生最大短路电流的条件与无限大容量系统是一样的,短路电流的最大瞬时值也是出现在短路后 0.01s 的时刻。

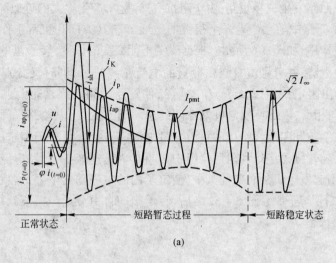

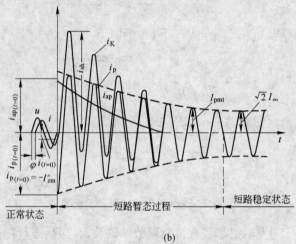

图 3-7　发电机短路电流变化曲线

（a）有自动励磁调节装置的发电机短路电流变化曲线；
（b）没有自动励磁调节装置的发电机短路电流变化曲线

3.2.4　I''、i_{sh}、I_{sh} 和 $I_∞$ 的意义

计算短路电流的目的是为了正确选择和校验电气设备(包括选择限流设备)，以及进行继电保护装置的整定计算。在三相短路电流计算中，通常主要计算以下各量：

1)短路电流次暂态值 I''，它是指短路瞬时，短路电流周期分量电流为最大幅值时所对应的有效值。在无限大容量供电系统中，周期分量为一正弦量，在有限容量供电系统中，周期分量的幅值是变化的，但考虑到在第一周期内变化甚小，可以近似地认为周期分量仍是正弦量，则有 $I'' = \dfrac{I''_{pm}}{\sqrt{2}}$ 关系，式中 I''_{pm} 是短路瞬间周期分量的幅值。短路电流次暂态值通常用来作继电保护的整定近似和校验断路器的额定断流量。

2)短路电流冲击值 i_{sh},它是指在发生最大短路条件下,短路后 0.01s 时,短路电流所出现的最大瞬时值,即

$$i_{sh} = i_{K(t=0.01s)} = I_{pm}\left(1 + e^{-\frac{0.01}{T_a}}\right) = \sqrt{2}\,I''K_{sh} \tag{3-9}$$

式中 $K_{sh} = 1 + e^{-\frac{0.01}{T_a}}$ 称为冲击系数。

上式表明,短路电流冲击值是用短路电流的次暂态值(其数值等于周期分量的有效值)的倍数表示的。短路电流冲击系数 K_{sh} 显然与网路的参数有关,因为 T_a 是短路电流非周期分量衰减的时间常数,其值为 $T_a = \dfrac{L}{R} = \dfrac{X}{\omega R}$,故 K_{sh} 与短路网路的 R、X 的大小有关,也就是说其值与短路发生在什么地点有关,即

$$K_{sh} = 1 + e^{-\frac{0.01\omega R}{X}} \tag{3-10}$$

假设短路点以前的网路为纯感性(即 $R = 0$),则 $K_{sh} = 2$;如果短路发生在纯电阻网路时(即 $X = 0$),则 $K_{sh} = 1$;因而可以得出短路电流冲击系数 K_{sh} 的范围为:

$$1 \leqslant K_{sh} \leqslant 2$$

在近似计算时可用下述数据:

在高压电网短路时, $K_{sh} = 1.8, i_{sh} = 2.55\,I''$;

在 1000kV·A 变压器后面发生短路时, $K_{sh} = 1.3, i_{sh} = 1.84\,I''$。

3)短路电流冲击有效值 I_{sh},是指发生短路后的第一个周期内,全短路电流的有效值。可用计算非正弦波有效值的通常方法求出,由于非周期分量是衰减的,计算时可取其中间值,即 $t = 0.01s$ 时的数值作为平均值。对有限容量系统周期分量在第一周期内可近似认为幅值不变,仍为正弦量,所以

$$I_{sh} = \sqrt{\frac{1}{T}\int_0^T (i_p + i_{ap})^2 \mathrm{d}t} \approx \sqrt{I''^2 + \left(\sqrt{2}\,I''e^{-\frac{0.01}{T_a}}\right)^2} = I''\sqrt{1 + 2(K_{sh} - 1)^2} \tag{3-11}$$

在高压供电系统中,$K_{sh} = 1.8, I_{sh} = 1.51\,I''$;

在低压供电系统中,$K_{sh} = 1.3, I_{sh} = 1.09\,I''$。

短路电流冲击值 i_{sh} 及短路电流有效值 I_{sh} 通常用来校验电气设备的动稳定性。

4)短路电流稳态值 I_∞,它是指短路进入稳定状态后,短路电流的稳态有效值。

从前述可知,无限大容量电源供电系统发生三相短路时,短路电流周期分量的幅值始终不变,则有

$$I_\infty = I'' = I_{pt} \tag{3-12}$$

式中 I_{pt}——短路电流周期分量在任意时刻 t 的有效值。

在有限容量系统中发生短路时,短路电流周期分量的幅值是随时间变化的,所以 I''、I_∞ 以及 I_{pt} 不能维持式(3-12)的关系。此时应根据相应的条件分别求出 I'' 和 I_∞,这将在以后章节中详细介绍。

短路电流稳态值 I_∞ 通常用来校验电器和线路中载流部件的热稳定性。

3.3 短路电路元件参数计算

当电网中某处发生短路时,其中一部分阻抗被短接,网路阻抗发生变化,故在短路电

流计算时，应对各电气设备的参数（电阻及电抗）先进行计算，再计算短路电流的数值。

在计算短路电流时，电气设备各元件的阻抗及其电气参数用有名单位（欧、安、伏）来计算，称有名单位制；用相对值（小数或百分数）来计算，称相对制。前者通常用于低压系统中，后者用于高压网路中。相对值又称标么值，相对制又称标么制。在高压网路中计算短路电流时采用标么制法最方便，因为这种方法无需考虑变压器变比和电气设备参数的归算问题。

3.3.1 标么制

所谓标么制,是指标有单位的实际值(有名值)和一个被选定的基准值之间的比值,即

$$\text{标么值} = \frac{\text{有单位的实际值}}{\text{与实际值同单位的基准值}}$$

标么值是一个无单位的值,通常采用带 * 号的下标以示区别。

在标么值计算中,首先要选定基准值。如果取容量、电流、电压和阻抗的基准值分别为 S_d、I_d、U_d 和 Z_d,则四者的关系可用功率方程和欧姆定律表示如下:

$$S_d = \sqrt{3}\, U_d \cdot I_d \tag{3-13}$$

$$U_d = \sqrt{3}\, I_d \cdot Z_d \tag{3-14}$$

显然,四个量中有两个量被确定之后,另两个量也就被确定了。实际计算短路电流时,一般首先确定示在功率和电压的基准值 S_d、U_d,则电流和阻抗的基准值分别为:

$$I_d = \frac{S_d}{\sqrt{3}\, U_d} \tag{3-15}$$

$$Z_d = \frac{U_d}{\sqrt{3}\, I_d} = \frac{U_d^2}{S_d} \tag{3-16}$$

如按一定数值选定基准值(S_d、I_d、U_d、Z_d)后,则任意的 S、I、U、Z 四个量的标么值可分别表示如下:

$$S_{*d} = \frac{S}{S_d} \tag{3-17}$$

$$I_{*d} = \frac{I}{I_d} \tag{3-18}$$

$$U_{*d} = \frac{U}{U_d} \tag{3-19}$$

$$Z_d = \frac{Z}{Z_d} = Z \cdot \frac{S_d}{U_d^2} = Z \cdot \frac{\sqrt{3}\, I_d}{U_d} \tag{3-20}$$

当阻抗中的电阻可以忽略时,则 $Z_{*d} = X_{*d}$,而且在对称三相电路中,无论是三角形还是星形连接,线电压、相电压、线电流、相电流以及三相功率和单相功率的标么值都是一样的,因此在计算中可以按单相电路的标么值来计算,这是十分方便的。

此外,制造厂在确定某些设备的特性参数时,往往取设备本身的一些额定参数为基准值,以额定值为基准值的标么值,表示如下:

$$S_{*N} = \frac{S}{S_N}$$

$$U_{*N} = \frac{U}{U_N}$$

$$I_{*N} = \frac{I}{I_N}$$

$$X_{*N} = \frac{\sqrt{3}\,I_N}{U_N} \cdot X \quad \text{或} \quad X_{*N} = \frac{S_N}{U_N^2} \cdot X$$

(3-21)

应注意:如不加特别说明,资料中给定的某些电气设备的标么值均指额定标么值。若计算时是采用基准标么值进行的,则应按下面所列公式把额定标么值归算为基准标么值。基准标么值和额定标么值的换算关系如下:

$$U_{*d} = U_{*N} \cdot \frac{U_N}{U_d} \tag{3-22}$$

$$X_{*d} = X_{*N} \cdot \frac{I_d \cdot U_N}{U_d \cdot I_N} = X_{*N} \cdot \frac{S_d \cdot U_N^2}{S_N \cdot U_d^2} \tag{3-23}$$

如果基准值选择得当,则计算工作可大大简化。通常采用 10 的倍数,例如 $10\mathrm{MV \cdot A}$ 或 $100\mathrm{MV \cdot A}$ 等作为容量基值,有时也取电源的发电机的总额定容量作为基值容量,即 $S_d = S_{N\Sigma}$。在需要计算某一电压级的网路内的短路电流时,常取该级的平均额定电压 U_{av} 作为基准电压。平均额定电压是指一段线路的始端最高额定电压与线路末端最低额定电压的算术平均值。各级线路的额定电压与平均额定电压如表3-1所示。在过程计算中,习惯上采

表 3-1 各级线路的额定电压和平均额定电压

额定电压 U_N/kV	0.38/0.22	3	6	10	15	35	60	110	220	330
平均额定电压 U_{av}/kV	0.4/0.23	3.15	6.3	10.5	15.75	37	63	115	230	345

用平均额定电压 U_{av} 代表该级电压,从而认为 $U_d = U_N \approx U_{av}$,所以式(3-22)和式(3-23)可以简化为:

$$U_{*d} = U_{*N} \tag{3-24}$$

$$X_{*d} = X_{*N} \cdot \frac{I_d}{I_N} = X_{*N} \cdot \frac{S_d}{S_N} \tag{3-25}$$

必须指出:此种规定,对线路中的电抗器计算是不适用的。电抗器必须考虑其实际额定电压,因为电抗器的电抗数值较其他元件的电抗大得多,且经常将额定电压较高的电抗器用在较低等级的线路中。如果电抗器的电抗值以其额定标么值表示,则它装用在低压线路时其标么值就会有很大变化,因此在归算电抗器的电抗值时应作准确计算。此外,在同一电路中,必须使用同一基准值的标么值,这样才能保证计算结果的正确性。

3.3.2 短路回路中各元件阻抗的计算

在高压供电系统中,影响短路电流的主要电气元件有:发电机或电力系统、变压器、电抗器以及线路等。在计算这些元件的阻抗时,为简化起见,通常作一些不影响计算精度的假设:首先将磁路的饱和及磁滞等忽略不计,各种线性化处理可认为各元件的阻抗是恒定的,

便于运用迭加原则;其次认为短路均为金属性短路,这种理想化处理,可不计及短路点可能存在的过渡电阻影响;第三,在高压供电系统中,由于电阻往往较电抗小得多,只要 $R_\Sigma < \frac{1}{3} X_\Sigma$,都可以忽略电阻的影响。以上假设,在工程计算中引起的误差是很小的。

各元件阻抗既可采用有名值,也可采用标么值计算。

3.3.2.1 有名值计算

有名值计算,就是根据设备已知参数,求出各元件阻抗的欧姆值。

(1)同步发电机 计算短路电流次暂态值时,需已知发电机的次暂态电抗值,各种同步机的次暂态电抗的额定标么值 X''_{*GN} 可由产品样本中查到(产品样本中均以 X''_{*G} 表示)。这样,同步发电机的次暂态电抗的有名值为:

$$X''_G = X''_{*G} \cdot \frac{U^2_{NG}}{S_{NG}} \tag{3-26}$$

式中 U_{NG}、S_{NG}——发电机的额定电压与额定容量。

各类发电机的次暂态电抗额定标么值见表 3-2 所示。

表 3-2　各类发电机次暂态电抗额定标么值

发电机类型	X''_{*NG}
汽轮发电机	0.125
水轮发电机(有阻尼绕组)	0.20
水轮发电机(无阻尼绕组)	0.27
同步补偿机	0.20
大型同步电动机	0.20

(2)变压器 变压器产品样本中均给出变压器短路电压百分值 $u_K\%$,以及变压器的短路损耗 ΔP_L。

对双绕组变压器,根据已知参数可分别求出阻抗、电阻以及电抗等,其计算公式如下:

$$\left. \begin{array}{l} Z_T = \dfrac{u_K\% \cdot U^2_{NT}}{100 \cdot S_{NT}} \\[2mm] R_T = \dfrac{\Delta P_K}{3 I^2_{NT}} \\[2mm] X_T = \sqrt{Z^2_T - R^2_T} \end{array} \right\} \tag{3-27}$$

式中 U_{NT}、I_{NT}、S_{NT}——分别为变压器的额定电压、额定电流、额定容量。

在忽略电阻情况下,$X_T = Z_T$。

(3)电抗器 电抗器在电力系统中的作用是限制短路电流以及提高短路后母线上的残压。在产品手册上可以查得电抗器的额定电压 U_{NL}、额定电流 I_{NL} 和电抗器额定标么值 $X_L\%$,所以

$$X_L = \frac{X_L\%}{100} \cdot \frac{U_{NL}}{\sqrt{3} \cdot I_{NL}} \tag{3-28}$$

必须指出,安装电抗器的网路电压不一定和电抗器的额定电压相等,如 10kV 的电抗器用在 6kV 的回路中,此时其电抗欧姆值尚需进行折算。

(4)线路 线路的电抗 X_l、电阻 R_l 和阻抗 Z_l 可按下列公式计算:

$$\left.\begin{array}{l} X_1 = X_0 \cdot l \quad (\Omega) \\ R_1 = R_0 \cdot l \quad (\Omega) \\ Z_1 = \sqrt{X_1^2 + R_1^2} \quad (\Omega) \end{array}\right\} \tag{3-29}$$

式中　X_0、R_0、l——线路单位长度电抗、电阻和计算长度，X_0、R_0可查书后附表。

3.3.2.2　标么值计算

电力系统中有许多不同电压等级的线路段，通过升压和降压变压器连接在一起。用有名值计算这种电路的合成总阻抗时，必须把不同电压等级中各元件的阻抗归算到某一电压等级下，然后按电压运算规则进行计算。用标么值进行计算时，要把各元件阻抗的欧姆值归算到同一电压等级，在此基础上选定同一基准值，再去求各元件的标么值，然后进行计算。

（1）发电机　如已知发电机的额定容量 S_{NG} 和发电机的次暂态电抗 X''_{*G}，则以 S_d 和 U_d 为基准的发电机电抗标么值计算，利用公式(3-25)得：

$$X''_{*dG} = X''_{*G} \cdot \frac{S_d}{S_{NG}} \tag{3-30}$$

（2）变压器　前面讲到，在产品手册中可以查得短路电压百分值 $u_K\%$，下面我们来证明这个数据就是在额定情况下变压器电抗的标么值。

图 3-8 给出了变压器短路实验的等值电路。应用电机学知识，如将变压器副侧短接，在变压器原侧通以工频电流并逐渐升高电压，当原侧电流达到变压器额定电流值时，此时加在变压器原侧的电压称为变压器的短路电压 U_K，由图 3-8 的等值电路，可得下面的关系式：

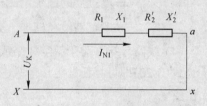

图 3-8　变压器短路试验的等值电路

$$U_K = I_{N1}(Z_1 + Z'_2) = I_{N1} \cdot Z_T$$

式中　Z_1——变压器高压侧阻抗($Z_1 = R_1 + jX_1$)；

　　　Z'_2——变压器低压侧折算到高压侧的阻抗($Z'_2 = R'_2 + jX'_2$)；

　　　Z_T——折算到高压侧的变压器等值阻抗($Z_T = Z_1 + Z'_2$)；

　　　I_{N1}——变压器高压侧的额定电流。

对三相变压器来说，其相间短路电压为：

$$U_K = \sqrt{3} \cdot I_{N1} \cdot Z_T \tag{3-31}$$

故短路电压的百分值可根据下式求得：

$$u_K\% = \frac{U_K}{U_{N1}} \times 100 = \frac{\sqrt{3} \cdot I_{N1} \cdot Z_T}{U_{N1}} \times 100 \tag{3-32}$$

当略去电阻时

$$u_K\% = \frac{\sqrt{3} \cdot I_{N1} \cdot X_T}{U_{N1}} \times 100 \tag{3-33}$$

把式(3-31)代入式(3-33)得：

$$u_K\% = X_{*NT} \times 100$$

即

$$X_{*NT} = \frac{u_K\%}{100} \tag{3-34}$$

式中 $X_{*\text{NT}}$ 代表变压器电抗的额定标么值(以 S_{NT}、U_{N1} 为基准值)。如将此值换算到在任意基准值(S_{d}, U_{d})条件下,则变压器电抗的基准标么值公式为:

$$X_{*\text{dT}} = X_{*\text{NT}} \cdot \frac{S_{\text{d}}}{S_{\text{NT}}} = \frac{u_{\text{K}}\%}{100} \cdot \frac{S_{\text{d}}}{S_{\text{NT}}} \tag{3-35}$$

(3) 电抗器 电抗器是用来限制短路电流的电感线圈,一般用混凝土浇灌固定,其铭牌上给出额定电抗百分值 $X_{\text{L}}\%$、额定电压 $U_{\text{NL}}(\text{kV})$ 和额定电流 $I_{\text{NL}}(\text{kA})$,类似变压器一样有:

$$X_{\text{L}}\% = \frac{\sqrt{3} \cdot I_{\text{NL}} \cdot X_{\text{L}}}{U_{\text{NL}}} \times 100 \tag{3-36}$$

前已指出,因为有些电抗器的额定电压与它所安装处的平均电压相差很大。由于这种原因,就不能认为电抗器的额定电压等于线路的平均额定电压,否则在计算中就会产生较大的误差,故电抗器在选定的基值情况下,电抗的基准标么值必须依据下面公式计算:

$$X_{*\text{dL}} = \frac{X_{\text{L}}\%}{100} \cdot \frac{I_{\text{d}}}{I_{\text{NL}}} \cdot \frac{U_{\text{NL}}}{U_{\text{av}}} \tag{3-37}$$

式中 $X_{\text{L}}\%$——电抗器铭牌标定的额定电抗百分数;

   I_{NL}——电抗器的额定电流;

   U_{NL}——电抗器的额定电压;

   U_{av}——电抗器所在的那一级电网的平均额定电压。

(4) 线路导线 对于架空线路或电缆线路,当选用基准电压 $U_{\text{d}} = U_{\text{av}}$ 时,将此关系式代入公式(3-20)即可将任一电压等级内的导线电抗 X(用欧姆表示的数值)直接归算成基准标么值 $X_{*\text{dl}}$,即

$$X_{*\text{dl}} = X_0 \cdot L \frac{S_{\text{d}}}{U_{\text{av}}^2} \tag{3-38}$$

式中 U_{av}——线路导线所在的那一级的平均额定电压,V 或 kV;

   X_0——每公里长的线路导线的电抗值,Ω/km,具体数值可查附录表;

   L——线路导线的长度,km。

线路导线电阻的基准标么值可用公式(3-38)的相似方法计算,例如

$$R_{*\text{d}} = R_0 \cdot L \frac{S_{\text{d}}}{U_{\text{av}}^2}$$

式中 R_0——线路导线每公里长的电阻值,Ω/km,可查附表或直接用公式 $R_0 = \frac{1}{\gamma S}(\Omega/\text{km})$

   进行计算,式中 γ 为导线的电阻率,S 为导线的截面积。

短路回路中各电气元件按以上各公式所计算的基准标么值,无需再考虑短路回路中变压器的变比进行电抗归算,可直接用电抗基准标么值进行串并联计算,求得总电抗基准标么值。这是因为采用标么值的计算方法实质已将变压器变比归算在标么值中,从而使计算工作大为简化。这也就是说在有变压器耦合的电路中,当选定某一级的平均电压作为基准电压后,则在其他各级中电压的基准值就是该级的平均额定电压。由此可以得出下述一般性的结论:在有变压器耦合的电路中,在选取基准电压时,不同电压级的电压基准值只要用该级平均额定电压即可,而无需折合。

3.3.3 短路回路总阻抗的计算

上面讨论了供电网路中各元件的基准电抗标么值 X_* 和基准电阻标么值 R_* 计算方法的基本概念,现在就用这些基本概念来计算短路电路的总阻抗基准标么值 Z_* 的数值。计算中,如 $R_* < \dfrac{1}{3} X_*$,则可将电阻忽略不计,反之亦然。在这种情况下,忽略 R_* 而用 X_* 替代 Z_*,根据电路理论的分析可知引起的误差低于 5%,这是允许的。

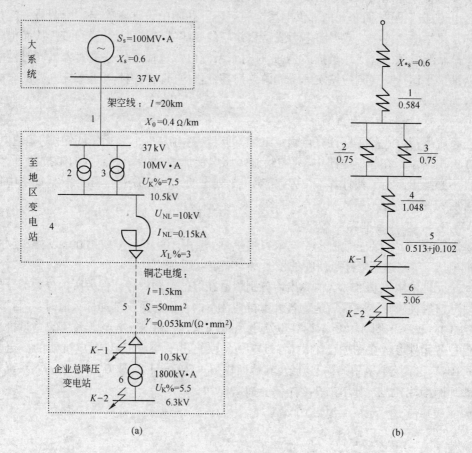

图 3-9　供电网路的单相计算电路
（a）计算电路；（b）等值电路

总阻抗的基准标么值的计算步骤如下所述。

3.3.3.1　绘制计算电路图

在计算短路电流时,首先应将复杂的供电三相网路用单相电路图来表示,如图 3-9(a)所示的线路图称计算电路图。在计算电路图中,对网路中各元件的额定参数均应加以注明。例如发电机和变压器的额定容量和电压;发电机的次暂态电抗(X''_{*G})和变压器的短路电压百分数($u_K\%$);电抗器的额定电流、额定电压和电抗百分数;架空线和电缆的长度和每公里的电抗欧姆数。如需计算线路的电阻,则应标明导线或电缆的截面积和导体材料。电路中的每一电压级均用平均额定电压表示,但电抗器则属例外,应标明其额定电压值。

3.3.3.2 短路计算点和系统运行方式的确定

在计算电路图中,短路计算点的位置及点数的选择,应根据所选电气设备和设计、整定继电保护装置的需要而定。原则上,凡是在供电系统中连接(安装)电气设备的高低压母线,以及用电设备的接线端钮处均应选作短路计算点。

系统运行方式分为最大运行方式和最小运行方式两种。前者用以计算可能出现的最大短路电流,作为选择电气设备的依据;后者用以计算可能出现的最小短路电流,作为校验继电保护装置动作性能的依据。当设计一个工业企业的供电系统时,电力系统的运行方式均由地区电力部门提供,而企业内部供电系统的运行方式则由设计者确定。所谓最大运行方式实际是将供电系统中的双回路电力线路和并联的变压器均按并列运行处理,从而得到由短路点至系统电源的合成总阻抗最小,此时对于系统电源也应考虑按最大容量同时供电处理。所谓最小运行方式则应按实际可能的单列系统供电(即由短路点至系统电源的合成总阻抗最大)处理。

3.3.3.3 绘制短路电流的等值电路

当系统运行方式和短路计算点确定之后,可以绘制对应的计算短路电流用的等值电路,如图 3-9(b)所示。在等值电路中,只需绘制短路电流所通过的一些元件的阻抗即可,无关的元件不必绘出。为了使计算不出差错,对每个列出的元件均需进行顺序编号,如图中每个元件旁所标分数的分子项数字。

3.3.3.4 选择基准容量 S_d

基准容量 S_d 可以任意选定。技术习惯上 S_d 选用 $100MV \cdot A$ 或 $1000MV \cdot A$ 较方便。而基准电压 U_d 则选用短路点所在的该级平均额定电压 U_{av}。

每个元件的阻抗基准标么值算出后分别填写在等值电路中各元件旁所标分数的分母项上,这样处理,使设计者在最后运算各种运行情况下的合成总阻抗基准标么值时,一目了然。

例 3-1 试确定图 3-9 所示计算电路中短路点 K—1 和 K—2 至大系统的总阻抗基准标么值。各元件参数在图中已给出,各级电压均以给出平均额定电压,电抗器的额定电压 $U_{NL} = 10kV$。系统中采用的铜芯电缆:其截面积 $S = 50mm^2$;X_0 取 $0.075\Omega/km$。系统的等值电路如图中(b)所示,其中两台变压器并列运行。

解 取基值 $\qquad S_d = S_s = 100MV \cdot A$

$$U_d = U_{av}$$

短路电路中各元件电抗的基准标么值计算如下:

$$X_{*s} = 0.6$$

$$X_{*1} = X_1 \cdot \frac{S_d}{U_{av}^2} = X_0 \cdot l \cdot \frac{S_d}{U_{av}^2} = 0.4 \times 20 \times \frac{100}{37^2} = 0.584$$

$$X_{*2} = X_{*3} = \frac{u_K\%}{100} \cdot \frac{S_d}{S_{NT}} = \frac{7.5}{100} \times \frac{100}{10} = 0.75$$

$$X_{*4} = \frac{X_L\%}{100} \cdot \frac{I_d}{I_{NL}} \cdot \frac{U_{NL}}{U_{av}} = \frac{3}{100} \times \frac{5.5}{0.5} \times \frac{10}{10.5} = 1.048$$

$$\left(\text{其中} \quad I_d = \frac{S_d}{\sqrt{3} U_d} = \frac{100}{\sqrt{3} \times 10.5} = 5.5 \text{ kA} \right)$$

$$X_{*5} = X_0 \cdot l \cdot \frac{S_d}{U_{av}^2} = 0.075 \times 1.5 \times \frac{100}{10.5^2} = 0.102$$

$$R_{*5} = R_0 \cdot l \cdot \frac{S_d}{U_{av}^2} = 0.377 \times 1.5 \times \frac{100}{10.5^2} = 0.513$$

$$\left(\text{其中 } R_0 = \frac{1}{\gamma \cdot S} = \frac{1}{0.053 \times 50} = 0.377 \ \Omega/\text{km} \right)$$

$$X_{*6} = \frac{u_K\%}{100} \cdot \frac{S_d}{S_{NT}} = \frac{5.5}{100} \times \frac{100}{1.8} = 3.06$$

短路点 K—1 至大系统的总阻抗基准标么值为:

$$X_{*Z1} = X_{*s} + X_{*1} + \frac{X_{*2}}{2} + X_{*4} + X_{*5} = 2.709$$

$$R_{*Z1} = R_{*5} = 0.513$$

在此情况下,因为 $\dfrac{R_{*Z1}}{X_{*Z1}} = \dfrac{0.513}{2.709} = 0.189 < \dfrac{1}{3}$,故电阻基准标么值可以忽略不计,总阻抗基准标么值可以用总电抗基准标么值代替,即 $Z_{*Z1} = X_{*Z1} = 2.709$。

如果计入 R_{*Z1},则 $Z_{*Z1} = R_{*Z1} + jX_{*Z1} = 0.513 + j2.709$,计算时取 Z_{*Z1} 的模则为 $Z_{*Z1} = 2.757$。

短路点 K—2 至大系统的总阻抗基准标么值为:

如忽略 R_{*Z1},则 $X_{*Z2} = X_{*Z1} + X_{*6} = 2.709 + 3.06 = 5.769$;

如计入 R_{*Z1},则 $Z_{*Z2} = 0.513 + j5.769$,短路计算时取 Z_{*Z2} 的模为 $Z_{*Z2} = 5.792$。

以上分别求出了 K—1 点及 K—2 点至大系统的总阻抗(或电抗)基准标么值,这个总阻抗(或电抗)基准标么值对以后计算短路电流有很大用处。通过该例题的计算可知,计算 Z_{*Z} 实质上就是系统在某种运行方式下(最大或最小运行方式下)由短路计算点至系统电源之间各元件阻抗基准标么值的总和,所以计算时应将实际电路尽可能加以简化,即运用网络的串联、并联、△–丫及△–丫变换方法而得到简化电路。

此外,需指出:由于计算短路电流时经常采用标么值法,所以为简化计算表达式,今后在计算时,各元件的电抗和电阻的标么值写法,也可以将下标"*"省略,例如 X_{*1},R_{*1},Z_{*1} 可写成 X_1,R_1,Z_1。

3.4　三相短路电流的计算

3.4.1　无限大电源供电系统三相短路电流计算

3.4.1.1　三相短路时周期分量的计算

短路电流周期分量的大小取决于母线上电压和短路回路的总阻抗。当由无限大容量系统供电的电路发生短路时(图 3-10),因电源电压的幅值波动很小,可以认为不变,故短路电流周期分量的幅值或周期分量的有效值也是不变的。如短路回路的综合电抗($R_{K\Sigma}$,$X_{K\Sigma}$)以欧姆表示时,则三相短路电流周期分量的有效值可用下式求出:

图 3-10　由无限大容量
供电系统供电的电路

$$I_{pt} = I_p = \frac{U_{av}}{\sqrt{3} \cdot \sqrt{R_{K\Sigma}^2 + X_{K\Sigma}^2}} \tag{3-39}$$

式中 U_{av}——计算点所在那一级的母线平均额定电压，V；

$R_{K\Sigma}$，$X_{K\Sigma}$——短路点以前的综合电阻和电抗，且均以归算至计算短路电流的那一级平均电压 U_{av} 条件下的数值，Ω。

在高压短路回路中，总电阻往往比总电抗小得多，只要 $R_{K\Sigma} \ll X_{K\Sigma}$，就可以将电阻略去。此时，公式(3-39)可以改写成：

$$I_{pt} = I_p = \frac{U_{av}}{\sqrt{3} \cdot X_{K\Sigma}} \tag{3-40}$$

如果短路回路的总电抗以标么值表示，则在选定的基准电压 U_d 和基准电流 I_d 的条件下，短路回路总电抗的基准标么值可由式(4-20)确定，即

$$X_{*dK\Sigma} = X_{K\Sigma} \cdot \frac{\sqrt{3} \cdot I_d}{U_d} \tag{3-41}$$

式中 $X_{*dK\Sigma}$ 也经常写成 $X_{*\Sigma}$，由上式确定 $X_{K\Sigma}$，再代入公式(3-40)，并取 $U_d = U_{av}$，经过简化并移项得：

$$I_{*dp} = I_{*p} = \frac{I_p}{I_d} = \frac{1}{X_{*dK\Sigma}} \tag{3-42a}$$

若短路电流用千安(kA)表示，则得下式：

$$I_p = I_{*dp} \cdot I_d = \frac{I_d}{X_{*dK\Sigma}} \tag{3-42b}$$

式中 I_d——根据基准电压 U_d 而决定的基准电流，U_d 应选取欲计算短路电流的那一级的平均额定电压 U_{av}；

$X_{*dK\Sigma}$——在所选定的基准条件下的短路回路综合电抗标么值。

对无限大容量电源供电系统来说，从前面的分析中已知短路后母线电压不变，周期分量是一个幅值不变的正弦波，其任一时刻周期分量的有效值是相同的，因此 $I_{pt} = I'' = I_\infty$，这个结论也是无限大容量系统中三相短路电流周期分量的一个重要特征。

在高压断路器的选择中，有时需要检验断路器的断流能力或断开容量(也称遮断容量)，为此需计算三相短路时的次暂态短路功率 S''：

$$S'' = \sqrt{3} \cdot I'' U_{av} = \sqrt{3} \cdot I_p U_{av} = \frac{S_d}{X_{*dK\Sigma}} \tag{3-43}$$

3.4.1.2 短路电流冲击值(i_{sh})及冲击有效值(I_{sh})的计算

根据无限大容量系统供电的短路过渡过程的分析，可得：

$$i_{sh} = \sqrt{2} \cdot I'' K_{sh} = \sqrt{2} \cdot I_p K_{sh}$$

$$I_{sh} = I'' \sqrt{1 + 2(K_{sh} - 1)^2} = I_p \sqrt{1 + 2(K_{sh} - 1)^2}$$

3.4.2 有限容量供电系统三相短路电流计算

3.4.2.1 I'' 的计算

如第 2 节中分析，在有限容量供电系统中发生三相短路时，其母线电压不再保持恒定，因而在计算 I'' 时用图 3-11 的等效电路。在该电路中发电机的电势用次暂态电势 E''_G 表示，因此在求短路电流次暂态值时可由下式表示：

图 3-11　有限容量供电系统的短路

$$I'' = \frac{E''_G}{\sqrt{3}(X''_G + X_\omega)} \tag{3-44}$$

式中　X''_G——发电机的次暂态电抗；

X_ω——从发电机出口端至短路点的外部电抗。

E''_G 和 X''_G 是发电机的重要参数，E''_G 的值可以近似地用下式计算：

$$E''_G \approx U_{NG} + \sqrt{3}\, I_{NG} \cdot X''_G \sin\varphi \approx K U_{NG} \tag{3-45}$$

式中　U_{NG}——发电机的额定电压；

I_{NG}——发电机的额定电流；

φ——发电机的功率因数角(相角)；

K——比例系数。

由于汽轮发电机的 X''_G 值较小($X''_G = 0.125$)，乘积 $\sqrt{3}\, I_{NG} \cdot X''_G \sin\varphi$ 的数值比 U_{NG} 要小得多，故 $K \approx 1$；而水轮发电机的 X''_G 较大，K 值可由表3-3中查得。

表3-3　水轮发电机系数 K 值

发电机类型	计算电抗 X_{*ca} 为下列不同值时								
	0.2	0.27	0.3	0.4	0.5	0.75	1	1.5	≥2
无阻尼绕组		1.16	1.14	1.1	1.07	1.05	1.03	1.02	1
有阻尼绕组	1.11	1.07	1.07	1.05	1.03	1.02	1	1	1

将公式(3-45)代入公式(3-44)，且发电机的额定电压可近似地等于其平均额定电压 U_{av}，则次暂态短路电流可用下面公式近似计算：

$$I'' = \frac{K U_{NG}}{\sqrt{3}(X''_G + X_\omega)} \approx \frac{K U_{av}}{\sqrt{3}(X''_G + X_\omega)} \tag{3-46}$$

3.4.2.2　i_{sh} 及 I_{sh} 的计算

在计算 i_{sh} 及 I_{sh} 时，只需把无限大容量系统 i_{sh} 及 I_{sh} 计算公式中的 I'' 用公式(3-46)得到的数值代入即可。此时：

当在发电机母线上发生短路时，可取 $K_{sh} = 1.9$，则 $i_{sh} = 1.9\sqrt{2}\, I'' = 2.7 I''$；

当在高压装置内发生短路时，在忽略短路回路中各元件的电阻时，可取 $K_{sh} = 1.8$，则 $i_{sh} = 1.8\sqrt{2}\, I'' = 2.55 I''$。

3.4.2.3　三相短路电流周期分量 I_{pt} 的计算

如前面分析，对有限容量供电系统发生短路，过渡过程中母线电压随时在变化，短路电流周期分量也随之变化，其变化规律与发电机的类型、发电机有无自动调节励磁装置及短路点的远近有关，所以在任一瞬时 t 的三相短路电流周期分量的有效值 I_{pt} 应该用下式决定：

$$I_{pt} = \frac{E_t}{\sqrt{3}(X_{Gt} + X_{\omega})} \tag{3-47}$$

式中　E_t——发生短路后在 t 时刻发电机的计算电势；

　　　X_{Gt}——在同一时刻发电机的计算电抗。

由于同步发电机突然短路时，电势 E_t 随时间变化的规律比较复杂，很难由公式(3-47)求得周期分量在某一时刻的有效值。目前，我国电力部门利用概率统计的方法并考虑各种实际情况，采用各国产定型发电机制定了汽轮发电机和水轮发电机的短路电流"运算曲线"，为便于使用，又将"运算曲线"改制成运算曲线数值表(见表3-4及表3-5)。利用这些运算曲线数值表可以方便地查出三相短路电流周期分量的有效值 I_{pt}。这种方法又称为短路电流实用计算法。

在制定"运算曲线"时，其中 I_{*pt} 的数值是根据下面关系式由实验及计算得出的：

$$I_{*pt} = f(t, X_{*ca}) \tag{3-48}$$

式中　X_{*ca}——短路回路计算电抗标么值。它是以向短路点供送短路电流的发电机总额定容量 $S_{N\Sigma}$ 为基准值而归算求得的。如已知以基准容量 S_d 算出的由短路点至电源的总阻抗基准标么值 $X_{*dK\Sigma}$，则可按 $X_{*ca} = X_{*dK\Sigma} \cdot \dfrac{S_{N\Sigma}}{S_d}$ 求出计算电抗 X_{*ca} 的值；

　　　t——计算短路电流的时间，s；

　　　I_{*pt}——三相短路电流周期分量的有效值(用标么值表示)，它也是以向短路点供电的发电机总额定容量为基值而归算的。

根据不同类型的同步发电机(水轮发电机或汽轮发电机)短路过渡过程中其端电压变化规律不一致，故"运算曲线"是分别对上述两种类型同步发电机做出的，表3-4是汽轮发电机运算曲线数值表，表3-5是水轮发电机运算曲线数值表。在两种类型的运算曲线数值表中，计算电抗只给到了 $X_{*ca} = 3.45$ 为止，因此当计算电抗的数值更大时短路电流就可以认为是远离发电机的短路，此时短路电流的计算可按无限大容量电源供电系统考虑。

3.4.2.4　用运算曲线计算短路电流的方法

由于各种运算曲线是按单台发电机绘制的，而网路中有时有多台发电机并联工作，因此短路电流实用计算法又可以根据网路的具体情况和短路电流计算精度的要求而采用下列两种不同的方法。

(1) 综合计算电抗法　综合计算电抗法又称按同一变化法。用这种方法计算短路电流时，是将全部参加供给短路电流的发电机用一个等于它们容量之和的发电机来代替，此法认为各发电机所给出的短路电流的周期分量具有同样的变化规律，即不计及各发电机与短路点间的不同距离。如果系统中有几种类型的发电机时(如汽轮发电机、水轮发电机)，通常把容量之和占大多数的那类发电机作为计算的依据。这种方法的具体步骤如下：

1) 绘制等值电路图。图中应该选定 $S_d = S_{N\Sigma}$($S_{N\Sigma}$ 为在额定电压下所有发电机容量总和)，并取 $U_d = U_{av}$，同时发电机电抗用 X''_G 表示。

2) 逐步简化等值电路图，视各发电机支路的始端电位相同，计算出对短路点的计算电抗标么值 X_{*ca}，如所选的 $S_d \neq S_{N\Sigma}$，可用已知的公式换算出 X_{*ca}。

3) 根据 X_{*ca} 的值，从相应的运算曲线数值表中查出短路后不同时刻周期分量的电流

标么值 I_{*pt}（$t = \infty$ 时的 I_{*pt} 可近似地以 $t = 4s$ 时的 I_{*pt} 来代替），查出 I_{*pt} 后就可求得：

表 3-4　汽轮发电机运算曲线数值表 $I_{*pt} = f(t, X_{*ca})$

X_{*ca}	t/s										
	0	0.01	0.06	0.1	0.2	0.4	0.5	0.6	1	2	4
0.12	8.963	8.603	7.186	6.400	5.220	4.252	4.006	3.821	3.344	2.795	2.512
0.14	7.718	7.467	6.441	5.839	4.878	4.040	3.829	3.673	3.280	2.808	2.526
0.16	6.763	6.545	5.660	5.146	4.336	3.649	3.481	3.359	3.060	2.706	2.490
0.18	6.020	5.844	5.122	4.697	4.016	3.429	3.288	3.186	2.944	2.659	2.476
0.20	5.432	5.280	4.661	4.297	3.715	3.217	3.099	3.016	2.825	2.607	2.462
0.22	4.938	4.813	4.296	3.988	3.487	3.052	2.951	2.882	2.729	2.561	2.444
0.24	4.526	4.421	3.984	3.721	3.286	2.904	2.816	2.758	2.638	2.515	2.425
0.26	4.178	4.088	3.714	3.486	3.106	2.769	2.693	2.644	2.551	2.467	2.404
0.28	3.872	3.705	3.472	3.274	2.939	2.641	2.575	2.534	2.464	2.415	2.378
0.30	3.603	3.536	3.255	3.081	2.785	2.520	2.463	2.429	2.379	2.360	2.347
0.32	3.368	3.310	3.063	2.909	2.646	2.410	2.360	2.332	2.299	2.306	2.316
0.34	3.159	3.108	2.891	2.754	2.519	2.308	2.264	2.241	2.222	2.252	2.283
0.36	2.975	2.930	2.736	2.614	2.403	2.213	2.175	2.156	2.149	2.109	2.250
0.38	2.811	2.770	2.597	2.487	2.297	2.126	2.093	2.077	2.081	2.148	2.217
0.40	2.664	2.628	2.471	2.372	2.199	2.045	2.017	2.004	2.017	2.099	2.184
0.42	2.531	2.499	2.357	2.267	2.110	1.970	1.946	1.936	1.956	2.052	2.151
0.44	2.411	2.382	2.253	2.170	2.027	1.900	1.879	1.872	1.899	2.006	2.119
0.46	2.302	2.275	2.157	2.082	1.950	1.835	1.817	1.812	1.845	1.963	2.088
0.48	2.203	2.178	2.069	2.000	1.879	1.774	1.759	1.756	1.794	1.921	2.057
0.50	2.111	2.088	1.988	1.924	1.813	1.717	1.704	1.703	1.746	1.880	2.027
0.55	1.913	1.894	1.810	1.757	1.665	1.589	1.581	1.583	1.635	1.785	1.953
0.60	1.748	1.732	1.662	1.617	1.539	1.478	1.474	1.479	1.538	1.699	1.884
0.65	1.610	1.596	1.535	1.497	1.431	1.382	1.381	1.388	1.452	1.621	1.819
0.70	1.492	1.479	1.426	1.393	1.336	1.297	1.298	1.307	1.375	1.549	1.734
0.75	1.390	1.379	1.332	1.302	1.253	1.221	1.225	1.235	1.305	1.484	1.596
0.80	1.301	1.291	1.249	1.223	1.179	1.154	1.159	1.171	1.243	1.424	1.474
0.85	1.222	1.214	1.176	1.152	1.114	1.094	1.100	1.112	1.186	1.358	1.370
0.90	1.153	1.145	1.110	1.089	1.055	1.039	1.047	1.060	1.134	1.279	1.279
0.95	1.091	1.084	1.052	1.032	1.002	0.990	0.998	1.012	1.087	1.200	1.200
1.00	1.035	1.028	0.999	0.931	0.954	0.945	0.954	0.968	1.043	1.129	1.129
1.05	0.985	0.979	0.952	0.935	0.910	0.904	0.914	0.928	1.003	1.067	1.067
1.10	0.940	0.934	0.908	0.893	0.870	0.866	0.876	0.891	0.966	1.011	1.011
1.15	0.898	0.892	0.869	0.854	0.833	0.832	0.842	0.857	0.932	0.961	0.961
1.20	0.860	0.855	0.832	0.819	0.800	0.800	0.811	0.825	0.898	0.915	0.915
1.25	0.825	0.820	0.799	0.786	0.769	0.770	0.781	0.796	0.864	0.874	0.874
1.30	0.793	0.788	0.768	0.756	0.740	0.743	0.754	0.769	0.831	0.836	0.836
1.35	0.763	0.758	0.739	0.728	0.713	0.717	0.728	0.743	0.800	0.802	0.802

$X_{*\,ca}$	t/s										
	0	0.01	0.06	0.1	0.2	0.4	0.5	0.6	1	2	4
1.40	0.735	0.731	0.713	0.703	0.688	0.693	0.705	0.720	0.769	0.770	0.770
1.45	0.710	0.705	0.688	0.678	0.665	0.671	0.682	0.697	0.740	0.740	0.740
1.50	0.686	0.682	0.665	0.656	0.644	0.650	0.662	0.676	0.713	0.713	0.713
1.55	0.663	0.659	0.644	0.635	0.623	0.630	0.642	0.657	0.687	0.687	0.687
1.60	0.642	0.639	0.623	0.615	0.604	0.612	0.624	0.638	0.664	0.664	0.664
1.65	0.622	0.619	0.605	0.596	0.586	0.594	0.606	0.621	0.642	0.642	0.642
1.70	0.604	0.601	0.587	0.579	0.570	0.578	0.590	0.604	0.621	0.621	0.621
1.75	0.586	0.583	0.570	0.562	0.554	0.562	0.574	0.589	0.602	0.602	0.602
1.80	0.570	0.567	0.554	0.547	0.539	0.548	0.559	0.573	0.584	0.584	0.584
1.85	0.554	0.551	0.539	0.532	0.524	0.534	0.545	0.559	0.566	0.566	0.566
1.90	0.540	0.537	0.525	0.518	0.511	0.521	0.532	0.544	0.550	0.550	0.550
1.95	0.526	0.523	0.511	0.505	0.498	0.508	0.520	0.530	0.535	0.535	0.535
2.00	0.512	0.510	0.498	0.492	0.486	0.496	0.508	0.517	0.521	0.521	0.521
2.05	0.500	0.497	0.486	0.480	0.474	0.485	0.496	0.504	0.507	0.507	0.507
2.10	0.488	0.485	0.475	0.469	0.463	0.474	0.485	0.492	0.494	0.494	0.494
2.15	0.476	0.474	0.464	0.458	0.453	0.463	0.474	0.481	0.482	0.482	0.482
2.20	0.465	0.463	0.453	0.448	0.443	0.453	0.464	0.470	0.470	0.470	0.470
2.25	0.455	0.453	0.443	0.438	0.433	0.444	0.454	0.459	0.459	0.459	0.459
2.30	0.445	0.443	0.433	0.428	0.424	0.435	0.444	0.448	0.448	0.448	0.448
2.35	0.435	0.433	0.424	0.419	0.415	0.426	0.435	0.438	0.438	0.438	0.438
2.40	0.426	0.424	0.415	0.411	0.407	0.418	0.426	0.428	0.428	0.428	0.428
2.45	0.417	0.415	0.407	0.402	0.399	0.410	0.417	0.419	0.419	0.419	0.419
2.50	0.409	0.407	0.399	0.394	0.391	0.402	0.409	0.410	0.410	0.410	0.410
2.55	0.400	0.399	0.391	0.387	0.383	0.394	0.401	0.402	0.402	0.402	0.402
2.60	0.392	0.391	0.383	0.379	0.376	0.387	0.393	0.393	0.393	0.393	0.393
2.65	0.385	0.384	0.376	0.372	0.369	0.380	0.385	0.386	0.386	0.386	0.386
2.70	0.377	0.377	0.369	0.365	0.362	0.373	0.378	0.378	0.378	0.378	0.378
2.75	0.370	0.370	0.362	0.359	0.356	0.367	0.371	0.371	0.371	0.371	0.371
2.80	0.363	0.363	0.356	0.352	0.350	0.361	0.364	0.364	0.364	0.364	0.364
2.85	0.357	0.356	0.350	0.346	0.344	0.354	0.357	0.357	0.357	0.357	0.357
2.90	0.350	0.350	0.344	0.340	0.338	0.348	0.351	0.351	0.351	0.351	0.351
2.95	0.344	0.344	0.338	0.335	0.333	0.343	0.344	0.344	0.344	0.344	0.344
3.00	0.338	0.338	0.332	0.329	0.327	0.337	0.338	0.338	0.338	0.338	0.338
3.05	0.332	0.332	0.327	0.324	0.322	0.331	0.332	0.332	0.332	0.332	0.332
3.10	0.327	0.326	0.322	0.319	0.317	0.326	0.327	0.327	0.327	0.327	0.327
3.15	0.321	0.321	0.317	0.314	0.312	0.321	0.321	0.321	0.321	0.321	0.321
3.20	0.316	0.316	0.312	0.309	0.307	0.316	0.316	0.316	0.316	0.316	0.316
3.25	0.311	0.311	0.307	0.304	0.303	0.311	0.311	0.311	0.311	0.311	0.311
3.30	0.306	0.306	0.302	0.300	0.298	0.306	0.306	0.306	0.306	0.306	0.306
3.35	0.301	0.301	0.298	0.295	0.294	0.301	0.301	0.301	0.301	0.301	0.301
3.40	0.297	0.297	0.293	0.291	0.290	0.297	0.297	0.297	0.297	0.297	0.297
3.45	0.292	0.292	0.289	0.287	0.286	0.292	0.292	0.292	0.292	0.292	0.292

注:本表引用自《短路电流实用计算法》,电力工业出版社,1982.7。

表 3-5 水轮发电机运算曲线数值表 $I_{*pt} = f(t, x_{*ca})$

x_{*ca}	t/s										
	0	0.01	0.06	0.1	0.2	0.4	0.5	0.6	1	2	4
0.18	6.127	5.695	4.623	4.331	4.100	3.933	3.867	3.807	3.605	3.300	3.081
0.20	5.526	5.184	4.297	4.045	3.856	3.754	3.716	3.681	3.563	3.378	3.234
0.22	5.055	4.767	4.026	3.806	3.633	3.556	3.531	3.508	3.430	3.302	3.191
0.24	4.647	4.402	3.764	3.575	3.433	3.378	3.363	3.348	3.300	3.220	3.151
0.26	4.290	4.083	3.538	3.375	3.253	3.216	3.208	3.200	3.174	3.133	3.098
0.28	3.993	3.816	3.343	3.200	3.096	3.073	3.070	3.067	3.060	3.049	3.043
0.30	3.727	3.574	3.163	3.039	2.950	2.938	2.941	2.943	2.952	2.970	2.993
0.32	3.494	3.360	3.001	2.892	2.817	2.815	2.822	2.828	2.851	2.895	2.943
0.34	3.285	3.168	2.851	2.755	2.692	2.699	2.709	2.719	2.754	2.820	2.891
0.36	3.095	2.991	2.712	2.627	2.574	2.589	2.602	2.614	2.660	2.745	2.837
0.38	2.922	2.831	2.583	2.508	2.464	2.484	2.500	2.515	2.569	2.671	2.782
0.40	2.767	2.685	2.464	2.398	2.361	2.388	2.405	2.422	2.484	2.600	2.728
0.42	2.627	2.554	2.356	2.297	2.267	2.297	2.317	2.336	2.404	2.532	2.675
0.44	2.500	2.434	2.256	2.204	2.179	2.214	2.235	2.255	2.329	2.467	2.624
0.46	2.385	2.325	2.164	2.117	2.098	2.136	2.158	2.180	2.258	2.406	2.575
0.48	2.280	2.225	2.079	2.038	2.023	2.064	2.087	2.110	2.192	2.348	2.527
0.50	2.183	2.134	2.001	1.964	1.953	1.996	2.021	2.044	2.130	2.293	2.482
0.52	2.095	2.050	1.928	1.895	1.887	1.933	1.958	1.983	2.071	2.241	2.438
0.54	2.013	1.972	1.861	1.831	1.826	1.874	1.900	1.925	2.015	2.191	2.396
0.56	1.938	1.899	1.798	1.771	1.769	1.818	1.845	1.870	1.963	2.143	2.355
0.60	1.802	1.770	1.683	1.662	1.665	1.717	1.744	1.770	1.866	2.054	2.263
0.65	1.658	1.630	1.559	1.543	1.550	1.605	1.633	1.660	1.759	1.950	2.137
0.70	1.534	1.511	1.452	1.440	1.451	1.507	1.535	1.562	1.663	1.846	1.964
0.75	1.428	1.408	1.358	1.349	1.363	1.420	1.449	1.476	1.578	1.741	1.794
0.80	1.336	1.318	1.276	1.270	1.286	1.343	1.372	1.400	1.498	1.620	1.642
0.85	1.254	1.239	1.203	1.199	1.217	1.274	1.303	1.331	1.423	1.507	1.513
0.90	1.182	1.169	1.138	1.135	1.155	1.212	1.241	1.268	1.352	1.403	1.403
0.95	1.118	1.106	1.080	1.078	1.099	1.156	1.185	1.210	1.282	1.308	1.308
1.00	1.061	1.050	1.027	1.027	1.048	1.105	1.132	1.156	1.211	1.225	1.225
1.05	1.009	0.999	0.979	0.980	1.002	1.058	1.084	1.105	1.146	1.152	1.152
1.10	0.962	0.953	0.936	0.937	0.959	1.015	1.038	1.057	1.085	1.087	1.087
1.15	0.919	0.911	0.896	0.898	0.920	0.974	0.995	1.011	1.029	1.029	1.029
1.20	0.880	0.872	0.859	0.862	0.885	0.936	0.955	0.966	0.977	0.977	0.977
1.25	0.843	0.837	0.825	0.829	0.852	0.900	0.916	0.923	0.930	0.930	0.930
1.30	0.810	0.804	0.794	0.798	0.821	0.866	0.878	0.884	0.888	0.888	0.888
1.35	0.780	0.774	0.765	0.769	0.792	0.834	0.843	0.847	0.849	0.849	0.849
1.40	0.751	0.746	0.738	0.743	0.766	0.803	0.810	0.812	0.813	0.813	0.813
1.45	0.725	0.720	0.713	0.718	0.740	0.774	0.778	0.780	0.780	0.780	0.780
1.50	0.700	0.696	0.690	0.695	0.717	0.746	0.749	0.750	0.750	0.750	0.750

x_{*ca}	t/s										
	0	0.01	0.06	0.1	0.2	0.4	0.5	0.6	1	2	4
1.55	0.677	0.673	0.668	0.673	0.694	0.719	0.722	0.722	0.722	0.722	0.722
1.60	0.655	0.652	0.647	0.652	0.673	0.694	0.696	0.696	0.696	0.696	0.696
1.65	0.635	0.632	0.628	0.633	0.653	0.671	0.672	0.672	0.672	0.672	0.672
1.70	0.616	0.613	0.610	0.615	0.634	0.649	0.649	0.649	0.649	0.649	0.649
1.75	0.598	0.595	0.592	0.598	0.616	0.628	0.628	0.628	0.628	0.628	0.628
1.80	0.581	0.578	0.576	0.582	0.599	0.608	0.608	0.608	0.608	0.608	0.608
1.85	0.565	0.563	0.561	0.566	0.582	0.590	0.590	0.590	0.590	0.590	0.590
1.90	0.550	0.548	0.546	0.552	0.566	0.572	0.572	0.572	0.572	0.572	0.572
1.95	0.536	0.533	0.532	0.538	0.551	0.556	0.556	0.556	0.556	0.556	0.556
2.00	0.522	0.520	0.519	0.524	0.537	0.540	0.540	0.540	0.540	0.540	0.540
2.05	0.509	0.507	0.507	0.512	0.523	0.525	0.525	0.525	0.525	0.525	0.525
2.10	0.497	0.495	0.495	0.500	0.510	0.512	0.512	0.512	0.512	0.512	0.512
2.15	0.485	0.483	0.483	0.488	0.497	0.498	0.498	0.498	0.498	0.498	0.498
2.20	0.474	0.472	0.472	0.477	0.485	0.486	0.486	0.486	0.486	0.486	0.486
2.25	0.463	0.462	0.462	0.466	0.473	0.474	0.474	0.474	0.474	0.474	0.474
2.30	0.453	0.452	0.452	0.456	0.462	0.462	0.462	0.462	0.462	0.462	0.462
2.35	0.443	0.442	0.442	0.446	0.452	0.452	0.452	0.452	0.452	0.452	0.452
2.40	0.434	0.433	0.433	0.436	0.441	0.441	0.441	0.441	0.441	0.441	0.441
2.45	0.425	0.424	0.424	0.427	0.431	0.431	0.431	0.431	0.431	0.431	0.431
2.50	0.416	0.415	0.415	0.419	0.422	0.422	0.422	0.422	0.422	0.422	0.422
2.55	0.408	0.407	0.407	0.410	0.413	0.413	0.413	0.413	0.413	0.413	0.413
2.60	0.400	0.399	0.399	0.402	0.404	0.404	0.404	0.404	0.404	0.404	0.404
2.65	0.392	0.391	0.392	0.394	0.396	0.396	0.396	0.396	0.396	0.396	0.396
2.70	0.385	0.384	0.384	0.387	0.388	0.388	0.388	0.388	0.388	0.388	0.388
2.75	0.378	0.377	0.377	0.379	0.380	0.380	0.380	0.380	0.380	0.380	0.380
2.80	0.371	0.370	0.370	0.372	0.373	0.373	0.373	0.373	0.373	0.373	0.373
2.85	0.364	0.363	0.364	0.365	0.366	0.366	0.366	0.366	0.366	0.366	0.366
2.90	0.358	0.357	0.357	0.359	0.359	0.359	0.359	0.359	0.359	0.359	0.359
2.95	0.351	0.351	0.351	0.352	0.353	0.353	0.353	0.353	0.353	0.353	0.353
3.00	0.345	0.345	0.345	0.346	0.346	0.346	0.346	0.346	0.346	0.346	0.346
3.05	0.339	0.339	0.339	0.340	0.340	0.340	0.340	0.340	0.340	0.340	0.340
3.10	0.334	0.333	0.333	0.334	0.334	0.334	0.334	0.334	0.334	0.334	0.334
3.15	0.328	0.328	0.328	0.329	0.329	0.329	0.329	0.329	0.329	0.329	0.329
3.20	0.323	0.322	0.322	0.323	0.323	0.323	0.323	0.323	0.323	0.323	0.323
3.25	0.317	0.317	0.317	0.318	0.318	0.318	0.318	0.318	0.318	0.318	0.318
3.30	0.312	0.312	0.312	0.313	0.313	0.313	0.313	0.313	0.313	0.313	0.313
3.35	0.307	0.307	0.307	0.308	0.308	0.308	0.308	0.308	0.308	0.308	0.308
3.40	0.303	0.302	0.302	0.303	0.303	0.303	0.303	0.303	0.303	0.303	0.303
3.45	0.298	0.298	0.298	0.298	0.298	0.298	0.298	0.298	0.298	0.298	0.298

$$I_{Kt} = I_{*pt} \cdot I_{N\Sigma} \tag{3-49}$$

式中　I_{Kt}——在所求短路后时间 t 秒时的短路电流周期分量有效值；

$I_{N\Sigma}$——归算到 U_{av} 电压时，所有发电机额定电流之和$\left(I_{N\Sigma} = \dfrac{S_{N\Sigma}}{\sqrt{3}\,U_{av}} \right)$。

4）根据近似的特殊需要，可由运算曲线数值表中确定出 $t = 0$ 时的 I''。

5）在短路 t 秒时的短路容量可由计算确定：

$$S_{Kt} = \sqrt{3}\, I_{Kt} \cdot U_{av} \tag{3-50}$$

将式(3-50)两边除以 $S_{N\Sigma} = \sqrt{3}\, I_{N\Sigma} \cdot U_{av}$ 后得：

$$S_{*Kt} = I_{*pt}$$

从上式可知，任何时间的短路电流标么值与短路容量标么值都是相等的，因此从运算曲线数值表中查得 I_{*pt}，再用下式求短路容量：

$$S_{Kt} = I_{*pt} \cdot S_{N\Sigma} \tag{3-51}$$

（2）单独变化计算法　在用综合计算电抗法计算短路电流时，认为对短路点供电的各发电机的短路电流周期分量的变化规律是一样的，相当于将全部参加供给短路电流的发电机用一个等值的发电机来代替，但实际的供电网路中往往不应忽略下述一些情况：

1）各电源与短路点之间的电气距离不相同，例如大容量的发电机距短路点很远时，其所供给的短路电流可能比靠近短路点近的小容量发电机供给的短路电流小得多；

2）为短路点供电的电源可能既有水轮发电机又有汽轮发电机，它们在短路时的过渡过程有很大差别；

3）工业企业供电可能同时由无限大容量电力系统和本企业自备电厂的同步发电机供电。

考虑上述情况，短路电流的计算应按单独变化法计算，即计算时将条件相似的电源或发电机分在一组，分组原则如下：

1）至短路点的电气距离大致相等且同一类型的发电机分在一组；

2）对彼此无关支路内的且与短路点直接相联的同一类型发电机分在一组；

3）将无限大容量电源作为一个单独的有源支路对待。

按上述原则分类合并后，可将一个复杂的供电网路简化成只有两三个电源的单独支路对短路点供电的电路。图 3-12 就是一个经过合并并简化后只具有两个电源支路的简化电路。

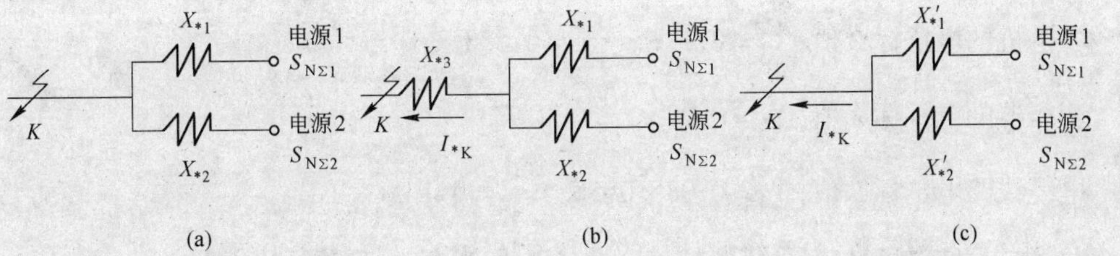

图 3-12　计入各电源与短路地点间的不同距离时原来计算短路电流的电路

图 3-12(a)中，每一电源与短路点直接连接（这种电路又称叉形电路），在计算短路电流时，先分别算出由每一电源供出的短路电流，短路点的总短路电流就等于从两个电源送出的短路电流之和。如果电源均为有限容量电源，当借助运算曲线数值表决定这种电路的短路电流时，每一条分叉支路的电抗应根据该支路发电机的总额定容量归算，即 X_{*1} 应根据 $S_{N\Sigma1}$ 归算，X_{*2} 应根据 $S_{N\Sigma2}$ 归算，然后分别查运算曲线数值表，求出短路电流再相加。

图 3-12(b)所示情形较为复杂，两个电源流出的短路电流通过公共电抗 X_{*3} 同时流向短路点，因此便不能从每一个电源直接计算短路电流。这时应将这种电路变换成与图 3-12(a)相似的叉形电路[图 3-12(c)]，再分别按每个电源计算短路电流。只有这样，才考虑了各电源供给的短路电流中周期分量不同变化的因素。

由图 3-12(b)变换成图 3-12(c)时，电抗 X'_{*1} 和 X'_{*2} 可用 Y—△ 变换的方法决定，公式如下：

$$\left. \begin{array}{l} X'_{*1} = X_{*1} + X_{*3} + \dfrac{X_{*1} \cdot X_{*3}}{X_{*2}} \\[3mm] X'_{*2} = X_{*2} + X_{*3} + \dfrac{X_{*2} \cdot X_{*3}}{X_{*1}} \end{array} \right\} \tag{3-52}$$

利用 Y—△ 变换时，由于等值电抗 X'_{*3}（接在电源 1 与 2 之间的）不影响短路点的短路电流值，所以不必考虑。

若 X'_{*1} 和 X'_{*2} 是根据任意选定的基准容量 S_d 归算的，则必须再把它们根据对应支路的发电机总额定容量进行归算，并求出每一条支路的计算电抗，公式如下：

$$\left. \begin{array}{l} X_{*\,ca1} = X_{*1} \cdot \dfrac{S_{N\Sigma1}}{S_d} \\[3mm] X_{*\,ca2} = X_{*2} \cdot \dfrac{S_{N\Sigma2}}{S_d} \end{array} \right\} \tag{3-53}$$

然后再分别计算出从每一电源供给的短路电流，这些电流之和便是流到短路点的总短路电流 I_{*K}。

例 3-2 按单独变化计算法，试确定图 3-13 中 K-1 点和 K-2 点的三相短路电流值。自备电厂的发电机为汽轮发电机，平均 $X''_{*G} = 0.125$。

解 选取 $S_d = 100\text{MV·A}$，$U_d = U_{av} = 6.3\text{kV}$

于是

$$I_d = \frac{S_d}{\sqrt{3}\,U_{av}} = \frac{100}{\sqrt{3} \times 6.3} = 9.2\text{kA}$$

将各电抗根据基准容量归算，求出各元件电抗的基准标么值：

发电机的电抗标么值：$X_1 = 0.125 \times \dfrac{100}{15} = 0.833$

变压器的电抗标么值：$X_2 = 0.08 \times \dfrac{100}{15} = 0.533$

电缆线路电抗标么值：$X_3 = 0.08 \times 0.5 \times \dfrac{100}{6.3^2} = 0.1$

在 K—1 点短路时，自系统侧计算的计算电抗为 $X_{*\,ca1} = X_2 = 0.533$

发电机侧的计算电抗为 $X_{*\,ca2} = X_1 \cdot \dfrac{15}{100} = 0.125$

在 K—2 点短路时，自系统侧计算的总电抗为：

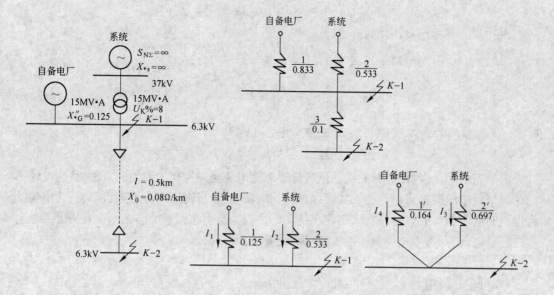

图 3-13 例 3-2 的计算电路和等值电路

$$X'_{*2} = X_2 + X_3 + \frac{X_2 \cdot X_3}{X_1} = 0.533 + 0.1 + \frac{0.533 \times 0.1}{0.833} = 0.697$$

自发电机侧计算的总电抗为：

$$X'_{*1} = X_1 + X_3 + \frac{X_1 \cdot X_3}{X_2} = 0.833 + 0.1 + \frac{0.833 \times 0.1}{0.533} = 1.09$$

分别换算成计算电抗：

$$X_{*ca3} = X'_{*2} = 0.697$$

$$X_{*ca4} = X'_{*1} \frac{S_{N\Sigma}}{S_d} = 1.09 \times \frac{15}{100} = 0.164$$

在 K-1 点短路时,因为系统为无限大容量电源,故其短路电流周期分量不变,于是由系统向 K-1 处供给的短路电流为：

$$I''_1 = I_{t1} = I_{\infty 1} = I_d / X_{*ca1} = 9.2/0.533 = 17.3$$

由自备发电厂向 K-1 处供给的短路电流,按 $X_{*ca2} = 0.125$ 查表 3-4 得：

$$I''_{*2} = 8.651; \quad I_{*0.2} = 5.134$$

故 K-1 点的短路电流为：

$$I'' = 17.3 + 8.651 \times \frac{15}{\sqrt{3} \times 6.3} = 29.2 \quad (kA)$$

$$I_{0.2} = 17.3 + 5.134 \times \frac{15}{\sqrt{3} \times 6.3} = 24.4 \quad (kA)$$

$$I_{sh} = 1.52 \times 29.2 = 44.4 \quad (kA)$$

$$i_{sh} = 2.55 \times 29.2 = 74.5 \quad (kA)$$

同理,在 K—2 点短路时,经计算和查表得：

$$I''_3 = I_{t3} = I_{\infty 3} = I_d / X'_{*2} = 9.2/0.697 = 13.2 \quad (kA)$$

$$I''_{*4} = 6.614; \quad I_{*0.2} = 4.281$$

因此，K-2 点的短路电流为：

$$I'' = 13.2 + 6.61 \times \frac{15}{\sqrt{3} \times 6.3} = 22.3 \quad (\text{kA})$$

$$I_{0.2} = 13.2 + 4.281 \times \frac{15}{\sqrt{3} \times 6.3} = 19.1 \quad (\text{kA})$$

$$I_{\text{sh}} = 1.52 \times 22.3 = 34 \quad (\text{kA})$$

$$i_{\text{sh}} = 2.55 \times 22.3 = 51 \quad (\text{kA})$$

需要指出的是，利用运算曲线数值表计算短路电流是一种较为简便的方法，目前设计部门计算短路电流时都采用此法。如要提高计算的精确度，可对周期分量进行修正，其中包括发电机时间常数、励磁电压顶值、励磁系统实际常数等所引起误差的修正。在对一般工业企业进行供电计算时，本书所提供的方法已满足要求。

3.5 电网短路电流计算中的几个特殊问题

3.5.1 计算短路电流时对外部电力系统的考虑

进行短路电流计算时，除计算网络中已知容量的发电机外，还要计算网络以外的发电机及系统(外部电力系统)，而外部电力系统中计算短路电流所需的参数往往不全，如系统的容量 S_{NS} 或元件(线路、变压器等)的阻抗未知，或仅知系统中某处断路器的切断容量等，在这种情况下，短路电流必须采用一些近似计算方法，现分析如下：

1) 不知道系统确切容量，只知道其容量很大时，这时可视系统为无限大容量电源供电系统。这样求得的短路电流较实际为大，考虑到系统的发展，留些裕量是可以的。

2) 已知系统的额定容量 S_{NS} 和电网某点短路在 t 秒时的短路功率 S_{Kt}，此时根据公式(3-51)先求出短路电流标么值：

$$I_{*\text{pt}} = \frac{S_{\text{Kt}}}{S_{\text{NS}}}$$

然后利用表 3-3 或表 3-4 查出短路 t 秒时系统的计算电抗 $X_{*\text{ca}}$。如果给出的是某点最大短路次暂态功率 S''，则因为 $S'' = \dfrac{S_{\text{NS}}}{X_{*\text{cas}}}$ 或 $S'' = \dfrac{S_{\text{d}}}{X_{*\text{ds}}}$，故系统的计算电抗为：

$$X_{*\text{cas}} = \frac{S_{\text{NS}}}{S''} \tag{3-54}$$

或系统电抗基准标么值为：

$$X_{*\text{ds}} = \frac{S_{\text{d}}}{S''} \tag{3-55}$$

有时只知道连接于网路中某处的断路器型号，由此可由产品样本中查得其额定断开容量 S_{NOFF}，由于断路器在选择时，均需满足 $S_{\text{NOFF}} \geqslant S$，因此系统的计算电抗也可由下式近似求得：

$$X_{*\text{ca}} = \frac{S_{\text{NS}}}{S_{\text{NOFF}}} \tag{3-56}$$

3) 已知系统容量很大以及系统中某一点短路的次暂态短路功率 S'' 或相连的断路器型号(即已知 S_{NOFF})。此时可将系统视为无限大系统,即 $S_s = \infty$,系统的电抗基准标么值可由下式求得:

$$X_{*\text{ds}} = \frac{S_\text{d}}{S''} \text{ 或 } X_{*\text{ds}} = \frac{S_\text{d}}{S_{\text{NOFF}}} \tag{3-57}$$

4) 已知系统的总容量 S_s 和总电抗 X_s。此时可将系统作为一个容量为 S_s,总电抗为 X_s 的等效发电机来考虑,以占主要地位的发电机类型来确定该等效发电机的类型。

3.5.2 大型电动机对短路电流的影响

电网发生短路时,如果短路点距异步电动机较远,其外加电压虽有降低,但可能尚大于电动机本身的电势,电动机仍可从电网继续吸收功率,只是电动机的转速因电压降低而有所下降。如果短路点距电动机较近,短路点的电压为零,电动机的转速又不能立即降到零,其反电势有可能大于外加电压,此时电动机将等同于一台发电机,向短路点馈送电流,如图3-14所示。由于反馈电流将使电动机迅速制动,所以反馈衰减极快。因此在计算 $t > 0.01\text{s}$ 短路电流时,可不予考虑。主要应考虑电动机对冲击值的影响,而且只计入短路点附近 100kW 以上的大型电动机或总容量大于 100kW 以上的几台电动机的影响。

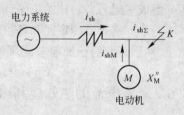

图 3-14 电动机对短路冲击电流的影响

当电动机端头处发生三相短路时,电动机所反馈的冲击电流可按下式计算:

$$i_{\text{sh}} = \sqrt{2} \cdot \frac{E''_{*}}{X''_{*\text{M}}} \cdot K_{\text{shM}} \cdot I_{\text{NM}} \tag{3-58}$$

式中 E''_{*}、$X''_{*\text{M}}$——电动机次暂态电势和次暂态电抗的标么值, E''_{*} 一般为 0.9, $X''_{*\text{M}}$ 一般取 0.17;

I_{NM}——电动机额定电流;

K_{shM}——电动机反馈电流冲击系数,对高压电动机取 $1.4 \sim 1.6$,对低压电动机取 1。

在计入电动机的反馈电流后,短路电流总的冲击值为:

$$i_{\text{sh}\Sigma} = i_{\text{sh}} + i_{\text{shM}} \tag{3-59}$$

顺便指出,同步电动机的转动惯量大,而且有励磁绕组,暂态电抗较大,向短路点馈送短路电流的时间较长,对整个短路过程的短路电流均有影响。因此,同步电动机在近端短路时,通常可视作一个附加电源来考虑。

3.5.3 两相短路电流的估算

在进行继电保护灵敏度校验时,需要知道供电系统两相短路电流的稳态值 $I^{(2)}_{\infty}$。两相短路是不对称短路,可用对称分量法求解。但在实际计算或估算中无论何种电源供电系统,两相短路电流的次暂态值均可由下式估算:

$$I^{(2)}_{\infty} = \frac{E}{2 X_{K\Sigma}} = \frac{\sqrt{3}}{2} I^{(3)}_{\infty} \tag{3-60}$$

3.5.4 不对称短路电流的计算

以上讨论的都是三相对称短路的情况,在工业企业供电系统中,有时为了校验保护装置的灵敏度,需要计算不对称短路电流。

不对称短路是供电系统中故障概率较多的故障类型,据统计约占全部短路故障的 90% 以上。不对称短路,比起三相对称短路在计算方法上要复杂得多,因为不对称短路发生后,各相电压、电流均将发生变化,不像三相对称短路那样,只取其中的一相来进行计算。不对称短路通常采用对称分量法进行计算。

对称分量法的实质,是将发生不对称短路($K^{(1)}$、$K^{(2)}$、$K^{(3)}$ 等)处出现的三相不对称电压分解成三组各自对称的正序、负序和零序分量,在电力网中,这三组分量都能独立地形成各序网络并满足欧姆定律和基尔霍夫定律。正是这一点,就能由各序网络相应地求出各序电流,然后将它们迭加起来,还原成三相不对称电流。详细计算方法请参考相关书籍。

3.6 短路电流的热效应和力效应

短路电流通过电力系统中的电气元件时,会在电气元件中产生两种效应。一是导体自身的热效应;二是相邻导体间的力效应。由于短路电流数值很大,电气元件产生的热量和所承受的电动力是十分可观的。强大的短路电流产生的热量,会使设备温度急速升高,加速绝缘老化,降低绝缘强度,过高的温度甚至使绝缘损坏;极大的电动力可能使设备损坏或产生永久性变形。所以,为了使电气设备在正常情况下及故障情况下均能正常工作,必须计算可能承受的电动力和发热,以便使电气元件具有足够的热稳定性与电动稳定性。

3.6.1 短路电流的热效应

短路电流通过导体时,由于发热量大,短路的持续时间 t 较短(一般不超过几秒),所以可认为所产生的热量全部被导体吸收,而来不及散入到周围介质中,致使导体温度升高。常用的不同金属材料导体均规定有短时发热最高允许温度,见表 3-6。热稳定性校验实质上就是计算短路电流所产生的全部热量,使导体升高后的温度是否超过短时发热的最高允许温度。

表 3-6　导体材料短时发热的允许温度 θ_{kal} 和系数 C

导 体 种 类 和 材 料	$\theta_{kal}/℃$	C
(1)母线及导线:铜	320	175
铝	220	95
钢(不和电器直接连接时)	420	70
钢(和电器直接连接时)	320	63
(2)油浸纸绝缘电缆:铜芯,10kV 及以下	250	165
铝芯,10kV 及以下	200	95
20~35kV	175	
(3)充油纸绝缘电缆:60~330kV	150	

导体种类和材料	$\theta_{kal}/℃$	C
(4)橡皮绝缘电缆	150	
(5)聚氯乙烯绝缘电缆	120	
(6)交联聚乙烯绝缘电缆:铜芯	230	
铝芯	200	
(7)有中间接头的电缆(不包括第 5 项)	150	

短路电流在持续时间 t 内使导体的发热量可由下式表示:

$$Q_K = \int_0^t I_{Kt}^2 \cdot R_{av} dt = \int_0^t I_{pt}^2 \cdot R_{av} dt + \int_0^t I_{apt}^2 \cdot R_{av} dt \qquad (3\text{-}61)$$

式中　I_{pt}、I_{apt}、I_{Kt}——短路电流周期分量、非周期分量以及总短路电流的有效值,它们之间的关系为:$I_{Kt}^2 = I_{pt}^2 + I_{apt}^2$;

R_{av}——短路电流延续时间内导体电阻的平均值。

由于短路电流随时间变化的规律较复杂,且与系统容量及短路点的远近有关,在工程计算中常采用一种等效方法来计算其发热量 Q_K。即取短路电流的稳态值 I_∞ 在假想时间 t_i 内所产生热量等于实际短路电流在其持续时间 t 内所产生的热量:

$$Q_K = \int_0^{t_i} I_{pt}^2 \cdot R_{av} dt = I_\infty^2 R_{av} t_i \qquad (3\text{-}62)$$

为计算方便起见,在工程上将 t_i 分为两部分,即

$$t_i = t_{pi} + t_{api} \qquad (3\text{-}63)$$

式中　t_{pi}——短路电流周期分量假想时间;

t_{api}——短路电流非周期分量假想时间。

故　　　　　　　$$Q_K = I_\infty^2 R_{av} t_{pi} + I_\infty^2 R_{av} t_{api} \qquad (3\text{-}64)$$

短路电流周期分量假想时间 t_{pi} 是这样一个时间,在这个时间内短路电流稳态值通过导体所产生的热量,等于短路电流周期分量在其实际延续时间内所产生的热量。由于短路电流周期分量和电源的容量及短路类型有关,因此短路电流周期分量假想时间 t_{pi} 除和短路电流实际持续时间 t 有关外,还和电源系统情况(用 t_{pi} 表示电源系统情况)有关,即

$$t_{pi} = f(\beta'', t) \qquad (3\text{-}65)$$

对无限大容量供电系统,$I'' = I_\infty = t_{pt}$,显然周期分量假想时间 t_{pi} 和短路电流持续时间 t 相等,即 $t = t_{pi}$。

对有限容量供电系统,β'' 越大,t_{pi} 也越长。当无自动电压调整器时,t_{pi} 常大于 t;当发电机具有自动电压调整器时,t_{pi} 可能大于或小于 t,随比值 β'' 而不同。此时常由典型发电机经过试验和计算所绘制的 $t_{pi} = f(\beta'', t)$ 平均运算曲线(见图 3-15,图 3-16)查得,曲线图中,短路电流持续时间 t 可由下式求出:

$$t = t_{op} + t_{OFF} \qquad (3\text{-}66)$$

式中　t_{op}——保护装置动作时间;

t_{OFF}——高压断路器分闸时间。

从图 3-15,图 3-16 可以看出,曲线仅做到 $t = 5s$,这是因为当短路持续时间 $t > 5s$ 时短

路电流已进入稳态,即短路电流周期分量为其稳态值。所以时间大于5s之后的周期分量假想时间和大于5s的持续时间$(t-5)$是相等的,则总的周期分量假想时间为:

$$t_{pi} = t_{pi}(5s) + (t-5) \tag{3-67}$$

式中 $t_{pi}(5s)$——从图3-15、图3-16中查出的值。

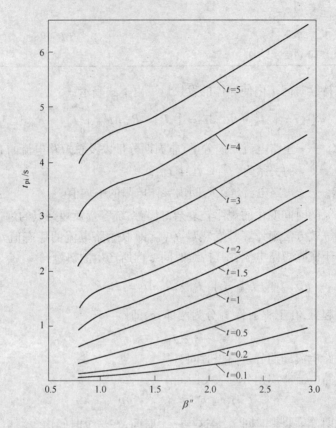

图 3-15 具有自动电压调整器的发电机供电时短路电流周期分量的假想时间曲线

对有限容量系统,当 $X_{*ca} \geq 3.5$ 时,可按无限大容量系统处理。在这种情况下,$t_{pi} = t$。

短路电流非周期分量假想时间是这样一个概念,在这个时间内短路电流稳态值通过导体所产生的热量,恰好等于非周期分量在持续时间内所产生的热量。将随时间衰减的周期分量短路电流计算式 $\sqrt{2} I'' e^{-\frac{t}{T_a}}$ 代入热量计算公式,得:

$$\int_0^t \left(\sqrt{2} I'' e^{-\frac{t}{T_a}}\right)^2 R_{av} dt = I''^2 R_{av} T_a \cdot \left(1 - e^{-\frac{2t}{T_a}}\right) = I_\infty^2 R_{av} t_{api} \tag{3-68}$$

显然,短路电流非周期分量假想时间为:

$$t_{api} = \beta''^2 T_a \left(1 - e^{-\frac{2t}{T_a}}\right) \tag{3-69}$$

在高压短路回路中,一般取 $T_a \approx 0.05s$,且短路持续时间 t 如果大于0.1s小于1s时,可近似取 $e^{-\frac{2t}{T_a}} \approx 0$,则 $t_{pi} = 0.05(\beta'')^2$。如果短路电流持续时间 $t > 1s$,由于短路电流非周期分量衰减极快(高压回路一般约在0.2s内衰减完),则可以认为非周期分量引起的发热在整个短路电流所引起的发热中,所占的比重很小,可以忽略不计,即 $t_{api} = 0$。

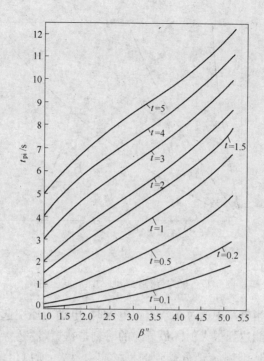

图 3-16　无自动电压调整器的发电机供电时短路电流周期分量的假想时间曲线

当确定 t_{pi} 和 t_{api} 之后,即可按公式(3-62)或公式(3-64)求出短路电流产生的全部热量。如前所述,这部分热量将全部被导体吸收,使导体温度升高,故可得:

$$Q_K = I_\infty^2 R_{av} t_i = I_\infty^2 \frac{\rho_{av} l}{S} t_i = S l r c_{av}(\theta_K - \theta_W) \tag{3-70}$$

式中　S、l——导体的截面积和长度;

　　　ρ_{av}、c_{av}——导体的平均电阻率和平均比热;

　　　　r——导体的密度;

　θ_K、θ_W——导体的短时最高温度与导体正常工作温度。

上式计算整理之后,得:

$$\left(\frac{I_\infty}{S}\right)^2 t_i = \frac{r c_{av}}{\rho_{av}}(\theta_K - \theta_W) = A_K - A_W \tag{3-71}$$

式中　$A_K = \dfrac{r c_{av}}{\rho_{av}}\theta_K$, $A_W = \dfrac{r c_{av}}{\rho_{av}}\theta_W$。

实用中,应根据不同材料的载流导体预先绘出 $A = f(\theta)$ 的函数关系曲线,如图 3-17 所示。利用曲线可以方便地求出导体的短时加热温度 θ_K,具体方法如下:

首先根据 θ_W 值从曲线纵轴查得横轴 A_W 值,再以 $A_W + \left(\dfrac{I_\infty}{S}\right)^2 t_i = A_K$ 值从曲线横轴查得纵轴的 θ_K 值,如果所得的 θ_K 值不超过短时加热导体最大允许温度 θ_{kal},则表明载流导体能满足短路电流的热稳定性要求。

3.6.2　短路电流的力效应

由于电流所引起的电动力的作用使供电线路中的装置及电气载流部分受到机械应力的

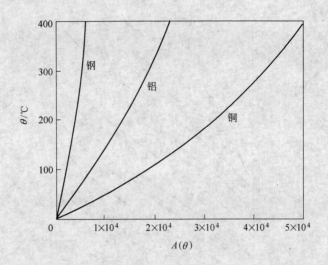

图 3-17 确定导体短路时发热温度的曲线

作用。在正常情况下,当电路中通过正常工作电流时,电动力所引起的机械应力不大,但在短路时,机械应力则可能达到很大值。最危险的时刻是在短路发生后的第一个周期内,由于短路冲击电流 i_{sh} 的出现,使载流部分受到的机械应力最大,所以供电元件中的某些不够坚固的部分受到短路电流所产生机械应力的作用,可能造成变形或破坏,引起严重事故。为了防止这种现象发生,必须研究短路电流冲击值所产生电动力的大小和特征,以便在选择电气设备时预先考虑它的影响,保证具有足够的动稳定性,使电气设备可靠地运行。

载流导体之间电动力的大小和方向,取决于其中通过电流的大小和方向以及导体的尺寸、形状和相互之间的位置等因素。根据电磁学原理,在空气中平行放置的两根导体,当导体长度 l 远大于导体间距 a 时,两根导体中分别通有电流 I_1 和 I_2 时,两根导体之间的电动力为:

$$F = \pm 2 \times 10^{-7} I_1 I_2 \frac{l}{a} \quad (N) \tag{3-72a}$$

当通过导体的电流方向相同时,其间的电动力相吸;电流方向相反时,则电动力相斥。上式适用于圆形或管形导体以及矩形母线,其截面的周长尺寸远小于两根导体之间距离 a 的情况。如果两矩形截面平行导体相邻很近,其电动力应乘以形状系数 K_f

$$F = 2 \times 10^{-7} K_f I_1 I_2 \frac{l}{a} \quad (N) \tag{3-72b}$$

形状系数 K_f 是 $m = \frac{x}{y}$ 和 $\frac{a-x}{y+x}$ 的函数,可由图 3-18 查得。其中 x 为矩形截面平行于间距方向尺寸,y 为垂直于间距方向的另一侧尺寸。当母线立放时,$m = \frac{x}{y} < 1$,其 $K_f < 1$;若母线平放时,$m = \frac{x}{y} > 1$,则 $K_f > 1$,但最大不超过 1.4。如 $\frac{a-x}{y+x} \geqslant 2$ 时,则有 K_f 近似等于1。

工企供电系统中最常见的是三相导体平行布置在同一平面内,见图 3-19 所示。如发生两相短路,则最大的电动力为:

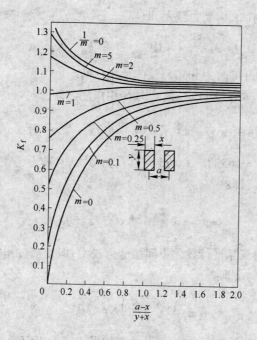

图 3-18　确定矩形截面母线形状系数 K_f 的曲线

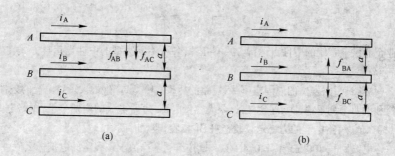

图 3-19　三相母线受力情况

(a)边缘相受力;(b)中间相受力

$$F^{(2)} = 0.2 \times i_{sh}^{(2)2} K_f \frac{l}{a} \quad (N) \tag{3-73}$$

当三相导体均有电流通过时,各相导体受力显然不一样。假如通入三相导体电流的瞬时值为:

$$i_A = I_m \sin\omega t$$
$$i_B = I_m \sin(\omega t - 120°)$$
$$i_C = I_m \sin(\omega t - 240°)$$

此时作用在边缘相导体(以 A 相为例)的受力为其他两相对它作用力之和,即

$$f_A = f_{AB} + f_{AC} = 2 \times 10^{-7} i_A \left(i_B + \frac{i_C}{2} \right) \frac{l}{a} K_f \quad (N) \tag{3-74}$$

将 i_A、i_B、i_C 三相瞬时值电流代入式(3-74),经简化整理后,按 $\dfrac{\mathrm{d} f_A}{\mathrm{d}(\omega t)} = 0$ 条件取极大

值,可解出当 $\omega t = 75°$ 时, A 相受力最大,即:

$$f_{A\max} = -2 \times 10^{-7} \times 0.81 I_m^2 \frac{l}{a} K_f \quad (N) \tag{3-75}$$

式中,负号表明 A 相所受的合力和相邻导体是相斥的。

对中间 B 相导体的受力为 A、C 两相对 B 相作用之差,即:

$$f_B = f_{BA} + f_{BC} = 2 \times 10^{-7} i_B (i_A - i_C) \frac{l}{a} K_f \quad (N) \tag{3-76}$$

同理,可解出当 $\omega t = 165°$ 和 $\omega t = 75°$ 时其受力最大,且前者为正,表明合力吸向 A;后者为负,表示合力吸向 C。即:

$$f_{B\max} = \pm 2 \times 10^{-7} \times \frac{\sqrt{3}}{2} I_m^2 \frac{l}{a} K_f \quad (N) \tag{3-77}$$

显然布置在同一平面内三相平行导体中间相受力最大,但发生三相短路时,其中间相的最大受力取决于 $i_{sh}^{(3)}$ 值的大小,即:

$$F_{\max} = \sqrt{3} i_{sh}^{(3)2} \left(\frac{l}{a}\right) K_f \times 10^{-7} \quad (N) \tag{3-78}$$

式(3-78)就是选择校验电气设备和母线在短路电流作用下所受冲击力效应的近似依据,计算中 $i_{sh}^{(3)}$ 的单位取 kA,l 和 a 应取相同的长度单位,如 cm 等。

习　题

3-1　工业企业供电系统的中性点运行方式有几种,各种不同类型的中性点运行方式在发生一相接地时各有什么特点?

3-2　什么叫短路,短路发生的原因有哪些,短路的后果有哪些,产生最大短路电流的条件是什么?

3-3　解释和说明下列术语的物理含义:无限大容量电源,短路电流的周期分量,短路电流的非周期分量,冲击电流,标幺值,短路电流的力稳定校验,热稳定校验,假想时间。

3-4　某一输电线路长 100km,$X_0 = 0.4\Omega/\text{km}$,试按下列基准值求该线路的电抗标幺值:

1) $S_d = 100\text{MV·A}$ 和 $U_d = 115\text{kV}$;

2) $S_d = 1000\text{MV·A}$ 和 $U_d = 115\text{kV}$;

3) $S_d = 1000\text{MV·A}$ 和 $U_d = 230\text{kV}$。

3-5　发电机 G_1 和 G_2 具有相同的额定电压,它们的容量分别为 S 和 nS。如果这两台发电机的电抗标幺值(各以它们的额定条件为基准)是相等的,问这两台发电机电抗的欧姆数的比值是多少?

3-6　发电机 G_1 和 G_2 具有相同的容量,它们的额定电压分别为 6.3kV 和 10.5kV。如果这两台发电机的电抗标幺值(各以它们的额定条件为基准)是相等的,问这两台发电机电抗的欧姆数的比值是多少?

3-7　在某一电路内,安装着一台 $X_L\% = 5$($U_{NL} = 6\text{kV}$;$I_{NL} = 150\text{A}$)的电抗器。欲将这一电抗器用 $I_{NL} = 300\text{A}$ 的电抗器来代替。如果电路的电抗欧姆数仍保持不变,问后一台电抗器的百分值应该是多少?其额定电压为:(1)6kV;(2)10kV。

3-8　图 3-20 所示一供电系统,各元件参数已在图中标明。

1) 计算 K_1 和 K_2 点分别发生三相短路时,短路回路的电抗标幺值;

2) 如果在发电机之间不直接用母线相连,而接以电抗器(如图中 AB 间以虚线相连),问对 K_1 和 K_2 点的短路电流有何影响?

3) 计算 K_1 和 K_2 点发生三相短路时对短路点的短路电流次暂态值和稳态值(按不接入断路器 L 时)。

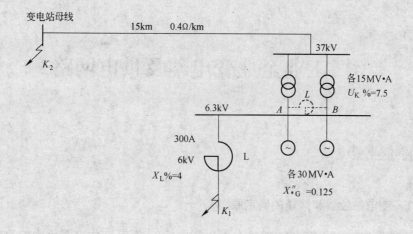

图 3-20   习题 3-8 的电路

3-9   在图 3-21 的电路中,试决定 K 点短路时短路电路的综合电抗。电路各元件参数如下:

变压器 T_1: $S = 31.5 \text{MV} \cdot \text{A}$, $U_K\% = 10.5$, 10.5/121kV;

变压器 T_2: $S = 15 \text{MV} \cdot \text{A}$, $U_K\% = 10.5$, 110/6.6kV;

电抗器 L: $U_{NL} = 6\text{kV}$, $I_{NL} = 1.5\text{kA}$, $X_L\% = 8$。

试按下列两种基准值分别进行计算:

1) $S_d = 100 \text{MV} \cdot \text{A}$

2) $S_d = 30 \text{MV} \cdot \text{A}$

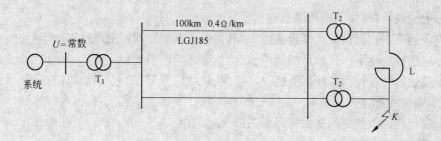

图 3-21   习题 3-9 电路

3-10   有一供电系统如图 3-22 所示,各元件参数表于图中,求 K_1 和 K_2 点发生三相短路时短路电流的次暂态值、冲击值和稳态值。

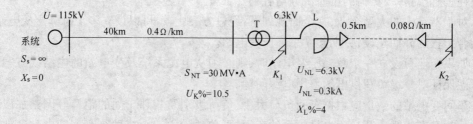

图 3-22   习题 3-10 电路

4 工业企业变电站及供电网路

4.1 工业企业变电站

4.1.1 变电站位置和数量的确定原则

工业企业变电站担负接收、变换和分配电能的任务,按其在供电系统中的地位和作用,分为企业总降压变电站、车间变(配)电站和变流站等。

正确选择企业总降压变电站和车间变电站的位置和数量,对工业企业供电系统的合理布局及提高供电质量关系极大。因此,必须根据企业负荷类型、负荷大小和分布特点以及企业内部的环境特征等因素进行全面考虑。

变电站的位置必须按下列原则确定:

1) 变电站应尽可能选择在负荷中心。这样可以减少配电线路的长度与导线截面,从而降低有色金属消耗量和年电能损耗费用;

2) 线路进出方便;

3) 运输条件好,便于变压器及电气设备的搬运;

4) 应远离剧烈震动的大型设备或车间(如锻造车间),保证变电站安全运行;

5) 应选择在地下水位较低的场所,以防止电缆沟内出现积水;

6) 应选择在各种污染源(如化工厂、烟囱、烧结厂等等)的上风侧,以防止因空气污秽引起电气设备的绝缘水平降低;

7) 应与其他工业建筑物保持足够的防火间距;

8) 应有扩建和发展的余地。

如果大型企业的车间和生产厂房比较集中,应尽量设立一个总降压变电站,既节约投资,又便于运行维护。如果企业规模较大,而且存在两个或两个以上的集中大负荷用电部门,彼此间又相距较远时,可考虑设立两个或两个以上的总降压变电站,这对于减少网络电能损耗、保证对一级负荷的可靠供电均有利。

对于新建中的大型企业,在全面规划下,经过方案比较,可以设立多个总降压变电站,但应结合工程的分期建设,分期建立总降压变电站。

如果企业只设立一个总降压变电站时,则必须从电源系统及变电站的主结线方案等方面考虑保证对一级负荷供电的备用电源问题。

车间变电站的数量应根据车间负荷大小、负荷级别及相邻车间的距离等因素加以全面考虑。对具有一级负荷且用电量较大的车间,可单独设立一个或两个车间变电站。如果只设立一个变电站时,必须与相邻车间变电站有联络线路或考虑双电源供电。负荷不大相距较近的几个车间可以设立几个公共车间变电站,但需对其中一、二级负荷采取保证供电可靠性的技术措施。

分析和确定企业总降压变电站(或车间变电站)的布局(位置和数量)是否合理,必须进行技术经济比较来判断。首先应参考上述的几项原则,初步确定变电站可能的几种布局方案;然后进行必要的电气计算,找出满足供电技术要求的几个方案;最后进行经济比较,确定出在初投资和年运行费用两方面均符合经济要求的最佳方案。

4.1.2 变电站的主要电气设备

变电站装用的电气设备类型很多,但主设备有电力变压器、高压断路器、隔离开关、负荷开关、母线、电流互感器、电压互感器、电容器、避雷器以及继电保护装置、计量仪表等。有些设备将在有关章节内陆续介绍,本节侧重于介绍与构成主结线有关的几种主要电气设备。

电力变压器是变电站的核心设备,通过它将一种电压的交流电能转换成另一种电压的交流电能,以满足输电或用电的需要。变压器的容量需经过负荷计算来确定。

高压断路器是变电站的重要设备,用于 1kV 以上的高压电路中。由于它有熄灭电弧的机构,故作为闭合和开断电路的设备。正常供电时利用它通断负荷电流,当供电系统发生短路故障时,它与相应的继电保护及自动装置相配合能快速切断故障电流,防止事故扩大,保证系统的安全运行。

隔离开关是与高压断路器配合使用的设备,它没有熄弧机构,其主要功能是起隔离电压的作用,以确保变电站电气设备检修时与电源系统隔离,使检修工作能够安全进行。隔离开关必须在断路器开断后才允许拉开,而合闸时,隔离开关应先闭合,然后再将断路器接通。

负荷开关是介于隔离开关与高压断路器之间的开关设备。在结构上它与隔离开关相似,但具有特殊的灭弧装置,能够断开相应的负荷电流,但不具有切断短路电流的能力。因此,在通常情况下负荷开关应与高压熔断器配合使用。目前,负荷开关均制成为 10kV 及以下的额定电压等级,用于次要网路系统。

母线是汇集和分配电流的主要环节,它由钢芯铝绞线(用于户外、电压为 35kV 及以上)或矩形铝(或铜)导线(通常用于户内、电压为 20kV 及以下)构成。

电流互感器及电压互感器是电能变换器件,前者用以将大电流变换成小电流(通常为 5A),后者用以将高电压变换成低电压(通常为 100V),供计量检测仪表和继电保护装置使用。

4.1.3 变电站的主结线

变电站的主结线是由电力变压器、高压断路器、隔离开关、母线、电流互感器及电压互感器等主要电气设备以及连接导线所组成的电路,用以接受和分配电能。由于系统电压和负荷等级不同,变电站的主结线有多种形式。确定变电站主结线的形式方案对变电站电气设备选择、变电站配电装置布置以及变电站运行的可靠性、灵活性、安全性与经济性等均有密切关系。确定变电站主结线形式方案是工业企业供电设计中的重要部分之一。

对主结线有如下的基本要求:

1)根据负荷等级的要求保证供电的可靠性;

2)主结线应力求简单、运行灵活、操作安全方便。例如主结线不应有多余的设备,应使配电装置的布置清晰明了,操作次数尽量要少,这样就可尽量避免运行人员误操作;

3)在保证供电安全可靠的前提下,主结线应使投资最省,运行费用最少;

4)应具有发展的可能性,事先应根据企业的发展及负荷增长的可能情况,在主结线方案的拟定上加以考虑,留有余地,以便将来往新的主结线方式过渡。

下面分析工业企业变电站常见的几种典型主结线。

4.1.3.1 总降压变电站主结线

(1)线路—变压器组主结线 变电站只有一路电源进线、一台变压器时,常采用线路—变压器组主结线,如图4-1所示。它的主要特点是变压器高压侧无母线,低压侧通过开关接成单母线结线,向各配出线供电。

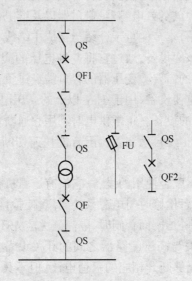

图4-1 线路—变压器组主结线

在变电站高压侧,即变压器高压侧可根据进线距离和系统短路容量的大小装设隔离开关 QS、高压熔断器 FU 或高压断路器 QF2。

这种主结线最简单,使用设备少、投资省,缺点是任何设备故障均造成停电,供电可靠性差,故只适用于小容量和供电可靠性要求不高的三级负荷的变电站。

(2)桥式主结线 为了保证对一、二级负荷可靠地供电,在企业总降压变电站中,有两个电源进线和两台变压器时,一般都采用桥式与单母线分段主结线。桥式主结线可分为内桥式和外桥式两种。

1)内桥式主结线。如图4-2所示,在两回进线高压断路器 QF1 和 QF2 内侧装设一条横向联络线,犹如桥一样将两回进线连接在一起,故称内桥式主结线。高压断路器 QF5 正常时处于开断状态。

内桥式主结线提高了变电站运行的灵活性,增强了供电的可靠性。这种内桥式主结线适用于电源进线长、故障机会多、变压器不需经常投切的总降压变电站。如任一条进线一旦发生故障时,可通过 QF1 或 QF2 切除故障进线,继之再投入 QF5 使两台变压器都能尽快地正常运行。

2)外桥式主结线。在两回进线高压断路器 QF1 和 QF2 外侧装设一条横向联络线,如图4-3所示。这种外桥式主结线运行的灵活性与供电的可靠性和内桥式相似,但适用场合

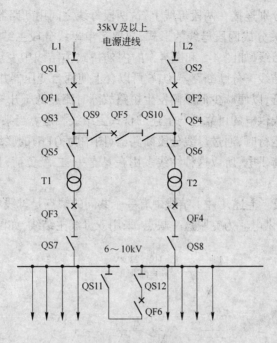

图 4-2　内桥式主结线

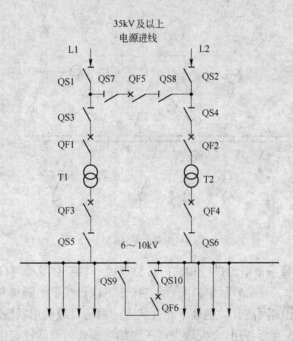

图 4-3　外桥式主结线

不同。外桥式主结线适用于电源进线较短、故障机会少,变压器需要经常投切的总降压变电站。正常运行时联络桥的高压断路器 QF5 处于开断状态,两台变压器分列运行。如需要切除变压器时可断开高压断路器 QF1 或 QF2,再关合 QF5 使两条进线都继续运行。

　(3) 单母线分段主结线　变电站如有两个以上电源进线或馈出线较多时,将电源引入线和馈出线通过开关分别连接在两段母线上,这两段母线之间用断路器或隔离开关连接,其实质是一条母线用开关分成两段母线的形式,故取名单母线分段主结线。变电站的低压侧多采用单母线分段主结线,如图 4-2 和图 4-3 的内外桥式主结线中变压器二次侧的结线形式均属单母线分段主结线。分断断路器 QF6 可以合上使两台变压器并列运行,也可以断开使两台变压器分别运行,以便减少低压侧发生短路故障时流过低压开关设备的短路电流。

单母线分段主结线供电的可靠性与上述的桥式主结线相近。当某回送电线路或变压器因故障或检修而停止运行时,通过母线分段断路器(图中为 QF6)的联络作用可继续保证对两段母线上的重要负荷供电,所以这种结线多用在具有一、二级负荷,且进出线数量较多的总降压变电站。

(4) 双母线主结线 上述几种主结线中有一个共同的缺点是母线本身发生故障或检修时,将使该段母线中断供电。为克服这一缺点,采用双母线主结线,如图 4-4 所示。

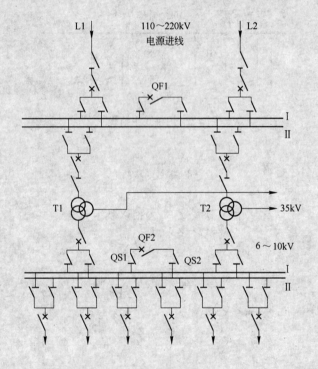

图 4-4 双母线主结线

在这种结线中,每一个电源进线和馈出线都通过一只断路器和两只隔离开关接到两条母线上,一条母线工作,另一条母线备用。所有接于工作母线上的隔离开关正常时处于接通状态,接于备用母线上的隔离开关则处于断开状态。两套母线利用联络断路器 QF1 或 QF2连接起来,使两套母线互为备用,大大地提高了主结线工作的灵活性与供电的可靠性。如将两套母线中的一条母线又分段,则构成分段双母线,使供电的可靠程度更高。这种双母线主结线的缺点是所需设备多,投资大,结线复杂。双母线结线方式多适用于大容量且进出线又很多的发电厂或大型变电站。

4.1.3.2 车间变电站主结线

车间变电站主结线方式由车间的负荷性质及生产工艺要求决定。一般采用线路—变压器组、单母线及分段单母线三种结线方式。

线路—变压器组主结线多用在只对三级负荷供电且用电量较小的车间变电站。

当6~10kV高压负荷较多时可采用单母线结线。如负荷中有一、二级负荷，则应有与其他电源相联络的线路，作为备用电源。

如果车间负荷中一、二级负荷的比重较大，要求供电可靠性高，可采用分段单母线结线方式。

4.2 工业企业变电站的变压器容量和台数选择

4.2.1 变压器台数的选择原则

4.2.1.1 确定车间变电站变压器台数的原则

确定车间变电站变压器台数应考虑以下原则：

1)对于一般生产车间，尽量装设一台变压器；

2)如果车间的一、二级负荷所占比重较大，必需两个电源供电时，则应装设两台变压器。每台变压器均能承担对全部一、二级负荷的供电任务。如果与相邻车间有联络线，当车间变电站出现故障时，其一、二级负荷可通过联络线保证继续供电，则亦可只选用一台变压器；

3)当车间昼夜变化较大时，或由独立(公用)车间变电站向几个负荷曲线相差悬殊的车间供电时，如选用一台变压器在技术经济上显然不合理，则装设两台变压器；

4)特殊场所可选用多台变压器，如井下变电站因受运输条件和硐室高度的限制，可选用多台小容量变压器(井下使用的变压器，其额定容量不超过 315 kV·A)。

4.2.1.2 确定企业总降压变电站变压器台数的原则

确定企业总降压变电站变压器台数应考虑以下原则：

1)当企业的绝大部分负荷属于三级负荷，其少量一、二级负荷可由邻近企业取得低压(6~10kV)备用电源时，可装设一台变压器；

2)如企业的一、二级负荷所占比例较大，必须装设两台变压器，两台之间互为备用，当一台出现事故或检修时，另一台能承担对全部一、二级负荷供电；

3)特殊情况下可装设两台以上变压器，例如分期建设的大型企业，其变电站个数及变压器台数均可分期投建，从而台数可能很多；又例如对引起电网电压严重波动的设备(电弧炉等)可装设专用变压器，从而使变压器台数增多；有时企业扩建也可能使总降压变电站的变压器超过两台以上。

4)当变电站仅装设一台变压器时，其容量应考虑 15%~25%的富裕，以备发展的需要。

4.2.1.3 两台变压器互为备用的方式

在供电设计时，选择变压器的台数和容量，实质上就是确定其合理的备用容量的问题。对两台变压器来说有以下两种备用方式：

1)明备用。两台变压器，每台均按承担 100%负荷来选择，其中一台工作，另一台作为备用。

2)暗备用。正常运行时，两台变压器同时投入工作，每台变压器承担 50%计算负荷。但两台变压器的容量均按计算负荷的 70%~80%来选择。这样，变压器在正常运行时的负

载率 β 不超过下列百分值:

$$\beta = \left(\frac{50}{80}\right)\% \sim \left(\frac{50}{70}\right)\% \approx 62.5\% \sim 71\%$$

基本上满足经济运行的要求。在故障情况下,不用考虑变压器的过负荷能力就能担负起对全部一、二级负荷供电的任务,这是一种比较合理的备用方式。

4.2.2 变压器容量选择

变压器的额定容量是指在规定的环境温度下,露天装设的变压器在正常使用期限内所能持续输出的容量($kV \cdot A$)。根据国家标准(GB1094—79)对电力变压器的规定,国产电力变压器安装使用的环境温度是:最高气温为 $+40℃$,最高日平均气温为 $+30℃$,最高年平均气温为 $+20℃$,最低气温为 $-30℃$。电力变压器在上述规定的环境温度下以额定容量运行,其使用寿命应在 25 年以上。变压器的使用寿命取决于其绝缘的老化速度,也就是与周围环境温度的变化以及它的负荷大小紧密相关。

以前选择变压器容量时,着眼点多放在如何充分利用变压器的过负荷能力方面,即对于有两台变压器的变电站来说,当一台变压器退出工作时,另一台变压器在考虑了环境温度修正和变压器的正常过负荷能力后,能担当起对全部一、二级负荷的供电,因而变压器的容量就可选得小些。但是变压器容量这样选择后,电能损耗往往增大,达不到经济运行的目的。随着我国经济建设的发展,能源问题日益尖锐,节电问题日趋重要。目前国内外一些文献都提出,在某些情况下,把变压器的容量适当选大些(注意,不能过大,否则就适得其反),其所增加的投资将从它节约的电能损耗费中很快补偿回来。这样,既缓和电网供电的紧张状况,又达到经济运行的目的。

至于变压器的容量如何选择,这要通过方案比较来确定。

4.2.3 变压器的经济运行

当变电站装设有两台或两台以上的变压器时,随着变电站负荷的变化,经常需要投入或切除变压器。在满足生产用电的前提下,变压器应采取经济运行方式。所谓变压器的经济运行方式,是指变压器在功率损耗最小的情况下的运行方式,此时的电能损耗最小,运行费用最低。

关于变压器的功率损耗,第二章第三节已详细讨论过,现在在此基础上进一步分析变压器的经济运行问题。我们知道,变压器的空载损耗和短路损耗中包含有功损耗和无功损耗,如果把它们的无功损耗都归算为等效的有功损耗时,则

变压器的空载损耗为:

$$\Delta P'_0 = \Delta P_0 + K_r \Delta Q_0 \quad (kW)$$

变压器的短路损耗为:

$$\Delta P'_K = \Delta P_K + K_r \Delta Q_N \quad (kW)$$

式中 K_r——无功功率经济当量。它的意义是指供电系统中每增加 1kvar 的无功损耗,相当于有功损耗增加的千瓦数,此值通常取 $0.06 \sim 0.1 kW/kvar$。

于是变压器在负载率为 $\beta\left(=\dfrac{S}{S_N}\right)$ 的条件下运行时,其功率损耗可用下式表示:

$$\Delta P_{\mathrm{T}} = \Delta P'_0 + \Delta P'_{\mathrm{K}} \left(\frac{S}{S_{\mathrm{N}}} \right)^2 \quad (\mathrm{kW}) \tag{4-1}$$

很显然,上式中的 $\Delta P'_0$ 与 $\Delta P'_{\mathrm{K}}$ 这两个量是考虑了有功及无功两种功率损耗后得出的综合空载有功损耗及综合短路有功损耗值。

为了研究问题方便,先假设变电站有两台容量不同的变压器 1T 和 2T,看这两台变压器应如何进行经济运行。

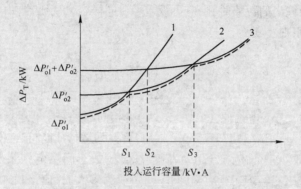

图 4-5 两台变压器经济运行的负荷变化关系曲线

首先,根据式(4-1)作出 1T 及 2T 单独运行时的有功功率损耗曲线,如图 4-5 中的曲线 1 和曲线 2 所示;再作两台变压器并列运行时的有功功率损耗曲线,如图中曲线 3 所示。由于有功功率损耗 ΔP_{T} 与变压器的实际负荷 S 的平方成正比,所以曲线 1、2、3 呈抛物线形。

从图 4-5 的曲线可以看出,当变电站的实际负荷小于 S_1 时,由变压器 1T 单独运行,有功功率损耗最小,运行最经济;当负荷大于 S_1 小于 S_3 时,由变压器 2T 单独运行,有功功率损耗最小,运行最经济;当负荷大于 S_3 后,变电站则应以两台变压器并列运行,有功功率损耗最小,运行最经济。由此可以确定变电站在不同负荷时,变压器的经济运行方式。在经济运行情况下的有功功率损耗是按图中虚线所表示的合成曲线变化的。在功率损耗合成曲线上出现的交点(如 S_1 和 S_3 所对应的交点)叫做经济运行点。在经济运行点处两种运行方式的有功功率损耗相等且两种运行均为最经济运行。S_2 所对应的交点不是经济运行点。

当变电站中变压器的台数超过两台,且它们的额定容量不同时,同理可以作出变压器在不同运行方式下的有功功率损耗曲线,并根据不同负荷时有功功率损耗最小的原则,确定变压器的经济运行方式。

如果变电站中装设多台容量相同的变压器,其经济运行方式又如何确定呢? 例如变电站有 n 台变压器并列运行,每台变压器的额定容量均为 S_{N},变电站的总负荷为 S。当总负荷减小到某一数值时,就应退出一台变压器,而当总负荷增加到某一数值时,又应及时投入一台变压器。在什么情况下退出或投入变压器以实现经济运行,则必须通过计算来确定。

根据前面介绍过的在经济运行点处,在变电站同一总负荷 S 下,运行中的 n 台变压器的总有功损耗与投入 $(n+1)$ 台变压器的总有功损耗相等的原则,有下面等式成立:

$$n(\Delta P_0 + K_{\mathrm{r}}\Delta Q_0) + n(\Delta P_{\mathrm{K}} + K_{\mathrm{r}}\Delta Q_{\mathrm{K}}) \left(\frac{S}{nS_{\mathrm{N}}} \right)^2$$

$$= (n+1)(\Delta P_0 + K_{\mathrm{r}}\Delta Q_0) + (n+1)(\Delta P_{\mathrm{K}} + K_{\mathrm{r}}\Delta Q_{\mathrm{K}}) \left[\frac{S}{(n+1)S_{\mathrm{N}}} \right]^2$$

解此等式,即可求出变电站的总负荷 S:

$$S = S_N \sqrt{n(n+1)\frac{\Delta P_0 + K_r \Delta Q_0}{\Delta P_K + K_r \Delta Q_K}} \quad (kV \cdot A) \tag{4-2}$$

式中　S_N——单台变压器的额定容量,$kV \cdot A$;

　　其他参数均为单台变压器的参数,其意义和单位同前。

　　公式(4-2)表明,若变电站原先有 $n(n \geq 1)$ 台相同容量变压器运行,当变电站的总负荷增大到由式(4-2)所算出的数值时,则应再投入一台同样容量变压器,由 $(n+1)$ 台并列运行才能符合经济运行原则。

　　同理,可导出公式:

$$S = S_N \sqrt{n(n-1)\frac{\Delta P_0 + K_r \Delta Q_0}{\Delta P_K + K_r \Delta Q_K}} \quad (kV \cdot A) \tag{4-3}$$

　　公式(4-3)表明,若变电站原先有 $n(n>1)$ 台相同容量变压器运行,当总负荷小到由式(4-3)所算出的数值时,则应退出 1 台,由 $(n-1)$ 台并列运行才能符合经济运行原则。

　　例 4-1　某车间为三班制生产,但负荷变化悬殊,故车间变电站装设两台 SL_7-1000/10 型变压器,如按照变压器经济运行原则,问车间负荷为多大时,应该投入两台变压器并列运行。

　　解　查附表 1 知,SL_7-1000/10 型变压器的技术数据为:

$$\Delta P_0 = 1.8kW, \Delta P_K = 111.6kW, U_K\% = 5.5, I_{nl}\% = 1.4$$

故求得: $\Delta Q_0 = \frac{I_{nl}\%}{100} S_N = \frac{1.4}{100} \times 1000 = 14 \quad (kvar)$

$$\Delta Q_K = \frac{U_K\%}{100} S_N = \frac{5.5}{100} \times 1000 = 55 \quad (kvar)$$

取无功功率经济当量 $K_r = 0.1$ （kW/kvar）,则根据公式 (4-2) 得

$$S = S_N \sqrt{n(n+1)\frac{\Delta P_0 + K_r \Delta Q_0}{\Delta P_K + K_r \Delta Q_K}}$$

$$= 1000 \sqrt{2 \times \frac{1.8 + 0.1 \times 14}{11.6 + 0.1 \times 55}} = 612 \quad (kV \cdot A)$$

　　即当车间负荷增至 $612 kV \cdot A$ 时,两台变压器均应投入并列运行,这样才符合经济运行原则。

4.3　工业企业供电网路的结线方式

4.3.1　工业企业供电网路的组成和特点

　　工业企业供电系统是由外部送电线路、企业总降压变电站、企业内部高低压网路以及车间变电站等组成,如图 4-6 所示。由该图可知,工业企业供电网路是工业企业供电系统的重要组成部分。在求得计算负荷后,就需进一步解决下列一些问题,以确定供电网的参数及其运行特征。这些问题包括:网路的电压及结线方式的选择,供电电源的数目和容量的确定、导线和电缆截面的选择等。

　　由图 4-6 可知,工业企业供电网路主要包括企业外部送电线路、企业内部高压配电网

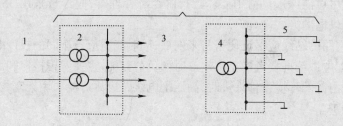

图 4-6　工业企业供电系统图
1—企业外部送电线路；2—企业总降压变电站；3—企业内部高压配电网路；
4—车间变电站；5—车间低压配电网路

路和低压配电网路三部分。

（1）企业外部送电线路　企业外部送电线路是企业与供电系统相联络的高压进线，其作用就是从供电系统受电，向企业的总降压变电站（或中央配电站）供电。其电压在 6～110kV 之间，具体数值视企业所在地区的供电系统的电压而定，一般多为 35～110kV。

（2）企业内部高压配电网路　企业内部高压配电网路的作用是从总降压变电站（或中央配电站）以 6～10kV 电压（个别旧工厂仍有 3 kV 者）向各车间变电站或高压用电设备供电。

（3）低压配电网路　低压配电网路的作用是从车间变电站以 380/220V 的电压向车间各用电设备供电。

工业企业供电网路，按其结构可分为架空线路和电缆线路两种；按其布置形式可分为开式电网和闭式电网两种，一般以开式网路应用较多；按其结线方式来说，最常用的有放射式、树干式和环式三种。

工业企业供电网路与供电系统相比，其特点是供电范围小，配电距离短，输送容量小；就其实质来说，它与供电系统的地方电网相似，故两者计算方法也相似。例如在计算线路的电压损失时，线路对地的并联导纳可以略去不计，而且线路的电压损失可以近似等于电压降的纵向分量。不同之处是在绝大多数情况下，工业企业供电网路全线的材料、截面和结构均相同，而地方电网却并不都如此。

在讨论供电网的结线方式之前，必须先了解对供电网路的基本要求。

4.3.2　对工业企业供电网路的基本要求

在设计工业企业供电网路时，应注意下面几个基本要求：

（1）供电可靠性　这个指标是说明一个供电系统不间断供电的可靠程度。供电可靠性应根据企业各不同部分对不间断供电的要求程度来决定。供电可靠性应与负荷等级相适应，即一级负荷供电的可靠性就要求比二、三级负荷的高。盲目地强调供电可靠性必将给国家造成不应有的浪费。在设计网路的结线方式时，除保安负荷外，不应考虑两个电源回路同时检修或发生事故。

（2）操作简单方便，运行安全灵活　供电网路的结线应保证正常运行发生事故时便于工作人员倒闸操作、检查和修理，以及运行维护安全可靠。为此应尽量简化结线，减少供电层次。对于同一等级的高压网路，供电层次一般不超过两级（参见图 4-8）。

（3）运行经济　在满足生产要求的前提下，应尽量使供电网路运行经济，其有效措施之一就是高压线应尽可能深入负荷中心。当技术经济合理时,应尽量采用35kV及以上的高压线直接向车间供电的方式。

(4)其他　网路的结线应保证便于将来发展,同时能适应各车间的投产顺序和分期建设的需要。此外,配电系统即要考虑正常生产时的负荷分配,也要考虑检修和出现事故时的负荷分配。当企业内部的环境条件许可时,高压配电线路应尽可能采用架空线,这样既节约基建投资又便于维护。

4.3.3　工业企业供电网路的结线方式

工业企业供电网路的结线方式(包括高低压网路)原则上有三种类型:放射式;树干式及环式。在选择结线方式时往往要进行方案比较。方案比较所考虑的因素主要有下列各点:1)供电可靠性;2)有色金属消耗量;3)基建投资;4)线路的电能损失和电压损失;5)是否便于运行维护;6)是否有利于将来发展等。

当然,在选择结线方式时尚应考虑电源的数目和位置,用电车间的布局和用电量的大小等问题。情况可能是较复杂的,必须从全局考虑。对于在国民经济中占有重要地位的大型工业企业,为了保证其正常生产,在选择结线方式时,应首先考虑供电可靠性能否保证,也就是必须保证它有两个或两个以上的独立电源。

还应指出,工业企业供电网路的结线方式并不是死板的,根据具体情况可以在上述三种基本类型的基础上进行改革演变,以期达到技术经济上最合理。

下面以高压配电线路的结线方式为例,简要介绍其特点。

4.3.3.1　放射式线路

放射式线路一般可分为单回路放射式线路(图4-7)、双回路放射式线路(图4-8)和有公共备用干线的放射式线路(图4-9)三种。

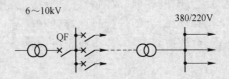

图4-7　单回路放射式

所谓单回路放射式线路,就是由企业总降压变电站(或中央配电站)6~10kV母线上引出的每一条回路直接向一个车间变电站(或用电中心)配电,沿线不接其他负荷,各车间变电站之间也无联系。这种形式的优点是:线路敷设简单,维护简便,保护装置简化,且便于实现自动化。其缺点是由于总降压变电站(或中央配电站)的配出线较多,采用的高压配电装置(开关柜)较多,投资较贵。另外,如采用架空出线,也将造成变电站出线困难。这种结线方式还有一个最大的缺点,当线路或开关设备发生故障时,这条线路上的全部负荷都得停电,因而供电可靠性较差。这种结线主要用以对三级负荷和一部分次要的二级负荷供电。

对重要的生产车间,为提高供电可靠性,可采用双回路放射式配电,如图4-8所示。从图中可见,当任一条线路发生故障或检修时,另一条线路可继续供电。图4-8(a)所示回路主要用于对容量较大(一般大于2000kV·A)的二、三级负荷供电。图4-8(b)所示回路主要用

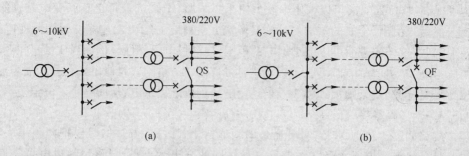

(a)

(b)

图 4-8　双回路放射式

于对大容量(一般大于 2000kV·A)的一级负荷供电。在图 4-8(b)中,由于母线用油断路器分段,可以实现自动切换,所以这种线路供电可靠性较高。

图 4-9 所示为有公共备用干线的放射式线路,该线路中任一条线路发生故障时,可将其切换到备用干线(图中用虚线表示)上,由备用干线供电。因此,这种线路供电可靠性也较高,可以对各类负荷供电。

4.3.3.2　树干式线路

树干式线路又分为直接联线树干式[图 4-10(a)]和串联型树干式[图 4-10(b)]两种。

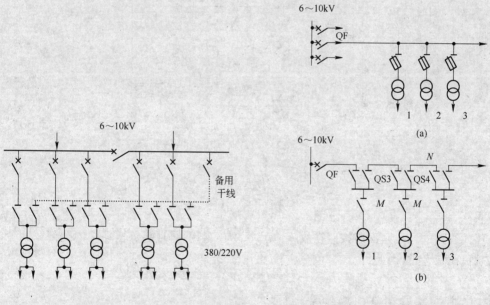

图 4-9　有公共备用干线的放射式线路

图 4-10　树干式线路

所谓直接联线树干式线路,就是由总降压变电站或中央配电站引出的每路高压配电干线,沿各车间厂房敷设,从干线上直接接出分支线引入车间变电站。这种形式的优点是:高压配电装置数量少,投资相应减少,出线简单,且干线的数目少,可大量节约有色金属。但其突出的缺点是供电可靠性差,只要油断路器 QF 或线路上任何地方发生故障或检修时,则接到这条干线上的所有车间变电站均将停电,影响生产的面很大,因此对这种树干式接线,分支的数目不宜过多,一般限制在五个以内,每台变压器的容量不宜超过 315 kV·A。

77

为了提高供电可靠性,可以采用串联型树干式线路,干线进入每个车间变电站,联于母线 M 上,然后再引出,干线的进出侧均安装隔离开关[如图 4-10(b)中第 2 号车间变电站的 QS3 及 QS4]。这样改进后可以缩小停电的范围,提高供电可靠性。例如当 3 号车间变电站附近的线路上(N 处)发生故障时,干线始端油断路器 QF 跳闸。维修电工在找到故障点后,只要拉断隔离开关 QS4,则 1 号和 2 号车间变电站仍可继续供电,从而缩小了停电范围。

4.3.3.3 环式线路

环式线路如图 4-11 所示,它实质上是串联型树干式线路的改进,只要把两路串联型树干式线路联络起来就构成了环式线路。这种线路的突出优点是运行灵活,供电可靠性高。当干线上任何地方发生故障时,只要找出故障段,拉开其两侧的隔离开关,把故障段切除后,全部车间变电站均可迅速恢复供电。停电时间为寻找故障段和进行倒闸操作所需的时间。

环式线路平常可以开环运行,也可以闭环运行。在闭环运行时,继电保护整定较复杂,因此一般均采取开环运行方式。开环点选择在什么位置最合理,需通过分析计算来确定(见4.6 节)。一般在正常运行时,应使两侧回路干线所负担的容量尽可能相近,选用的导线截面也相同。

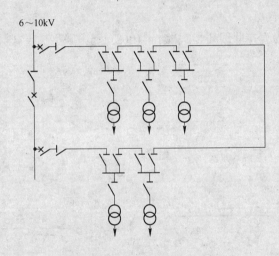

6~10kV

图 4-11　环式线路

环式线路的导线截面应按照在故障情况下,从一侧供电时能负担环网内全部车间变电站的总负荷来考虑,因此,消耗有色金属较多一些,这是环式线路的一个缺点。

4.4　供电网路导线和电缆的选择原则

导线和电缆选择是工业企业供电网路设计中的一个重要组成部分,因为它们是构成供电网路的主要元件,电能必须依靠它们来输送分配。在选择导线和电缆的型号及截面时,既要保证工业企业供电的安全可靠,又要充分利用导线和电缆的负载能力。由于导线和电缆所用的有色金属(铝、铜、铅等)都是国家经济建设需用量很大的物资,因此,正确地选择导线和电缆的型号及截面,节约有色金属,具有重要意义。

本节主要叙述电压为 10kV 及以下的企业高压配电网路的导线和电缆的选择。

导线和电缆的选择内容包括两个方面,一是确定其结构、型号、使用环境和敷设方式等;二是选择导线和电缆的截面。

选择导线和电缆的截面时,必须考虑以下几个方面的因素,这些因素也是我们的选择原则:

(1)发热问题　电流通过导线或电缆时将引起发热,从而使其温度升高。当通过导线或电缆的电流超过其允许电流时,绝缘线和电缆将因发热而使绝缘加速老化,严重时将烧毁导线或电缆,或引起其他事故,不能保证安全供电。另一方面,为了避免浪费有色金属,应该充分利用导线和电缆的负载能力。因此,必须按导线或电缆的允许载流量来选择其截面。

(2)电压损失问题　电流通过导线时,除产生电能损耗外,由于电路上有电阻和电抗,还产生电压损失。当电压损失超过一定范围后,用电设备端子上的电压不足,这将严重地影响用电设备的正常运行。例如电压降低后将引起电动机的转矩大大降低(感应电动机的转矩与其电压的平方成正比,同步电动机的转矩与其电压成正比),影响其正常运行。电压降低也使白炽灯的光通量不足(当电压降低 5% 时,灯泡寿命要减少 18%),影响正常使用。反之如果电压过高,则引起电动机的启动电流增加,功率因数降低;白炽灯泡寿命大为降低(如果电压长期升高 5%,灯泡寿命要减半)。所以欲保证电气设备的正常运行,必须根据线路的允许电压损失来选择导线和电缆的截面,或根据已知的截面校验线路的电压损失是否超出允许范围。

(3)架空线路的机械强度　架空线路经受风、雪、覆冰和温度变化的影响,因此必须有足够的机械强度以保证其安全运行,其导线截面不得小于某一最小允许截面。最小截面 $S_{\min}$ 值见表 4-1。

表 4-1　导线最小截面 $S_{\min}$ 值　　　　　　　　　　　　mm²

架空线路电压等级	铜芯铝线	铝及铝合金	铜
35kV	25	35	
6～10kV	25	35(居民区) 25(非居民区)	16
1kV 以下	16	16	φ3.2mm

(4)经济条件　导线和电缆截面的大小,直接影响网路的初投资及其电能损耗的大小。截面选得小些,可节约有色金属和减少电网投资,但网路中的电能损失增大。反之,截面选得大些,网路中的电能损耗虽然减少,但有色金属耗用量和电网投资都随之增大。因此这里有一个经济运行的问题;即所谓按经济电流密度选择导线和电缆的截面,此时网路中的年运行费用(包括年电能损耗及投资折旧两方面的费用)最小。

此外,对于电力电缆,有时还必须校验短路时的热稳定,看其是否能经受住短路电流的热作用而不至于烧毁。至于架空线路,根据运行经验,很少因短路电流的作用而引起损坏,所以一般不进行校验。

从原则上讲,选择导线截面时上述四个条件都应满足,并以其中最大的截面作为我们应该选取的导线截面。但对一般的工业企业 6～10 kV 线路来说,因为电力线路不长,如按经济电流密度来选择导线和电缆的截面,则往往偏大,这与我国目前有色线材的供求情况不相适应,所以按经济电流密度选取的导线截面只作为参考数据。对于 1 kV 以下的低压线路,一般不按经济电流密度选择导线和电缆的截面。只有大型工业企业的外部电源线路,特别是 35 kV 及以上的输电线路,当负荷较大时,主要应按经济电流密度来选择导线和电缆的截面。

对于一般工业企业,若其外部电源线路较长,可按允许电压损失的条件选择,然后按发热和机械强度的条件校验。对于企业内部 6~10 kV 线路,因线路不长,其电压损失不大,所以一般按发热条件选择,然后按其他条件进行校验。

对于 380V 低压线路,虽然线路不长,但因电流较大,在按发热条件选择的同时,还应按允许电压损失的条件进行校验。

4.5　按允许载流量和经济电流密度选择导线和电缆的截面

4.5.1　按允许载流量选择导线和电缆的截面

4.5.1.1　导线和电缆的发热及其允许电流

本节着重讨论导线和电缆在长期持续负荷和重复短时负荷下的发热及其允许电流。所谓允许持续电流是指导线长期所能经受的电流,在此电流的作用下,其最大温升不超过允许温升。设有持续电流 $I(A)$ 通过电阻为 $R(\Omega)$ 的导体中将产生功率损耗为:

$$P = I^2 R \quad (W)$$

此功率损耗变成热能,其中一部分热量被导体本身吸收,导体温度升高;而另一部分热量则由于导体与周围介质间的温度差而散入空气中,热平衡式为:

$$I^2 R dt = mc d\theta + KA\theta dt$$

式中　$I^2 R dt$——导体在 dt 时内所产生的热量,J;

　　　　m——导体的质量,kg;

　　　　c——导体的比热容,J/kg·℃;

　　　　A——导体的散热表面,cm²;

　　　　K——散热系数,W/cm²·℃;

　　　　θ——导体高出周围介质的温升,℃;

　　　　$d\theta$——导体在 dt 时间内的温升,℃。

解此方程得

$$\theta = \frac{I^2 R}{KA}\left(1 - e^{-\frac{t}{mc/KA}}\right) = \theta_s\left(1 - e^{-\frac{t}{T}}\right) \tag{4-4}$$

式中　T——导体的散热时间常数,s,$T = \dfrac{mc}{KA}$;

　　　　θ_s——导体的稳定温升,℃,$\theta_s = \dfrac{I^2 R}{KA}$。此时导体本身不再吸收热量,所产生的热量全部散入空气中。

导体的温升曲线如图 4-12 中的曲线 1 所示。同理,如果自稳定温升停止加热(即停止电流通过),则温度下降曲线为:

$$\theta = \theta_s e^{-\frac{t}{T}} \tag{4-5}$$

如图 4-12 中的曲线 2 所示。

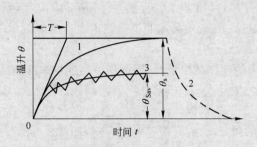

图 4-12　导线和电缆的温升曲线

当通过导体的电流时通时断，即为反复短时工作制的负荷时，导体的实际温升将按图 4-12 中折线变化，其平均温升如曲线 3 所示。如果时通时断的电流等于长期工作制的电流时，则其平均稳定温升 θ_{Sav} 将低于长期工作制的温升 θ_s。这是因为导体的温升在电流中断时有所下降的缘故。

反过来，如果导体(导线和电缆)的稳定温升 θ_s 已知，也可根据 θ_s 的关系式来求其允许持续电流 I_{al}。在稳定温升时，其热平衡式为：

$$I_{al}^2 R = KA\theta_s = KA(\theta_{al} - \theta_0)$$

式中　θ_{al}——导线的稳定温度，℃；

　　　θ_0——周围环境的温度，℃。

上式可写成：
$$I_{al}^2 = \frac{KA(\theta_{al} - \theta_0)}{R} \tag{4-6}$$

而
$$A = 10^4 \pi dl$$

$$R = \frac{l}{\gamma \cdot S} = \frac{l}{\gamma \cdot \frac{\pi d^2}{4}} = \frac{4l}{\gamma \cdot \pi d^2}$$

式中　d——导线的直径，mm；

　　　l——长度，km；

　　　γ——导线的电导系数，对于铜线：$\gamma = 0.053$ km/$(\Omega \cdot mm^2)$；对于铝线：$\gamma = 0.032$ km/$(\Omega \cdot mm^2)$。

将 A、R 代入式(4-6)中，简化后得：

$$I_{al} = \sqrt{\frac{10^4 \cdot K\pi^2}{4} \cdot \gamma \cdot d^3 (\theta_{al} - \theta_0)} \quad (A) \tag{4-7}$$

如已知导线的材料(γ 一定)、线径(d 一定)、周围环境温度 θ_0 和导线(或电缆)的最高允许温度 θ_{al}，则根据公式(4-7)便可求出导线(或电缆)的最大允许持续电流 I_{al}。

式(4-7)中的散热系数 K 与导线(或电缆)截面的大小及散热场所、敷设方式等因素有关，其值在 $0.0015 \sim 0.003$(W/cm$^2 \cdot$℃)范围内，小截面(50mm^2 以下)取稍大值，大截面取偏小值；室外由于散热条件较好，可取大值，室内则取小值；对裸导线取稍大值，而对电缆线取偏小值。K 值在选取时应综合考虑以上这些因素。

在实际设计中为了使用方便，允许电流多根据试验测试的结果预先制成表格。在这方面我国有关部门做了大量工作。例如上海电缆研究所于 1967 年做了电线电缆在空气中敷设时的载流量试验,并于 1968 年推荐了载流量暂行标准;1970 年进行了油浸纸绝缘电力电缆埋地敷设时的载流量试验;1971 年又编制了电线电缆产品载流量手册。本章所列载流量大部分根据这些数据。

一般决定导线和电缆的允许载流量时,周围环境温度均取 25℃作为标准。当导线敷设处的周围环境温度不是 25℃时,其载流量应乘以温度校正系数 K_t,其值由下式确定:

$$K_t = \sqrt{\frac{\theta_{al} - \theta_0}{\theta_{al} - 25}}$$

式中　　θ_0——敷设电线电缆处的实际环境温度,℃;

　　　　θ_{al}——电线电缆芯的长期允许工作温度,℃。

为了计算方便,电线、电缆的允许载流量的温度校正系数 K_t 都预先制成表格,供计算时查用。各种导线的温度校正系数 K_t 可查阅附表 15。

当有多根电缆并列埋地敷设时,因为互热作用,其允许载流量又需要降低一些。校正系数与电缆的根数和电缆间的距离有关。具体数据可查阅附表 16。

上面介绍的电线电缆的允许载流量是指长期工作制时的允许电流。现在我们来讨论电线电缆在重复短时工作制及短时工作制下的允许电流。显而易见,在同一电流作用下,重复短时负荷的最高温升 θ_{Sav}(见图 4-12 中的曲线 3)较长期持续负荷的稳定温升 θ_s(见图4-12 中的曲线 1)为低,因此,为了充分利用导线的负荷能力,在重复短时负荷下,对于相同截面的电线电缆,允许电流可以提高,究竟提高多少可通过计算或试验确定,但这比较麻烦。工程计算上一般作下列比较安全的规定。

(1)重复短时负荷　如果一个工作周期 $T \leqslant 10\text{min}$,且工作时间 $t_w \leqslant 4\text{min}$ 时,导线和电缆的允许电流按下列情况确定:

1)对于截面在 6mm² 及以下的铜线和截面在 10mm² 及以下的铝线,因其发热时间常数较小,温升较快,故其允许电流按长期工作制计算;

2)对于截面大于 6mm² 的铜线和截面大于 10mm² 的铝线,则导线和电缆的允许电流等于长期工作制的允许电流乘以系数 $\frac{0.875}{\sqrt{\varepsilon}}$,其中 ε 为用电设备的暂载率。

(2)短时负荷　若工作时间 $t_w \leqslant 4\text{min}$,并且在停歇时间内导线或电缆能冷却到周围环境温度时,导线或电缆的允许电流按重复短时工作制确定。若其 t_w 超过 4min 或停歇时间不足以使导线或电缆冷却到周围环境温度时,允许电流按长期工作制确定。

4.5.1.2　低压网路中的熔断器和自动开关与导线截面的配合

在直接向感应电动机供电的电力支线中,由于要躲开电动机的启动电流,熔断器熔体的额定电流 I_{NF}(或自动开关脱扣器的整定电流)往往选得较大,这时会出现熔体的额定电流 I_{NF} 远比导线和电缆的允许电流 I_{al} 大的情况,这种情况是否允许呢?这就出现了所谓熔体的额定电流 I_{NF}(或自动开关脱扣器的整定电流)与导线和电缆的允许电流 I_{al} 的配合问题。因此,在选择导线和电缆截面之前,先简要介绍熔断器的选择计算。

各种熔断器都由熔管和熔丝(又称熔体)两部分组成。熔体装在熔管内。熔管的作用有两个,一是安装固定熔体,二是使熔体断开电弧的过程在管内完成,以保证人身及设备的安全。为了加快灭弧速度,有些型号的熔断器在管内还装有灭弧填料(如石英砂等)。熔体也有两种:一种是用高导电率的金属如铜或银制成,截面较小,称为小热容量熔断器;另一种是用电阻率较大的金属如铅、铅锡合金或锌制成,截面较大,称为大热容量熔断器。

熔断器根据熔管结构、熔体材料、有无填充料及熔断器的断流能力等来分类,国产常用低压熔断器有 RC1A 系列(又称瓷插入式)、RL1 系列(又称螺旋式)、RM10 系列(又称密封管式)和 RT0 系列(又称有填充料式)四种。这些熔断器规格型号及特点见表 4-2。

表 4-2　常用熔断器的规格型号及特点

型　号	额定电压 /V	熔断器额定电流 /A	熔体额定电流 /A	特　　点
RM10 系列	250 500	15,60,100,200, 350,600	熔片:6、10、15、20、25、35、60、80、100、125、160、200、225、260、300、430、500、600	断流能力高,性能好,更换方便,但价格较贵
RT0 系列	500	100,200,400, 600,1000	熔片:30、40、50、60、80、100、125、150、200、250、300、350、400、450、500、600、700、800、900、1000	只用于大容量的线路,断流能力高,性能很好,但价格高,熔片熔断后更换不方便
RL1 系列	500	15,60	芯子内装熔丝:2、4、5、6、10、15、20、25、30、35、40、50、60	体积小,安全可靠,用于容量不大的电路,更换方便;熔体熔断后有指示
RC1A 系列	500	10、15、30、60、100,200	2,4,6,10,15(以上为软铅丝) 20,25,30,40,50,60,80,100(以上为铜丝) 120,150,200(以上为变截面紫铜片)	体积小,安装方便,更换熔丝方便,价格最便宜,但久以后瓷插件夹子容易松动

流过熔断器熔体中的电流 I 和熔体的熔断时间 t 的关系曲线称为熔断器的安-秒特性曲线 $I = f(t)$。图 4-13 为 RM10 系列熔断器的安-秒特性曲线。从这些曲线可知,通过熔体的电流超过其额定电流值的倍数愈大,其熔断时间愈短,反之,则熔断时间愈长。

熔断器熔体的额定电流 I_{NF} 的选择必须满足下列两个条件:

(1)熔体在线路或电动机正常工作时不应熔断　为此必须满足:

$$I_{NF} \geq I_{ca} \tag{4-8}$$

式中　I_{ca}——正常运行时流经熔体的工作电流。

(2)熔体在电动机启动时不应熔断

1)对于单台电动机支线,电动机的启动情况一般有两种,一是轻载启动,又称正常启动,其启动时间为 6～10s,其平均启动时间为 8s。另一种是重载启动,又称困难启动,其启动时间为 15～20s。

对于轻载启动的电动机,若采用小容量(60A 以下)RM10 系列熔断器,只要满足 $I_{st} \leq 2.5 I_{NF}$(I_{st} 为电动机的启动电流),熔体在电动机启动期间就不会熔断。因为熔体必须经历 8s 才能熔断,而此时电动机已经启动完毕。对于一般情况,式(4-8)可以改写成:

$$I_{NF} \geq \frac{I_{st}}{\alpha} \tag{4-9}$$

式中　α——躲开电动机启动电流的计算系数,其值与电动机的启动情况(轻载或重载启动)、熔断器的型号、特性及熔体的额定电流 I_{NF} 值的大小等因素有关,见表 4-3。

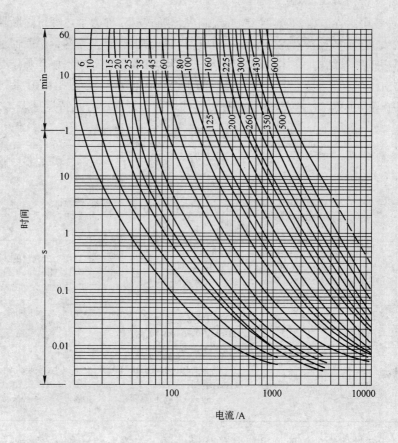

图 4-13　RM10 系列 380V 熔断器的安-秒特性曲线

表 4-3　选择熔体的计算系数 α

熔断器型号	熔体材料	熔体电流/A	α 值	
			电动机轻载启动	电动机重载启动
RT0	铜	50 及以下 60～200 200 以上	2.5 3.5 4	2 3 3
RM10	锌	60 及以下 80～200 200 以上	2.5 3 3.5	2 2.5 3
RM1	锌	10～350	2.5	2
RL1	铜、银	60 及以下 80～100	2.5 3	2 2.5
RC1A	铅、铜	10～200	3	2.5

2)对于配电干线,向 n 台电动机供电的配电干线,把其中启动电流值最大的一台电动机启动,而其余 $n-1$ 台电动机正常运行时所产生的电流作为尖峰电流,熔体在此尖峰电流的作用下不应熔断。为此必须满足:

$$I_{NF} \geqslant \frac{I_{pk}}{\alpha} = \frac{I_{stmax} + I_{ca(n-1)}}{\alpha}$$

式中　I_{pk}——干线上的尖峰电流,A;

I_{stmax}——启动电流值最大的一台电动机的启动电流，A，$I_{stmax} = K_{stmax} \cdot I_{Nmax}$；

K_{stmax}——启动电流值最大的一台电动机的启动电流倍数；

I_{Nmax}——启动电流值最大的一台电动机的额定电流，A；

$I_{ca(n-1)}$——除该台电动机外，其余 $n-1$ 台电动机的计算电流，A。在近似计算时可令 $I_{ca(n-1)} = I_{ca(n)} - I_{Nmax}$，代入上式并化简后得：

$$I_{NF} \geqslant \frac{I_{ca(n)} + (K_{stmax} - 1) I_{Nmax}}{\alpha} \tag{4-10}$$

式中　$I_{ca(n)}$——所有电动机的计算电流，A。

在按式(4-8)及式(4-9)或式(4-10)选择熔体的额定电流值时，应取其中较大的一个电流值，并按产品目录选择一标准额定电流值。

熔体的额定电流 I_{NF} 选好后，就可进一步选择导线和电缆的截面，解决好两者之间的配合问题。

4.5.1.3　按发热条件选择导线和电缆的截面

按发热条件选择导线和电缆的截面必须满足下列两个条件：

1)导线和电缆在正常运行时，必须保证它不致因温度过高而烧毁，因此，必须满足下式：

$$I_{al} \geqslant I_{ca} \tag{4-11}$$

式中　I_{ca}——通过线路的计算电流，A；

　　　I_{al}——导线电缆的长期允许电流，A。

当导线或电缆的实际电流 I_{ca} 小于允许电流 I_{al} 时，就能保证它的实际温升不超过其额定温升，因此，导线或电缆自然就不会因温度过高而烧毁。

2)为了使熔断器及自动开关等保护装置在网路过载(主要是照明线路)或短路时能可靠的保护导线或电缆，导线或电缆的允许持续电流与熔断器熔体的额定电流或自动保护装置之间存在一个配合问题。所选导体的允许电流与熔断器中熔体的额定电流 I_{NF} 或低压断路器(自动开关)的动作电流 I_{op}，应满足下列配合条件，即

$$I_{al} \geqslant \psi \cdot I_{NF} \text{或 } I_{al} \geqslant \psi \cdot I_{op} \tag{4-12}$$

式中　ψ——计算系数，可按线路特点和用电设备情况由表4-4查得。

表4-4　导体允许电流与熔件额定电流或低压断路器动作电流的比值 ψ

安装场所	网路名称	网路敷设方式	计算系数 ψ	
			熔断器 I_{al}/I_{NF}	断路器 I_{al}/I_{op}
住宅、公共场所、工厂办公室、仓库	动力、照明	穿管或明敷设导线	1.25	长延时脱扣器的动作电流为 I_{opl}；短延时脱扣器的动作电流为 I_{ops}，则 $\dfrac{I_{al}}{I_{opl}} \geqslant 1$；$\dfrac{I_{al}}{I_{ops}} \geqslant 0.22$
		电缆线	1	
生产车间	动力支线	裸线、穿管线以及电缆线	0.4	
	动力干线		0.66	
	动力干、支线	明敷设单芯绝缘线	0.66	
	照明		1	
有爆炸危险的厂房、车间等	动力、照明	穿管敷设的支线或干线	1.25	$\dfrac{I_{al}}{I_{opl}} \geqslant 1$
			1	

按允许发热条件选择低压配电线路导体的截面,必须满足上述两个条件,即取两者较大的为所选的截面。在生产车间里由于不允许接入不合理的负载,且为节省有色金属起见,允许熔断器熔体的额定电流稍大于导体的允许电流。此时熔断器只用以保护短路,不能保护过载。

4.5.2 按经济电流密度选择导线和电缆截面

沿线路输送电能,除产生电压损失外,还有电能损耗。此损耗的大小及费用随导线和电缆的截面而变化。增大导线的截面积,虽能使电能损耗费用减小,但增加了线路的投资。反之,如减少导线的截面积,则其结果相反。因此在这中间总可找到一个最理想截面,使"年运行费用"最小,这一导线截面积称为经济截面。根据经济截面推算出来的电流密度称为经济电流密度。

所谓线路的年运行费用,基本包括下列四部分:

(1)线路的年电能损耗费用 送电线路中的电能损耗所应付出的年电能损耗费用,等于线路的年电能损耗(电度)乘以每度电的电价。

(2)年折旧费 国家为了积累更新设备的资金,每年提存的折旧费,等于线路建设总投资乘以年折旧率。

(3)年维护检修费 每年维护和检修该线路需花费的费用,其值等于线路建设总投资乘以年维修费率。

(4)年管理费用 如人员工资等,这一项费用所占比例极小,一般可以略去不计。

线路的基建投资可分两部分,一部分与导线截面无关或关系甚小,例如绝缘子、开关设备费用以及线路的勘测设计费用等;另一部分与导线截面有关,例如导线和杆塔费用等。对某一条具体的线路来说,如果选用的截面愈大,其基建投资也愈大。就年运行费用来说,其折旧维修费用(上述 2、3 两项费用的总和)是随着导线截面的增大而增大,该关系如图 4-14 的曲线 1 所示。对于年电能损耗费用,由于导线电阻与截面成反比,故当导线截面增大时,电能损耗减小,电能损耗费用也就相应地降低,其关系如图 4-14 的曲线 2 所示。把这两项费用加起来,则得出总的年运行费用,如图 4-14 的曲线 3 所示。

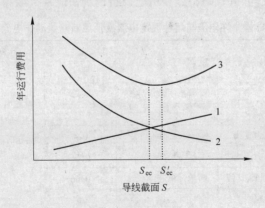

图 4-14 年运行费用与截面的关系

从曲线 3 可以看出,其最低点所对应的导线截面 S'_{ec},就是从每年支出费用最小的观点考虑得出的经济截面。从曲线 3 还可以看出，在经济截面 S'_{ec} 附近，曲线比较平坦，即当截面比 S'_{ec} 稍大或稍小时，年运行费用变化不大。为了减少有色金属消耗量和节约基建投资，选用的导线截面最好比 S'_{ec} 小一些，如图 4-14 中的 S_{ec} 所示，S_{ec} 才是真正经济合理的截面。

要想确定 S_{ec}，需要知道很多准确数据，例如电能成本、折旧费率、线路投资与导线截面间相关的系数和导线器材供求平衡情况等。这些数据是比较难确定的，因此，这项工作一般由国家有关部门统一来做。

在工程计算上，为了合理选择经济截面，我们不直接规定在各种情况下的经济截面，而制定不同情况下的经济电流密度 J_{ec}。当经济电流密度 J_{ec} 已知时，经济截面可用下式求得：

$$S_{ec} = \frac{I_{ca}}{J_{ec}} \tag{4-13}$$

式中　S_{ec}——导线的经济合理截面，mm^2；

　　　J_{ec}——经济电流密度，A/mm^2；

　　　I_{ca}——线路最大计算电流，A。

我国规定的经济电流密度 J_{ec} 如表 4-5 所示。在表 4-5 中，经济电流密度与最大负荷年利用小时有关的理由如下：

用户的用电情况在一年中甚至在一天中时刻都在变化着，负荷变化的程度可用 T_{max} 来说明。在同样的最大负荷 P_{max} 下，T_{max} 愈大，则意味着用户的用电情况愈稳定，经常以较大的负荷在运行。T_{max} 愈小，则反之。

表 4-5　经济电流密度 J_{ec} 值　　　　　　　　　　　　　　　　　　　A/mm^2

导体材料	最大负荷利用小时 $T_{max}/h \cdot a^{-1}$		
	3000 以下	3000 ~ 5000	5000 以上
裸铜导线和母线	3.0	2.25	1.75
裸铝导线和母线	1.65	1.15	0.90
铜芯电缆	2.5	2.25	2.0
铝芯电缆	1.92	1.72	1.54

对于一条线路来说，情况也完全一样，不过通过线路的负荷可能不止一个用户的负荷，而是包含着几个用户。在同样的最大负荷 P_{max} 下，线路负荷的 T_{max} 愈大，则线路在一年中经常通过较大的负荷电流，相应地在这一年中的电能损耗和电能损耗费用也比较大。反映在图 4-14 中，曲线 2 将上移，从而使 S'_{ec} 和 S_{ec} 值也相应地增大，因而 J_{ec} 值也相应地减小。反之，T_{max} 愈小，在同样的最大负荷 P_{max} 下，线路中的电能损耗和电能损耗费用也较小。这反映在图 4-14 中，曲线 2 将下移，从而使 S'_{ec} 和 S_{ec} 值也相应地减小，因而 J_{ec} 值也相应地增大。总而言之，T_{max} 值的变化将影响图 4-14 中年运行费用曲线 3 的最低点的位置，即影响 S'_{ec} 和 S_{ec} 的数值，同样也将影响 J_{ec} 的数值。T_{max} 愈大，则 S_{ec} 愈大，J_{ec} 愈小；反之，T_{max} 愈小，则 S_{ec} 愈小，J_{ec} 愈大。故 J_{ec} 与 T_{max} 有很直接的关系，如表 4-5 所示。

各类用户的年最大负荷利用小时数 T_{max} 如表 4-6 所示。

表 4-6　各类用户的年最大负荷利用小时数

用户类别	室内照明	一班制企业	两班制企业	三班制企业
T_{max}/h	1500~2500	2000~3000	3000~4500	4500~7000

在设计一条线路时,最大负荷电流(即计算电流)I_{ca}通常是已知的,用户的种类和性质也是已知的。由有关资料或表 4-6 即可查出其 T_{max} 值。在导线所用材料确定后,由表 4-5 便可查出相应的经济电流密度 J_{ec},再由公式(4-13)即可求出其经济合理截面。

最后应当指出,关于经济电流密度问题,多年来曾有不少的讨论,存在一些不同的观点和反应。对一般工业企业,因供电线路不长,如按经济电流密度选择导线截面,由于规定的 J_{ec}值偏低,所选截面往往偏大。目前有些电力设计部门将 J_{ec} 值进行了适量的提高,例如对 T_{max} 在 5000h 以上的 35kV 架空铝绞线线路,取 $J_{ec} = 1.2 \text{A}/\text{mm}^2$。原电力建设总局曾规定当 T_{max}在 5000h 以上时,裸铝导线的经济电流密度可采用 $1.2 \text{A}/\text{mm}^2$。

4.6　按允许电压损失选择导线和电缆的截面

4.6.1　有关电压损失的基本概念和定义

在按允许电压损失选择导线和电缆截面之前,必须先知道有关电压损失的一些基本概念和定义。

我们知道,由于线路上有电阻和电抗,当有电流通过时,除产生电能损耗外,还产生电压损失等,影响电压质量。

4.6.1.1　电压降落

电压降落是指电网两端电压,即始端电压 $\dot{U}_1$ 和终端电压 $\dot{U}_2$ 的向量差(图 4-15),如以 ΔU 表示,则

$$\Delta U = \dot{U}_1 - \dot{U}_2 = ab$$

图 4-15　说明电压降落与电压损失的示意图

4.6.1.2　电压损失

电压损失是指线路两端电压的代数差,如以 ΔU 表示,则 $\Delta U = U_1 - U_2 = ac \approx ad$。如以百分数表示,则

$$\Delta U\% = \frac{U_1 - U_2}{U_N} \times 100$$

4.6.1.3　电压偏移

电压偏移是指网路中任一点(一般指终端)的实际电压与电网额定电压的代数差,如以

百分数表示时,则电压偏移的百分数为

$$\Delta U_{\mathrm{dri}}\% = \frac{U_2 - U_{\mathrm{N}}}{U_{\mathrm{N}}} \times 100$$

从上述定义可以看出,电压损失是电压降落的纵向分量(即沿 $\dot{U}_2$ 的方向),而电压偏移与电压损失是有密切关系的。当负荷变动时,网路中的电压损失亦随之变动。于是尽管线路的始端电压 $\dot{U}_1$ 保持不变,但终端电压 $\dot{U}_2$ 仍要随负荷而变化。因此,网路中的电压损失愈大,用电设备端子上的电压偏移也愈大。当电压偏移超过允许值时,将严重地影响用电设备的正常运行,所以为了确保电气设备的正常运行,其端子上的电压偏移不得超过规定的允许值。例如,在正常运行时,电动机端子上的电压偏移不得超过 $\pm 5\%$,照明灯的端电压不应比额定电压高 5%,室内主要场所的照明电压不应比额定电压低过 2.5%,室外照明不应低过 6%。

总之,电压质量是电能质量的重要指标之一。为了确保用电设备端子上的电压质量,要求电力网中的电压损失限制在一定范围之内。

最后必须指出,在上面的分析中,由于工厂网路的电压较低,线路又不长,故一般仅考虑线路电阻 R 和线路电抗 X,不考虑线路对地并联导纳对线路的影响,而这在电压为 110kV 及以上的电力系统中就必须加以考虑。

4.6.2 导线电压损失的计算

导线电压损失的计算分两种情况来讨论,一是仅在线路终端有一个集中负荷(即放射式线路),一是线路上接有许多分布式负荷(即树干式线路),这两种形式的供电线路均属于开式网路。

4.6.2.1 终端接一集中负荷的三相线路

在三相交流线路中,当各相负荷平衡时,各相导线中的电流值均相等,电流与电压的相位差亦相同,故可计算其一相的电压损失,然后再按一般方法换算成线电压损失。

终端接有一集中负荷的三相电路如图 4-16(a)所示。设每相电流为 I (A),负荷的功率因数为 $\cos\varphi$,线路的电阻为 $R(\Omega)$,电抗为 $X(\Omega)$,线路始端和终端的相电压各为 $U_{\phi 1}$ 和 $U_{\phi 2}$。现取终端相电压 $U_{\phi 2}$ 为参考轴,做出一相电压矢量图如图 4-16(b)所示。由图可见,线路的电压降落为 $AB = \dot{U}_{\phi 1} - \dot{U}_{\phi 2} = \dot{I}Z$。而电压损失为 $\Delta U = U_{\phi 1} - U_{\phi 2} = AC$。$AC$ 的准确计算比较复杂,在工程计算中,往往以 AD 段来代替 AC 段,由此而引起的误差一般不超过实际电压损失的 5%,故每相的电压损失为:

$$\Delta U_{\phi} = AD = AE + ED = IR\cos\varphi + IX\sin\varphi$$

换算成线电压的损失为:

$$\Delta U = \sqrt{3}\Delta U_{\phi} = \sqrt{3}\left(IR\cos\varphi + IX\sin\varphi\right) \tag{4-14}$$

如负荷以三相功率计,线路终端的线电压为 U_2,则 $P = \sqrt{3}U_2 I\cos\varphi$,即

$$I = \frac{P}{\sqrt{3}U_2\cos\varphi}$$

将上式代入公式(4-14)便得:

$$\Delta U = \sqrt{3}\frac{P}{\sqrt{3}U_2\cos\varphi}\left(R\cos\varphi + X\sin\varphi\right) = \frac{P}{U_2\cos\varphi}\left(R\cos\varphi + X\sin\varphi\right) = \frac{PR + QX}{U_2}$$

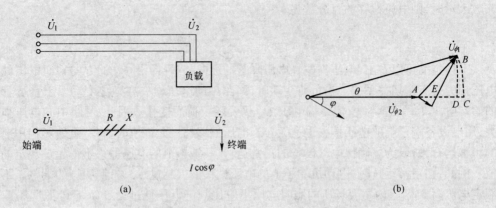

(a) (b)

图 4-16 终端接有集中负荷的三相线路及其向量图

(a) 三相计算电路图；(b) 计算电压损失的相量图

在实际计算中,常采用线路的额定电压 U_N 来代替 U_2,误差极小,故

$$\Delta U = \frac{PR + QX}{U_N} \tag{4-15}$$

式中,P、Q 为负荷的三相有功和无功功率,分别以 kW 和 kvar 计;U_N 以 kV 计,ΔU 的单位为 V。

4.6.2.2 分布式负荷的树干式线路

树干式线路的特点是一条线路接有许多分布式负荷,如图 4-17 所示。如果已知线路各段的负荷及阻抗,则可根据上式求出各段线路的电压损失,显而易见,总的电压损失为各段电压损失之和。

在图 4-17 中,设 P_1、Q_1、P_2、Q_2、P_3、Q_3 为通过各段干线的负荷;p_1、q_1、p_2、q_2、p_3、q_3 为各支线的负荷;r_1、x_1、r_2、x_2、r_3、x_3 为各段干线的阻抗。假设线路上的功率损耗略去不计(在计算地方电网的电压损失时,这种假设所引起的误差不大,技术上是允许的),于是

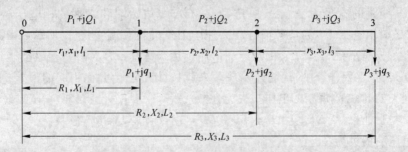

图 4-17 树干式线路的电压损失计算图

第一段干线:$P_1 = p_1 + p_2 + p_3$,$Q_1 = q_1 + q_2 + q_3$

第二段干线:$P_2 = p_2 + p_3$,$Q_2 = q_2 + q_3$

第三段干线:$P_3 = p_3$,$Q_3 = q_3$

线路各段干线上的电压损失为:

$$\Delta U_1 = \frac{P_1}{U_N} r_1 + \frac{Q_1}{U_N} x_1$$

$$\Delta U_2 = \frac{P_2}{U_N} r_2 + \frac{Q_2}{U_N} x_2$$

$$\Delta U_3 = \frac{P_3}{U_N} r_3 + \frac{Q_3}{U_N} x_3$$

因此,如有 n 段干线,则其总的电压损失为:

$$\Delta U = \sum_{i=1}^{n} \Delta U_i = \sum_{i=1}^{n} \frac{P_i}{U_N} r_i + \sum_{i=1}^{n} \frac{Q_i}{U_N} x_i \tag{4-16}$$

若将各段干线的负荷以各支线的负荷表示,并经过整理后,上式可写成下式:

$$\Delta U = \sum_{i=1}^{n} \frac{p_i}{U_N} R_i + \sum_{i=1}^{n} \frac{q_i}{U_N} X_i \tag{4-17}$$

电压损失百分数为:

$$\Delta U\% = \frac{\Delta U}{U_N \times 1000} \times 100 = \frac{1}{10 U_N^2} \left(\sum_{i=1}^{n} P_i r_i + \sum_{i=1}^{n} Q_i x_i \right) \tag{4-18}$$

或者表示为:

$$\Delta U\% = \frac{1}{10 U_N^2} \left(\sum_{i=1}^{n} p_i R_i + \sum_{i=1}^{n} q_i X_i \right) \tag{4-19}$$

式(4-18)中系数 1000 是把线电压由 kV 化成 V。在工业企业电力网路中,由于线路的总长度不长,所以通常各段干线的截面和结构都一样,故

$$r_i = R_0 l_i \qquad\qquad x_i = X_0 l_i$$
$$R_i = R_0 L_i \qquad\qquad X_i = X_0 L_i$$

式中 R_0、X_0——每千米线路的电阻和电抗。

将上式各值代入公式(4-18)及公式(4-19)得:

$$\Delta U\% = \frac{R_0}{10 U_N^2} \sum_{i=1}^{n} P_i l_i + \frac{X_0}{10 U_N^2} \sum_{i=1}^{n} Q_i l_i \tag{4-20}$$

或

$$\Delta U\% = \frac{R_0}{10 U_N^2} \sum_{i=1}^{n} p_i L_i + \frac{X_0}{10 U_N^2} \sum_{i=1}^{n} q_i L_i \tag{4-21}$$

公式(4-20)及公式(4-21)与力学上的力矩公式相似,故通常称为负荷矩法。这种方法在计算电压损失时应用普遍,尤其是公式(4-21)在计算时经常要用到,应该熟练地掌握它。

如果所计算的 $\Delta U\%$ 值小于网路中的允许电压损失 $\Delta U_{al}\%$ 时,则所选的导线截面合乎要求。

4.6.3 按允许电压损失选择单电源线路的导线截面

由公式(4-21)得:

$$\Delta U\% = \frac{R_0}{10 U_N^2} \sum_{i=1}^{n} p_i L_i + \frac{X_0}{10 U_N^2} \sum_{i=1}^{n} q_i L_i = \Delta U_R\% + \Delta U_X\% \tag{4-22}$$

式中 $\Delta U_R\%$——由有功负荷及电阻引起的电压损失,$\Delta U_R\% = \frac{R_0}{10 U_N^2} \sum_{i=1}^{n} p_i L_i$;

$\Delta U_X \%$——由无功负荷及电抗引起的电压损失，$\Delta U_X \% = \dfrac{X_0}{10\, U_N^2} \sum\limits_{i=1}^{n} q_i L_i$。

在某些情况下，由于 X_0 很小或 q 值不大，$\Delta U_X \% \ll \Delta U_R \%$，故 $\Delta U_X \%$ 可以略去不计，而在另一些情况下，$\Delta U_X \%$ 不能略去不计，现分述如下：

(1)不计 $\Delta U_X \%$ 时 在满足下列任一条件时，$\Delta U_X \%$ 可以略去不计。

1) $\cos\varphi = 0.8$，导线截面小于 $16mm^2$；或 $\cos\varphi = 0.9$，导线截面小于 $25mm^2$ 的线路；

2) 截面在 $50mm^2$ 以下的三芯电缆。

当 $\Delta U_X \%$ 可以略去不计时，则

$$\Delta U \% = \Delta U_R \% = \frac{R_0}{10\, U_N^2} \sum_{i=1}^{n} p_i L_i = \frac{1}{10 \cdot \gamma \cdot S \cdot U_N^2} \sum_{i=1}^{n} p_i L_i \qquad (4\text{-}23)$$

式中 S——导线截面，mm^2；

γ——导线的电导系数，对于铜线，$\gamma = 0.053 km/(\Omega \cdot mm^2)$；对于铝线，$\gamma = 0.032 km/(\Omega \cdot mm^2)$。

如令 $\Delta U \% = \Delta U_{al} \%$（允许电压损失），并代入上式得导线截面：

$$S = \frac{1}{10 \cdot \gamma \cdot U_N^2 \cdot \Delta U_{al} \%} \sum_{i=1}^{n} p_i L_i \qquad (4\text{-}24)$$

如果将 $\Delta U_{al} \% = \dfrac{\Delta U_{al}}{U_N \times 10^3} \times 100$ 代入式（4-24），则得导线截面为：

$$S = \frac{1}{\gamma \cdot \Delta U_{al} \cdot U_N} \sum_{i=1}^{n} p_i L_i \qquad (4\text{-}25)$$

上述两式中，U_N 的单位用 kV，ΔU_{al} 的单位用 V，p 的单位用 kW。如果已知 ΔU_{al} 或 $\Delta U_{al} \%$ 及负荷矩，便可根据上述公式求得所需的导线截面。

(2)计及 ΔU_X 时 这时计算比较复杂，因为导线截面还未选好，所以在工程计算上可以采用下列逐步试求法：

1)对于 $6 \sim 10\ kV$ 高压架空线路，一般 $X_0 = 0.30 \sim 0.40 \Omega/km$（指一般常用截面及间距）。对于电缆线路，$X_0 \approx 0.07 \Omega/km$。可根据这些范围，先取一个 X_0 的平均值，然后由公式 $\Delta U_X = \dfrac{X_0}{U_N} \sum\limits_{i=1}^{n} q_i L_i$ 求出 ΔU_X 值。

2)求 ΔU_R

$$\Delta U_R = \Delta U_{al} - \Delta U_X$$

3)由公式

$$S = \frac{1}{\gamma \cdot \Delta U_R \cdot U_N} \sum_{i=1}^{n} p_i L_i \qquad (4\text{-}26)$$

求出导线的截面 S，并据此选出一标准截面

4)根据所选的截面 S 及几何均距从有关资料查得与其对应的 X_0 值，如果它与原假设值相差不大，或根据此截面的 R_0、X_0 值求得的电压损失不超过允许值，则可认为满足要求；否则，需重新按上述步骤计算，直到所选的截面满足电压损失的要求为止。

例 4-2 从地面变电站架设一条 10kV 架空线路向两个井口供电，导线采用铝绞线，三相导线布置成三角形，线间距离为 1m，各井口的负荷及距离如图 4-18 所示，允许电压损失

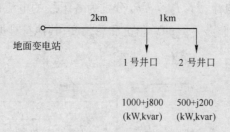

图 4-18 某地面供电线路的负荷图

为 5%。试选择导线的截面积。

解 初设 $X_0 = 0.35\Omega/\text{km}$。由公式(4-22)得：

$$\Delta U_X\% = \frac{X_0}{10\,U_N^2}\sum_{i=1}^{n} q_i L_i = \frac{0.35}{10\times 10^2}(800\times 2 + 200\times 3) = 0.77$$

$$\Delta U_R\% = \Delta U_{al}\% - \Delta U_X\% = 5 - 0.77 = 4.23$$

故
$$\Delta U_R = \Delta U_R\% \times U_N = \frac{4.23}{100}\times 10000 = 423(\text{V})$$

由公式(4-26)计算导线截面得：

$$S = \frac{1}{\gamma \cdot \Delta U_R \cdot U_N}\sum_{i=1}^{n} p_i L_i$$

$$= \frac{1}{0.032\times 423\times 10}(1000\times 2 + 500\times 3) = 25.8(\text{mm}^2)$$

选 $S = 35\text{mm}^2$，从设计资料中查得 $R_0 = 0.92\Omega/\text{km}$，$X_0 = 0.366\Omega/\text{km}$（几何均距 $D_{av} = 1\text{m}$），此 X_0 值与原假设值相差不大，故可用，于是线路的电压损失百分数为：

$$\Delta U\% = \frac{R_0}{10\,U_N^2}\sum_{i=1}^{n} p_i L_i + \frac{X_0}{10\,U_N^2}\sum_{i=1}^{n} q_i L_i$$

$$= \frac{0.92}{10\times 10^2}\times(1000\times 2 + 500\times 3) + \frac{0.366}{10\times 10^2}\times(800\times 2 + 200\times 3)$$

$$= 4.02 < 5$$

故所选的截面满足电压损失的要求。

4.6.4 环网的计算

用闭式电网(包括环网、网状等形式的电网)和两端供电的电网对用户供电，能提高供电的可靠性，但计算却比开式网路复杂得多。在计算时可以把闭式电网看成由两端供电的电网，初步选出导线的截面积，再来决定功率或电流的分界点(所谓功率或电流的分界点是指电网上同时由两侧供电之点)，最后按开式电网算出其最大的电压损失，看其是否在允许的电压损失范围之内。这样，必须经过反复计算才能正确地选出导线的截面。这里重点讨论两端供电线路的电气计算。在计算时假设略去线路各段的功率损耗不计，这对地方电网和企业电网来说，误差不大，是可以允许的。

由供电点 A 和 B 得到电能的两端供电线路，如图 4-19 所示，是一个最简单的闭式电力网。其中 $\dot{U}_A$ 和 $\dot{U}_B$ 分别为两个电源的电压，其大小和相位都不相同，即 $\dot{U}_A \neq \dot{U}_B$。$i_1, i_2,$

i_3 分别为各支线的负荷电流;$\dot{I}_A,\dot{I}_2,\dot{I}_3,\dot{I}_B$ 分别为各干线的电流;z_1,z_2,z_3,z_4 分别为各干线的阻抗;Z_Σ,L_Σ 为 AB 整条干线的总阻抗和总长度;其他符号见图中所示。

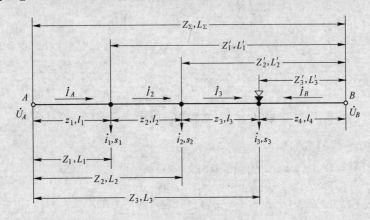

图 4-19 两端供电电网

为了找出电流的分界点,必须先从电源 A 和 B 的电流及每段干线上的电流开始。假设每段干线上的电流方向如图 4-19 所示。

根据克希荷夫第二定律可写成下式:

$$\dot{U}_A - \dot{U}_B = \sqrt{3}(\dot{I}_A z_1 + \dot{I}_2 z_2 + \dot{I}_3 z_3 - \dot{I}_B z_4) \tag{4-27}$$

由克希荷夫第一定律知:

$$\dot{I}_2 = \dot{I}_A - \dot{i}_1, \quad \dot{I}_3 = \dot{I}_2 - \dot{i}_2 = \dot{I}_A - \dot{i}_1 - \dot{i}_2, \quad \dot{I}_B = \dot{i}_3 - \dot{I}_3 = \dot{i}_1 + \dot{i}_2 + \dot{i}_3 - \dot{I}_A$$

将这些关系式代入式(4-27)可得出:

$$\dot{U}_A - \dot{U}_B = \sqrt{3}[\dot{I}_A z_1 + (\dot{I}_A - \dot{i}_1)z_2 + (\dot{I}_A - \dot{i}_1 - \dot{i}_2)z_3 - (\dot{i}_1 + \dot{i}_2 + \dot{i}_3 - \dot{I}_A)z_4]$$

整理后得

$$\frac{\dot{U}_A - \dot{U}_B}{\sqrt{3}} = \dot{I}_A(z_1 + z_2 + z_3 + z_4) - \dot{i}_1(z_2 + z_3 + z_4) - \dot{i}_2(z_3 + z_4) - \dot{i}_3 z_4$$

从电源 A 流出的电流为:

$$\dot{I}_A = \frac{\dot{U}_A - \dot{U}_B}{\sqrt{3}(z_1 + z_2 + z_3 + z_4)} + \frac{\dot{i}_1(z_2 + z_3 + z_4) + \dot{i}_2(z_3 + z_4) + \dot{i}_3 z_4}{(z_1 + z_2 + z_3 + z_4)} \tag{4-28}$$

同理可求得从电源 B 流出的电流为:

$$\dot{I}_B = \frac{-(\dot{U}_A - \dot{U}_B)}{\sqrt{3}(z_1 + z_2 + z_3 + z_4)} + \frac{\dot{i}_1 z_1 + \dot{i}_2(z_1 + z_2) + \dot{i}_3(z_1 + z_2 + z_3)}{(z_1 + z_2 + z_3 + z_4)} \tag{4-29}$$

若令　$Z'_1 = z_2 + z_3 + z_4, \quad Z'_2 = z_3 + z_4, \quad Z'_3 = z_4;$

　　　　$Z_1 = z_1, Z_2 = z_1 + z_2, Z_3 = z_1 + z_2 + z_3; Z_\Sigma = z_1 + z_2 + z_3 + z_4$

上式各阻抗所代表的含义参阅图 4-19,则式(4-28)及式(4-29)可改写成下式:

$$\dot{I}_A = \frac{\dot{U}_A - \dot{U}_B}{\sqrt{3}Z_\Sigma} + \frac{\dot{i}_1 Z'_1 + \dot{i}_2 Z'_2 + \dot{i}_3 Z'_3}{Z_\Sigma} \tag{4-30}$$

$$\dot{I}_B = -\frac{\dot{U}_A - \dot{U}_B}{\sqrt{3}Z_\Sigma} + \frac{\dot{i}_1 Z_1 + \dot{i}_2 Z_2 + \dot{i}_3 Z_3}{Z_\Sigma} \tag{4-31}$$

若有 n 个分支负载时

$$\left.\begin{array}{l} \dot{I}_A = \dfrac{\dot{U}_A - \dot{U}_B}{\sqrt{3}\,Z_\Sigma} + \dfrac{\sum\limits_{i=1}^{n} \dot{i}_i Z'_i}{Z_\Sigma} \\[4mm] \dot{I}_B = -\dfrac{\dot{U}_A - \dot{U}_B}{\sqrt{3}\,Z_\Sigma} + \dfrac{\sum\limits_{i=1}^{n} \dot{i}_i Z_i}{Z_\Sigma} \end{array}\right\} \tag{4-32}$$

上式也可改写成：

$$\left.\begin{array}{l} \dot{I}_A = \dot{I}_{AB} + \dot{I}'_A \\ \dot{I}_B = -\dot{I}_{AB} + \dot{I}'_B \end{array}\right\} \tag{4-33}$$

式中　$\dot{I}_{AB}$——当两电源电压不等时从电源 A 供出的不平衡电流；

$\dot{I}'_A$ 及 $\dot{I}'_B$——当两电源电压相等时，从两电源分别送出的电流。

根据式(4-32)求出 $\dot{I}_A$ 和 $\dot{I}_B$ 后，便可求出线路各段导线的电流大小，从而找出电流分界点。

如果所有的负荷以视在功率 S_1，S_2，S_3 来表示，两电源输出的功率以 S_A 和 S_B 表示，则可将式(4-32)中各项乘以 $\sqrt{3}\,\dot{U}_N$ 来求出：

$$\left.\begin{array}{l} S_A = \dfrac{\dot{U}_N(\dot{U}_A - \dot{U}_B)}{Z_\Sigma} + \dfrac{\sum\limits_{i=1}^{n} S_i Z_i}{Z_\Sigma} \\[4mm] S_B = -\dfrac{\dot{U}_N(\dot{U}_A - \dot{U}_B)}{Z_\Sigma} + \dfrac{\sum\limits_{i=1}^{n} S_i Z_i}{Z_\Sigma} \end{array}\right\} \tag{4-34}$$

应该指出，式(4-34)所给出的并不是从电源 A 和 B 实际输出的视在功率，而仅是它的近似值。因为式中所用的电压 $\dot{U}_N$ 是电网的额定电压，并不是其实际电压。

下面讨论两种特殊情况：

（1）两端电源电压的大小及相位相同，即 $\dot{U}_A = \dot{U}_B$　在计算地方电网及企业电网时，常遇到此种无结点的闭式电网。这时式(4-32)及式(4-34)可简化成下式：

$$\left.\begin{array}{l} \dot{I}_A = \dfrac{\sum\limits_{i=1}^{n} \dot{i}_i Z'_i}{Z_\Sigma} \\[4mm] \dot{I}_B = \dfrac{\sum\limits_{i=1}^{n} \dot{i}_i Z_i}{Z_\Sigma} \end{array}\right\} \tag{4-35}$$

$$\left.\begin{array}{l} S_A = \dfrac{\sum\limits_{i=1}^{n} S_i Z'_i}{Z_\Sigma} \\[4mm] S_B = \dfrac{\sum\limits_{i=1}^{n} S_i Z_i}{Z_\Sigma} \end{array}\right\} \tag{4-36}$$

为了进一步简化计算,将式(4-35)中的 S_i, Z'_i, Z_i 用复数表示,并令

$$\frac{1}{Z_\Sigma} = Y_\Sigma = G_\Sigma - jB_\Sigma, \quad G_\Sigma = \frac{R_\Sigma}{R_\Sigma^2 + X_\Sigma^2}, \quad B_\Sigma = \frac{X_\Sigma}{R_\Sigma^2 + X_\Sigma^2}$$

式中　$Y_\Sigma, G_\Sigma, B_\Sigma$——分别为整条干线的总导纳、电导和电纳;

R_Σ, X_Σ——整条干线的总电阻和电抗。

将上式代入公式(4-36)并加以展开,最后将其乘积的实数部分和虚数部分分开,便可求出从两电源输出的有功功率和无功功率为:

$$\left.\begin{aligned}
P_A &= G_\Sigma \sum_{i=1}^{n}(p_i R'_i + q_i X'_i) + B_\Sigma \sum_{i=1}^{n}(p_i X'_i - q_i R'_i) \\
Q_A &= -G_\Sigma \sum_{i=1}^{n}(p_i X'_i - q_i R'_i) + B_\Sigma \sum_{i=1}^{n}(p_i R'_i + q_i X'_i)
\end{aligned}\right\} \tag{4-37}$$

$$\left.\begin{aligned}
P_B &= G_\Sigma \sum_{i=1}^{n}(p_i R_i + q_i X_i) + B_\Sigma \sum_{i=1}^{n}(p_i X_i - q_i R_i) \\
Q_B &= -G_\Sigma \sum_{i=1}^{n}(p_i X_i - q_i R_i) + B_\Sigma \sum_{i=1}^{n}(p_i R_i + q_i X_i)
\end{aligned}\right\} \tag{4-38}$$

根据式 (4-37) 及式 (4-38) 求出从两电源输出的有功功率和无功功率后,便可进一步求出各段导线的功率分布,从而确定出有功功率的分界点和无功功率的分界点。应当指出,这两个分界点有时不在电网的同一个点上,计算电压损失时必须注意到这一点。有功功率的分界点用符号"▼"表示,无功功率的分界点用符号"▽"表示,如图4-19所示。

(2)线路各段的导线截面相同或不计电抗　当线路各段的导线截面相同,其单位长度的电阻和电抗为 R_0 和 X_0,则公式(4-35)及(4-36)可变为:

$$\left.\begin{aligned}
\dot{I}_A &= \frac{(R_0 + jX_0)\sum_{i=1}^{n} i_i L'_i}{(R_0 + jX_0)L_\Sigma} = \frac{\sum_{i=1}^{n} i_i L'_i}{L_\Sigma} \\
\dot{I}_B &= \frac{\sum_{i=1}^{n} i_i L_i}{L_\Sigma}
\end{aligned}\right\} \tag{4-39}$$

$$\left.\begin{aligned}
S_A &= \frac{\sum_{i=1}^{n} S_i L'_i}{L_\Sigma} \\
S_B &= \frac{\sum_{i=1}^{n} S_i L_i}{L_\Sigma}
\end{aligned}\right\} \tag{4-40}$$

若不考虑线路上的电抗,即 $X_0 = 0$,于是 $X_\Sigma = 0, X_i = X'_i = 0, B_\Sigma = 0, G_\Sigma = \frac{1}{R_\Sigma}$,将这些代入公式(4-37)及式(4-38)得:

$$P_A = \frac{\sum\limits_{i=1}^{n} p_i R'_i}{R_\Sigma} = \frac{\sum\limits_{i=1}^{n} p_i L'_i}{L_\Sigma} \left.\vphantom{\frac{\sum\limits_{i=1}^{n} p_i R'_i}{R_\Sigma}}\right\}$$
$$Q_A = \frac{\sum\limits_{i=1}^{n} q_i R'_i}{R_\Sigma} = \frac{\sum\limits_{i=1}^{n} q_i L'_i}{L_\Sigma}$$

$$(4\text{-}41)$$

$$P_B = \frac{\sum\limits_{i=1}^{n} p_i R_i}{R_\Sigma} = \frac{\sum\limits_{i=1}^{n} p_i L_i}{L_\Sigma} \left.\vphantom{\frac{\sum\limits_{i=1}^{n} p_i R_i}{R_\Sigma}}\right\}$$
$$Q_B = \frac{\sum\limits_{i=1}^{n} q_i R_i}{R_\Sigma} = \frac{\sum\limits_{i=1}^{n} q_i L_i}{L_\Sigma}$$

$$(4\text{-}42)$$

式(4-41)及式(4-42)亦可从式(4-40)直接展开求得。

例 4-3 某两端供电的线路如图 4-20 所示,已知 A、B 两个电源的电压 $\dot{U}_A = \dot{U}_B$。干线 AB 是一条用 LJ-50 型铝线敷设的架空线路,其导线间的几何均距为 1m。网路的额定电压 $U_N = 10\text{kV}$。各段干线间的距离及各支点的负荷如图中所示。试求电力网中的功率分布以及其中的最大电压损失。

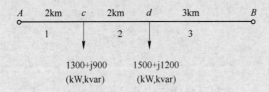

图 4-20 某两端供电线路

解 因为干线 AB 各段截面相等,并且其电抗也相等,所以其中的功率分布可按公式 (4-40)求得,其中从电源 A 输出的视在功率为:

$$S_A = \frac{\sum\limits_{i=1}^{n} S_i L'_i}{L_\Sigma} = \frac{(1500 + \text{j}1200) \times 3 + (1300 + \text{j}900) \times 5}{7} = 1570 + \text{j}1160 \quad (\text{kV} \cdot \text{A})$$

从电源 B 输出的视在功率为:

$$S_B = \frac{\sum\limits_{i=1}^{n} S_i L_i}{L_\Sigma} = \frac{(1300 + \text{j}900) \times 2 + (1500 + \text{j}1200) \times 4}{7} = 1230 + \text{j}940 \quad (\text{kV} \cdot \text{A})$$

上面求得的结果可用方程

$$S_A + S_B = S_c + S_d$$

来校验:

$$S_A + S_B = (1570 + j1160) + (1230 + j940) = 2800 + j2100 \quad (kV \cdot A)$$

$$S_c + S_d = (1300 + j900) + (1500 + j1200) = 2800 + j2100 \quad (kV \cdot A)$$

二者的结果相等,因此求得的 S_A 和 S_B 正确无误。

第二段 cd 段干线中的功率为:

$$S_2 = S_A - S_c = (1570 + j1160) - (1300 + j900) = 270 + j260 \quad (kV \cdot A)$$

这样,各段干线上的功率都已求出,其有功功率和无功功率的分界点都在 d 点,如图 4-21 (a)所示。因此 d 点的电位最低。在 d 点将电网拆开,分成两个单端供电线路,如图 4-21 (b)所示,进行电压损失计算。

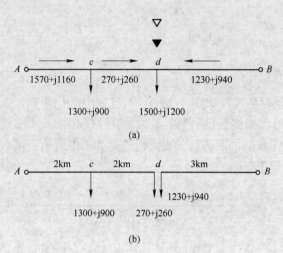

图 4-21　例 4-3 中的两端供电线路

查附表 8 得 LJ—50 型铝绞线每千米电阻 $R_0 = 0.64\Omega/km$,每千米电抗 $X_0 = 0.355\Omega/km$。于是 Ad 段干线的电压损失为:

$$\Delta U\% = \frac{R_0}{10 U_N^2} \sum_{i=1}^{n} p_i L_i + \frac{X_0}{10 U_N^2} \sum_{i=1}^{n} q_i L_i$$

$$= \frac{0.64}{10 \times 10^2} \times (1300 \times 2 + 270 \times 4) + \frac{0.355}{10 \times 10^2}(900 \times 2 + 260 \times 4)$$

$$= 3.37 < 5$$

故所选截面的电压损失不超过允许值,满足要求。

4.7　工业企业高压电气设备的选择与校验

工业企业供电系统是由各种电气设备按需要组合而成的。要使供电系统安全可靠,首先必须正确选择设备。对于供电系统高压电气设备的选择,除了根据正常运行条件下的额定电压、额定电流等条件选择外,还应按短路电流所产生的电动力效应及热效应进行校验。因此,"按正常运行条件选择,按短路条件进行校验",这是高压电气设备选择的一般原则。

在选择供电系统的高压电气设备时,应进行的选择及校验项目可见表 4-7。该表中仅列出一般应校验的项目,不包括个别电气设备的特殊要求,例如电流互感器的选择需满足准确度的要求;电抗器的选择需满足限制短路容量(或短路电流)的要求;熔断器的选择除了满足熔体本身与导线截面配合的要求外,还需满足保护装置的选择性要求等。本节只讨论高压电气设备选择的一般原则,对于各种高压电气设备选择的具体方法则从略。

表 4-7　选择电气设备时应校验的项目

校验项目 设备名称	电压 /kV	电流 /A	遮断容量 /MV·A	短路电流校验	
				动稳定	热稳定
断路器	×	×	×	×	×
负荷开关	×	×	×	×	×
隔离开关	×	×		×	×
熔断器	×	×	×		
电流互感器	×	×		×	×
电压互感器	×				
支柱绝缘子	×			×	
套管绝缘子	×			×	
母线		×		×	×
电缆	×	×			×
限流电抗器	×	×		×	×

注:表中"×"表示应该选择及校验项目。

4.7.1　按正常运行条件选择高压电气设备

为了保证电气设备在正常运行情况下可靠地工作,必须按照正常运行条件选择电气设备。正常运行条件是指电气设备正常运行的工作电压及工作电流。

4.7.1.1　按工作电压选择电气设备

在选择电气设备时,应使所选择电器的额定电压不小于电器装设地点的电网工作电压,即

$$U_{Ne} \geqslant U_N$$

式中　U_{Ne}——电器的额定电压,kV;

　　　U_N——电网额定电压,kV。

电器、电缆和绝缘子等的额定电压就是铭牌上或产品说明书所标明的线电压。

4.7.1.2　按工作电流选择电气设备

电气设备的额定电流是指在规定的环境温度下,电器能允许长期通过的电流,因此选择时应满足下列条件:

$$I_{Ne} \geqslant I_{wmax} \tag{4-44}$$

式中　I_{Ne}——电器的额定电流,A;

　　　I_{wmax}——通过电器的最大工作电流,A。

我国目前所产生的高压电器(如开关电器、电流互感器、电压互感器等),在规定它们的

额定电流时,以周围环境温度为 40℃作为依据。在选择电器时如果装设地点的最高气温大于 40℃,则因冷却条件较差,高压电器允许通过的电流应按下列公式校正。

$$I'_{Ne} = I_{Ne} \cdot \sqrt{\dfrac{\theta_{max} - \theta_0}{\theta_{max} - 40}} \qquad (4\text{-}45)$$

式中　I'_{Ne}——环境温度为 θ_0 时,电器允许通过的电流;

　　　I_{Ne}——环境温度为 40℃时,电器的额定电流;

　　　θ_{max}——电器某部分的最高允许温度(如断路器和隔离开关触头的工作条件规定为 75℃)。

当周围空气温度每低于最高环境温度(+ 40℃)1 度,高压电器的允许工作电流可以比额定值增大 0.5%,但总共增大的值不能超过 20%。

此外,在按正常运行条件选择高压电器时,还必须考虑设备装设地点的环境条件。例如户外装置的电气设备受风霜雨露、积雪覆冰、尘埃及腐蚀性气体等的影响,工作环境远较户内恶劣,所以电器设备的绝缘及结构均须特殊考虑。为此,电器设备在构造上分成户内用和户外用两种类型,选用时应当注意。

4.7.2　在短路情况下的热稳定性校验

电器的导电部分由各种金属导电材料做成,各种材料的导体在短路时的最高允许温度 θ_{kal} 见表 3-6。对电器进行热稳定性校验就是校验该设备的载流导体在短路电流作用下不应超过最高允许温度。下面分别介绍不同电器设备的热稳定性校验公式。

4.7.2.1　高压电器的热稳定性校验

高压电器在出厂前均进行严格的抽样性能试验,其中包含热稳定性试验和动力稳定性试验。

某些高压电器,例如断路器、隔离开关、负荷开关、电抗器、套管绝缘子等,经过抽样热稳定性试验后,均规定出在 t 秒钟内的热稳定电流 $I_h(kA)$。在选择这类电器并进行热稳定性校验时,根据第三章第六节分析过的理论,可以应用下面公式来判断其热稳定性是否符合技术要求,即:

$$I_h^2 t \geqslant I_\infty^2 t_i$$

或者
$$I_\infty \leqslant I_h \sqrt{\dfrac{t}{t_i}} \qquad (4\text{-}46)$$

式中　I_h——制造厂规定的在 t 秒内的热稳定电流,kA,这个电流是在指定时间 t 秒内不使电器任何部分加热到超过所规定的最高允许温度 θ_{kal} 的电流;

　　　t——与 I_h 相对应的时间,s,通常规定为 1s、4s、5s 或 10s;

　　I_∞,t_i——短路电流的稳态值及短路电流的假想时间。

对少量高压电器如电流互感器,在技术习惯上规定了在 t 秒内的热稳定倍数 K_h,它的物理意义是指在规定的时间 t 秒内,热稳定电流与电流互感器的额定一次侧电流之比,即 $K_h = I_h / I_{N1}$。因此对这类高压电器进行热稳定性校验时,应该采用下面公式判断,即:

$$(K_h \cdot I_{N1})^2 \cdot t \geqslant I_\infty^2 t_i$$

或者
$$I_\infty \leqslant K_h \cdot I_{N1} \sqrt{\dfrac{t}{t_i}} \qquad (4\text{-}47)$$

式中　K_h——t 秒内的热稳定倍数,见本书附表 10 至附表 13;

　　　　t——与所规定 K_h 的对应时间,通常 $t = 1s$。

4.7.2.2　母线及电缆的热稳定性校验

对母线、电缆进行热稳定性校验的依据是,当最大可能的三相短路稳态电流 I_∞(kA) 在假想时间 t_i(s) 内持续通过时,母线或电缆是否具有能保证热稳定性的最小截面 S_{min} (mm^2)。下面对校验公式加以分析。

在讨论短路电流的热效应时,我们曾推导出公式(见公式 3-71)

$$\frac{I_\infty^2}{S^2} t_i = A_K - A_W$$

如果认为导体在短路电流的作用下最后达到的温度就是导体短路时发热的最高允许温度 θ_{kal},并且设导体在正常电流情况下的工作温度为 θ_W,则上述公式中的 S 就是该导体保证热稳定的最小截面,所以上式可以改写成:

$$\frac{I_\infty^2}{S_{min}^2} t_i = A_{kal} - A_W$$

即
$$S_{min} = I_\infty \sqrt{\frac{t_i}{A_{kal} - A_W}} = \frac{I_\infty}{C} \sqrt{t_i} \tag{4-48}$$

式中　A_{kal}——对应于短路时导体允许最高温度 θ_{kal} 的计算值;

　　　　A_W——对应于短路前导体的初始工作温度 θ_W 的计算值;

　　　　C——计算系数,$C = \sqrt{A_{kal} - A_W}$。

A_{kal} 和 A_W 值可以计算,也可由图 3-17 的曲线求得。为此必须知道导体在短路前的起始工作温度 θ_W,该值可由下式求出:

$$\theta_W = \theta_0 + (\theta_{al} - \theta_0)\left(\frac{I_W}{I_{al}}\right)^2 \tag{4-49}$$

式中　I_{al}——正常工作时导体长期允许工作电流,A;

　　　　θ_{al}——长期允许发热温度,℃,θ_{al} 值见表 4-8;

　　　　I_W——导体实际工作电流,A;

　　　　θ_0——周围介质温度,℃,其值见表 4-8。

表 4-8　导体长期允许发热温度及周围介质计算温度

导线种类	周围介质温度 θ_0/℃		长期允许发热温度 θ_{al}/℃
	空气中	土或水中	
母线及裸导线	25		70
橡皮绝缘电缆及电线	25	15	65
聚氯乙烯绝缘电缆及电线	25	15	65
1～3kV 纸绝缘电缆	25	15	80
6kV 纸绝缘电缆	25	15	65
10kV 纸绝缘电缆	25	15	60
20～30kV 纸绝缘电缆	25	15	60
交联聚乙烯绝缘电缆	25	15	80

如果母线或电缆的实选截面 $S(\mathrm{mm}^2)$ 比按公式(4-48)所算得的 $S_{\min}(\mathrm{mm}^2)$ 大,则说明所选的截面 S 确能保证热稳定性。

4.7.3 在短路情况下的力稳定性校验

当巨大的短路电流通过电器的导电部分时,会产生很大的电动力,电气设备可能受到严重破坏。所以各种电器制造厂所生产的电器,都用一个最大允许电流的幅值 $i_{\max}$ 或有效值 $I_{\max}$ 来表示其电动力稳定的程度,电器通过此电流时不致因电动力而损坏。选择电器校验其力稳定时应满足的条件是:

$$I_{\max} \geqslant I_{\mathrm{sh}} \tag{4-50}$$

$$i_{\max} \geqslant i_{\mathrm{sh}} \tag{4-51}$$

式中　$I_{\max}$、$i_{\max}$——制造厂经过性能试验规定电器允许通过的最大电流的有效值及幅值,
　　　　　　　　　在此电流的作用下电器不变形、不被破坏。

　　　I_{sh}、i_{sh}——按三相短路情况计算所得的短路冲击有效值和冲击电流峰值。

各种高压电器在短路时的力稳定计算分述如下。

4.7.3.1　断路器、负荷开关、隔离开关及电抗器的力稳定计算

这几种电器的力稳定校验比较简单,直接按公式(4-50)及公式(4-51)校验即可,其中 $I_{\max}$ 及 $i_{\max}$ 由各类电器的产品目录查得,I_{sh} 及 i_{sh} 则对电器所在电路进行短路电流计算得到。

4.7.3.2　电流互感器的力稳定计算

电流互感器在短路电流作用下也受到大的电动力,应保证它不受到电动力的破坏。在电流互感器中共有两种电动力:

(1)电流互感器同一线圈(例如电流互感器的一次线圈或二次线圈)中的一部分匝数与另一部分匝数的作用力,不同线圈间(原副线圈间)的作用力,以及原线圈首尾出线端的互相作用力,此类作用力称为内作用力;

(2)异相电流间所产生的外作用力,此作用力与电流互感器安装的情况有关。

电流互感器的电动力稳定性用动稳定倍数来表示。动稳定倍数 K_{mo} 是指互感器所能承受的不致遭到破坏的最大电流瞬时值($i_{\max}$)与互感器的一次额定电流的幅值($\sqrt{2}\,I_{\mathrm{N1}}$)的比,即

$$K_{\mathrm{mo}} = \frac{i_{\max}}{\sqrt{2}\,I_{\mathrm{N1}}} \tag{4-52}$$

根据力稳定的一般条件,则校验电流互感器内部电动力稳定性的公式为:

$$\left. \begin{array}{l} K_{\mathrm{mo}} \cdot \sqrt{2}\,I_{\mathrm{N1}} \geqslant i_{\mathrm{sh}} \\ i_{\max} \geqslant i_{\mathrm{sh}} \end{array} \right\} \tag{4-53}$$

或者

4.7.3.3　母线的力稳定计算

当短路电流通过母线时,如电动力超过允许值,会使母线发生弯曲形变甚至破坏,故应校验母线的动稳定性。因为母线安装方式的不同(例如矩形母线立放或平放),所以在校验其所受电动力作用的大小时,考虑的因素也稍有不同。

如图4-22所示,三根单条立放母线,当发生三相短路时,已知其中间相受力最大。这时

母线在一个跨距 l 的受力(见第三章第六节)为:

$$F = 1.732 \times 10^{-7} K_f i_{sh}^2 \frac{1}{a} \quad (N) \tag{4-54}$$

式中 K_f——母线的形状系数。

母线中通过的电流增大或发生短路电流时,其本身温度升高因而长度增加。为了使母线能自由伸长,在配电装置中的母线不能硬性固定在每个支持绝缘瓷瓶上,而使母线在纵向有自由延伸的可能。如果母线很长时,则还可以将母线分段,段间用挠性铜片连接,以增加其纵向自由度。因此,当母线受电动力的作用时,可将母线看作是一根均匀荷重的梁,其弯曲力矩值可以根据材料力学中的公式求得。当跨距在两个以上时,最大弯曲力矩为:

$$M = \frac{Fl}{10} \tag{4-55a}$$

式中 l——母线的跨距,m;

F——长度为一个跨距的一段母线所受的电动力,N。

若仅有两个跨距,则为:

$$M = \frac{Fl}{8} \tag{4-55b}$$

母线材料在弯曲时的机械应力为:

$$\sigma = \frac{M}{W} \tag{4-56}$$

式中 W——对垂直于电动力作用方向的轴而言的母线抗弯矩,m³。

对于截面形状不同和放置方法不同的母线,其抗弯矩 W 的公式可由图4-23中查得。

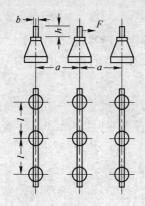

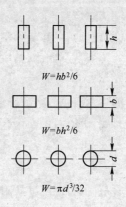

图4-22 立放的母线　　　　图4-23 母线不同放置时的弯曲力矩

在短路时母线所受的机械应力 σ 应该小于母线材料的允许应力,这样母线才不会因弯曲变形而遭致破坏,故

$$\sigma_{al} \geqslant \sigma \tag{4-57}$$

式(4-57)中 σ 为由计算得出的机械应力。母线材料的允许应力 σ_{al} 为:铜137MPa;铝41~69MPa;钢157MPa。如果在短路时由计算所得的母线的 σ 大于 σ_{al},则必须减小 σ,减小 σ 可采取下列措施:变更母线的放置方式(由立放改为平放);增大相间距离;减小母线的跨距;增大母线的截面;改变母线所用的材料等。限制短路电流能使 σ 大大减小,但采取限制

短路电流的方法时需要综合考虑其他电器设备的限流措施。母线由立放改成平放后,因平放的母线抗弯矩 W 较大,所以可使 σ 大为减小,此法在母线安装时通过改变安装工艺即可实施,但平放母线散热效果不如立放好。增大相间距离 a 可使 σ 成正比的减小,但增大相间距离的方法,将使配电装置的尺寸增大。减小跨距 l 时,由于 σ 与 l 的平方成正比,所以效果较好,但此时支持绝缘瓷瓶的用量增加。增大母线截面,可使抗弯矩增大,因而使 σ 减小,但有色金属的消耗量增加。具体设计计算时应根据方案的技术经济比较而采取相应的措施。

以上是每相为单条的母线在短路电流的作用下机械应力的校验及计算方法。对每相有两条以上的组合母线的短路校验计算方法,在此不作详述,可参考有关设计手册。

4.7.4 高压开关设备的断路能力校验

高压开关设备(包括断路器、负荷开关、自动空气开关和熔断器)必须具备在短路状态下切断故障电流的能力。制造厂一般在产品目录中提供断路器及自动开关等在其额定电压下的允许切断电流 I_{NOFF} 和允许切断的短路容量 S_{NOFF} 的数据。I_{NOFF} 又称遮断电流,S_{NOFF} 又称遮断容量。在选择这些电器时,必须根据它们的主要用途——切断短路电流的能力进行校验,以保证开关设备能安全可靠地将供电线路中发生的短路电流切断。现在以高压断路器为例来说明开关设备断路能力校验的有关问题。

依照安全可靠切断短路电流的条件选择断路器时,应以断路器触头在开始分开瞬间的短路电流有效值为依据,即

$$I_{NOFF} \geqslant I_{Kt} \approx I'' \tag{4-58}$$

或
$$S_{NOFF} \geqslant S_{Kt} \tag{4-59}$$

式中　I_{NOFF}、S_{NOFF}——开关的额定遮断电流,kA,以及额定遮断容量,MV·A;

　　　　I_{Kt}、S_{Kt}——电力系统在 t 秒时(开关设备的断开时间)的三相短路电流,kA,以及短路功率,MV·A。

为了求得 I_{Kt} 及 S_{Kt},必须确定断路器的断开时间,即从发生短路到断路器断开故障电路的这一段时间。此时间也叫计算时间 t_{ca},它是继电保护整定时间 t_p 和断路器本身固有分闸时间 t_{in} 的总和,即

$$t_{ca} = t_p + t_{in} \tag{4-60}$$

开关固有分闸时间 t_{in} 可从附表 4~6 查得,t_p 数值应根据与断路器配合的继电保护的整定时间来确定。当进行技术设计时如无确切的数据,可以取 0.05s。时间选得小,则切断短路电流大,比较安全。

切断时间小于 0.1s 的断路器,在计算时间内还应考虑短路电流非周期分量的存在,在实际计算中,利用下式确定短路电流的有效值,即

$$I_{Kt} = \alpha_t I_{pt} \tag{4-61}$$

式中　I_{pt}——短路电流周期分量有效值;

　　　α_t——系数,当 $t = 0.05$s 时,$\alpha_t = 1.1$;当 $t = 0.1$s 时,$\alpha_t = 1$。

例 4-4　选择容量为 5600kV·A,电压为 35/6kV 变压器二次侧的断路器(图 4-24)。已知在 d 点发生三相短路时有:

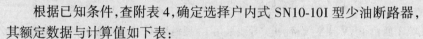

$$I_{pt} = 11.41\text{kA}; I_{0.2} = 11.41\text{kA}; I_{sh} = 17.2\text{kA}; i_{sh} = 28.9\text{kA}; S_{0.2} = 124.5\text{MV} \cdot \text{A}$$

继电保护动作时间 $t_p = 3.2\text{s}$；开关固有分闸时间 $t_{in} = 0.2\text{s}$。

解 根据变压器额定容量，首先算出变压器最大工作电流：

$$I_{max} = \frac{5600}{\sqrt{3} \times 6} = 540 \quad （\text{A}）$$

短路电流通过的计算时间为： $t_{ca} = 3.2 + 0.2 = 3.4$ （s）

由于 $t_{ca} > 1\text{s}$，所以短路电流的非周期分量可以不计，由题所给条件知 $\beta'' = 1$，故假想时间 $t_i \approx 3.4\text{s}$。

根据已知条件，查附表 4，确定选择户内式 SN10-10I 型少油断路器，其额定数据与计算值如下表：

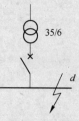

图 4-24 例 4-4 的电路图

SN10 – 10I 型开关技术数据		计 算 数 据	
额定电压	10kV	电压	6kV
额定电流	600A	最大工作电流	540A
额定遮断电流	20.2kA	$I_{0.2}$	11.41kA
额定遮断容量	200MV·A①	$S_{0.2}$	124.5MV·A
极限峰值电流	52kA	i_{sh}	28.9kA
$I_h^2 \cdot t = (20.2)^2 \times 4 = 1632$		$I_{pt}^2 \cdot t_i = (11.41)^2 \times 3.4 = 442$	

①为 6kV 时的额定断开容量。

结论： 由上表知所选的开关技术数据大于计算值，所以选出的少油断路器可以长期安全可靠地工作。

习 题

4-1 工业企业变电站有几种类型，它们在供电系统中的作用是什么？

4-2 确定变电站的位置时应考虑哪些原则？

4-3 断路器和隔离开关的作用是什么，在送电线路合闸与分闸过程中应如何操作这两种开关？

4-4 什么是变压器的额定容量，在确定车间变电站变压器的容量时应如何考虑变压器的负荷能力？

4-5 什么叫变电站的主结线，总降压变电站常用的主结线有哪几种？并画图说明之。

4-6 内桥式主结线和外桥式主结线有何区别，它们各适用于什么场合？

4-7 某车间的供电系统如图 4-25 所示，各用电设备组 L-1 干线上 A、B、C 各段干线的负荷如下表所示。各段干线均采用 BLV 型铝芯塑料绝缘线敷设在绝缘子上，所有电动机支线均采用 BLV 型导线穿管敷设。厂房的空气温度为 27℃。试按发热条件选择 A、B、C 各段干线和各支线截面及熔体的额定电流（假设熔断器采用 RT0 型）。

No.1 用电设备组 电动机	No.2 用电设备组 电动机	No.3 用电设备组 电动机	A 段干线	B 段干线	C 段干线
8 台,7kW 电动机 $U_N = 380\text{V}$ $\eta_N = 0.855$ $\cos\varphi = 0.81$ $K_{st} = 5.5$ 持续工作制 轻负荷机床	5 台,10kW 电动机 $U_N = 380\text{V}$ $\eta_N = 0.86$ $\cos\varphi = 0.82$ $K_{st} = 5$ 持续工作制 轻负荷机床	3 台,20kW 电动机 $U_N = 380\text{V}$ $\eta_N = 0.88$ $\cos\varphi = 0.82$ $K_{st} = 4.5$ 持续工作制 轻负荷机床	$P_{ca} = 83.2\text{kW}$ $S_{ca} = 128\text{kV} \cdot \text{A}$ $I_{ca} = 194\text{A}$	$P_{ca} = 52.6\text{kW}$ $S_{ca} = 81\text{kV} \cdot \text{A}$ $I_{ca} = 123\text{A}$	$P_{ca} = 32\text{kW}$ $S_{ca} = 49.3\text{kV} \cdot \text{A}$ $I_{ca} = 75\text{A}$

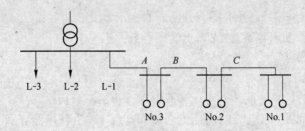

图 4-25 某车间低压配电线路图

4-8 某工厂的几个车间由 10kV 架空线路供电,导线采用 LJ 型铝绞线,呈三角形布置,线间距离为 1m,允许电压损失百分数 $\Delta U\% = 5$,各段干线的截面相同,各车间的负荷及各段线路长度如图 4-26 所示。试选择架空线路的导线截面。

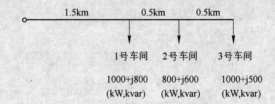

图 4-26 习题 8 图

4-9 从地面变电站架设一条 10kV 架空线路向两个井口供电,导线采用 LJ 型铝绞线,呈三角形布置,线间距离为 1m,线路长度及各井口负荷如图 4-27 所示,各段干线的截面为 35mm²,试计算线路的电压损失。

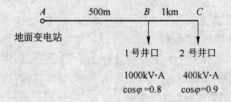

图 4-27 习题 9 图

4-10 在例 4-3 及图 4-20 中,已知 c 点支线的负荷为 $S_c = 3380 + j2210 \text{kV} \cdot \text{A}$;$d$ 点支线的负荷为 $S_d = 3900 + j3000 \text{kV} \cdot \text{A}$,其他条件与例 4-3 相同,干线 AB 的型号和截面是 LJ-95。试求电力网中的功率分布以及其中最大的电压损失。

4-11 在 4-8 题及图 4-26 中,已知 1 号车间的负荷为 $1500-j1200 \text{kV} \cdot \text{A}$,2 号车间的负荷为 $1200-j900 \text{kV} \cdot \text{A}$,3 号车间的负荷为 $1500-j750 \text{kV} \cdot \text{A}$,其他条件与图 4-26 相同。试选择架空线路的导线截面。

4-12 试选择装设于变电站某一条 10kV 线路上的断路器。线路工作电流为 350A,在线路上装设延时为 2s 的过电流保护装置,线路上的三相短路电流值列于下表。

短路电流/kA	I_∞	$I_{0.2}$	I''	i_{sh}
数据	8.55	13.7	20.25	50.5

4-13 在 6kV 配电装置中,联结母线用矩形铜母线,其截面为 40mm×5mm。如已知母线上的短路电流值为:$I'' = 46kA$;$I_\infty = 30kA$。给母线馈电的总断路器所配用的继电保护作用时间为 0.5s。试校验该配电装置中母线的热稳定性。

4-14 10kV 配电装置铜母线的截面为 40mm×5mm,短路的冲击电流为 $i_{sh} = 116500A$,母线中心距为 40cm。母线放置方式为平放。试根据母线在短路情况下的机械强度确定绝缘子间的最大允许跨距。

4-15 试研究如图 4-28 的三角形配置的母线的应力计算方法。三相母线间的相间距离分别为 x、y、z。每相的母线立放在绝缘瓷瓶上。如果每相的母线平放在绝缘瓷瓶上,母线的应力计算方法如何？试与立放时的应力进行比较。

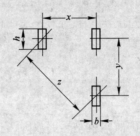

图 4-28 三角形配置的母线

5 工业企业供电系统的保护装置

工业企业供电系统在运行中可能发生故障和不正常运行情况,如不及时处理,就会造成更严重的后果,另外内部或外部的过电压也会对设备造成损害,因此为保证供电系统的正常运行,装设各种保护装置是十分必要的。

5.1 继电保护装置概述

工业企业供电系统中,最常见的故障就是短路故障,它可使电气设备由于受短路电流的电动力和热作用而损坏,甚至使整个系统运行紊乱。因此,一旦发生短路,必须尽快将故障元件切除,以防故障蔓延。另外,供电系统运行中还会发生不正常运行情况(主要是过负荷),如不及时发现和消除,往往会导致事故发生。继电保护装置就是一种由电流互感器和继电器等元件组成的、能够快速发现并切除故障和预报不正常运行状态的装置。它和供电系统的其他自动装置(如自动重合闸,备用电源自动投入等)相配合,可大大缩短事故停电时间,提高供电系统运行的可靠性。

5.1.1 对继电保护装置的基本要求

根据继电保护装置所担负的任务,它应满足以下四个基本要求:

5.1.1.1 选择性

当供电系统发生故障时,继电保护装置只把故障部分切除,而保证无故障部分继续运行,这种性能称为选择性。图 5-1 可用来说明继电保护装置的选择性。

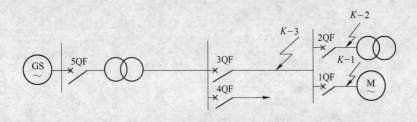

图 5-1　继电保护装置动作选择性示意图

当 K-1 点短路时,继电保护装置只应使断路器 1QF 跳闸,切除故障电机 M,而其他断路器都不应跳闸;同样当 K-3 点短路时,也只应由断路器 3QF 跳闸切除故障线路。但当 K-1 点发生短路时,若由于某种原因断路器 1QF 拒绝动作,则 3QF 处的保护就对其下一级线路起着后备保护的作用,在这种情况下,3QF 的动作应视为是有选择性的。

5.1.1.2 快速性

供电系统发生故障时,快速切除故障可以减轻短路电流对电气设备的破坏程度,加速恢复供电系统的正常运行,减小对设备运行的影响。因此,继电保护装置应力求动作迅速。但在快速性与选择性发生矛盾时,应首先满足选择性要求,然后再考虑快速性。

5.1.1.3 可靠性

保护装置应随时处于准备动作状态,一旦其保护区内发生故障或不正常运行状态时,它不应拒绝动作或误动作。因为保护装置的拒动或误动,都将使系统事故扩大,给企业带来严重损失。为提高可靠性,首先应采用高质量的继电器等元件;其次保护装置的接线应力求简单,以减少继电器及触点数目;另外,还应正确地设计、调试和安装,并做好维护和管理工作。

5.1.1.4 灵敏性

保护装置对其保护区内发生的故障或不正常运行状态,无论其位置如何,程度轻重,均应敏锐反应并保证动作,这种性能称为灵敏性。各种保护装置的灵敏性常以灵敏度来衡量。其具体定义和规定,将结合具体保护分别讨论。

5.1.2 常用保护继电器——电磁式电流继电器

继电保护装置中的主要元件是继电器,继电器的种类繁多,可分类如下:

按其反应的物理量分,继电器有电流继电器、电压继电器、功率继电器、瓦斯继电器、温度继电器和时间继电器等。

按其反应的参量变化情况分,继电器有过量继电器和欠量继电器,如过电流继电器,欠电压继电器等。

按其在保护装置中的功能分,继电器有启动继电器、时间继电器、信号继电器和中间继电器或出口继电器等。

按其组成元件分,继电器有机电型和晶体管型两大类。机电型继电器简单可靠而且使用经验成熟,所以仍在供电系统中广泛应用,这类继电器按其结构原理,以可分为电磁式和感应式等种类。晶体管继电器随着电子技术的发展,近年来也得到了广泛的应用,另外,微处理器也在继电保护装置中开始应用。

按其作用于断路器的方式分,继电器有直接动作式和间接动作式两类。按其接入一次线路的方式分有一次式和二次式两类。一次式继电器线圈与一次线路直接相连,而二次式继电器线圈接在电流或电压互感器的二次侧,通过互感器与一次侧相连。目前企业应用最广泛的是二次式间接作用的继电器。

下面就工业企业供电系统中常用的保护继电器——电磁式电流继电器做些简单介绍。

电磁式电流继电器属于电磁式继电器的一类,而电磁式继电器基本结构有三种,如图5-2所示。每一种均由铁心 1,可动衔铁 2,接点 3 及反作用力弹簧 4 组成。当电磁铁线圈通入电流 I_R 时,产生磁通 Φ 并使衔铁磁化,产生电磁力 F 吸动可动衔铁使接点闭合。在铁心未饱和前,有下式成立:

$$F = K_1 \Phi^2 = K I_R^2 \tag{5-1}$$

要使继电器动作,必须使线圈中电流 I_R 增大到一定程度,产生的吸力 F 超过弹簧和摩擦的反抗力,铁心方可吸动衔铁,使接点闭合。

电磁式电流继电器在继电保护装置中,通常用作启动元件,因此又称"启动继电器"。工

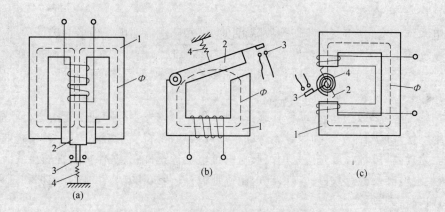

图 5-2 电磁式继电器结构原理图

(a)螺管线圈式;(b)舌门式;(c)Z形舌片式

1—铁心;2—可动衔铁;3—接点;4—反作用力弹簧

业企业供电系统中常用的 DL-10 系列电磁式电流继电器基本结构如图 5-3 所示。

当继电器线圈 1 通过电流时,电磁铁 2 中产生磁通,使 Z 形钢舌片 3 向磁极偏转,而轴 4 上的反作用弹簧 5 则阻止钢舌片的偏转。当继电器线圈中的电流增大到使钢舌片所受转矩大于弹簧的反作用力矩时,钢舌片被吸近磁极,使常开触点 7、8 闭合,这就称为继电器的动作或启动。能使继电器动作的最小电流,称为继电器的动作电流,用 I_{op} 表示。

继电器动作后,若线圈中电流减小到一定值时,钢舌片由于电磁力矩小于弹簧的反作用力矩而返回起始位置,常开触点打开。能使继电器由动作状态返回到起始位置的最大电流,称为继电器的返回电流,用 I_{re} 表示。

继电器的返回电流与动作电流之比,称为继电器的返回系数,用 K_{re} 表示,即

$$K_{re} = I_{re}/I_{op} \qquad (5-2)$$

对于过量继电器,K_{re} 总是小于 1,(对 DL 型

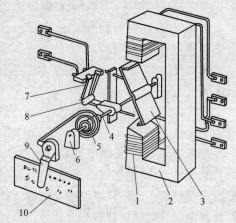

图 5-3 DL—10 系列电磁式电流继电器的内部结构

1—线圈;2—电磁铁;3—钢舌片;4—轴;5—反作用力弹簧;6—轴承;7—静触点;8—动触点;9—启动电流调节转杆;10—标度盘(铭盘)

可取 0.85),K_{re} 越接近于 1,继电器质量越高,反应越灵敏。增大钢舌片与磁极间距离,可提高返回系数。

继电器动作电流有两种调节方法:一种是转动调节压杆 9,改变弹簧 5 的反作用力矩,实现平滑调节。另一种是改变线圈 1 的连接方式(串联或并联),实现成倍调节。

电磁式电流继电器的优点是消耗功率小,灵敏度高,动作迅速(0.02～0.04s);缺点是触点容量小,不能直接用于断路跳闸。

电磁式电压继电器结构及原理与电流继电器基本相同,只是线圈匝数多,阻抗大,反应

的参量是电压。常用的是 DJ-100 系列。此外,在工业企业供电系统中,常用来使保护装置获得规定延时的是 DS-110/120 系列电磁式时间继电器,常用作辅助继电器的是 DZ-10 系列中间继电器,常用来给出指示信号的是 DX-11 型电磁式信号继电器。在工业企业特别是中、小企业供电系统中,感应式电流继电器被广泛应用于过电流保护。因为它兼有电磁式电流继电器、时间继电器、中间继电器和信号继电器的功能,从而使保护装置元件减少、线路简化,常用的是 GL-10/20 系列感应式电流继电器。这些继电器的结构和基本原理可参阅有关的供电系统继电保护的专门书籍。

5.1.3　电流互感器的极性与接线方式

5.1.3.1　电流互感器的极性

为了正确接线和便于分析问题,电流互感器一次和二次线圈的引出端子要标示极性。通常可任选一次线圈的一个端子为始端 L_1,另一端子为终端 L_2,则一次电流 $\dot{I}_1$ 瞬时由始端 L_1 流向终端 L_2。然后将相应二次电流 $\dot{I}_2$ 流出的二次线圈端子标注为始端 K_1,另一端为 K_2,并将一、二次线圈中同名端子用符号"＊"表示。如图 5-4(a)、(b)所示。按这种方法标示的极性关系,称为减极性。这样,从同名端 L_1 和 K_1 来看,电流 $\dot{I}_1$ 和 $\dot{I}_2$ 方向相反($\dot{I}_1$ 流入,$\dot{I}_2$ 流出),但从与之相连的继电器来看,流过其线圈的电流方向,与取消互感器将继电器直接串联在一次电路中电流方向相同,如图 5-4(b)所示。

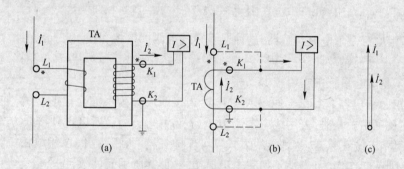

图 5-4　电流互感器的极性与原副路电流向量图

另外,忽略励磁电流的理想电流互感器,其铁心中合成磁势应为一、二次线圈安匝数之差,即

$$\dot{I}_1 W_1 - \dot{I}_2 W_2 = 0$$

故

$$\dot{I}_2 = \frac{W_1}{W_2}\dot{I}_1 = \frac{\dot{I}_1}{K_{TA}}$$

或

$$\dot{I}_1 = K_{TA}\dot{I}_2 \tag{5-3}$$

式中　K_{TA}——电流互感器的变比,$K_{TA} = \dfrac{W_2}{W_1}$。

显然,此时一次电流 $\dot{I}_1$ 和 $\dot{I}_2$ 相位相同,因此可以用同一个方位的向量来表示。如图 5-4(c)所示,从而给分析问题带来很大方便。

为安全起见,电流互感器二次线圈的一端和铁心必须直接接地。

5.1.3.2 电流互感器与继电器的接线方式

为了表述流过继电器线圈的电流 I_R 与电流互感器二次侧电流 I_2 的关系,特引入一个接线系数 K_w:

$$K_w = \frac{I_R}{I_2} \tag{5-4}$$

(1)三相三继电器式接线　三相三继电器式接线又称为完全星形接线,如图 5-5 所示。显然,这种接线方式的 $K_w = 1$。

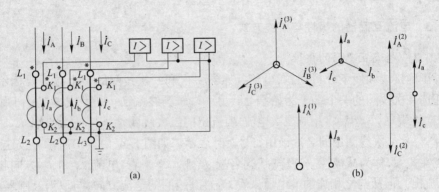

图 5-5　三相三继电器式(完全星形)接线及其向量图
(a)接线电路图;(b)在各种短路状态下一次电流与二次电流的向量图

由于每相均有一个电流互感器,这种接线方式可保护单相、两相和三相短路。但它需用的元件数目多,投资大,所以主要用于大接地电流系统中作为相间短路和单相接地短路的保护,在工业企业供电系统中应用较少。

(2)两相两继电器式接线　两相两继电器式接线又称为不完全星形接线,如图 5-6 所示。在正常及三相短路时,公用线中电流 $\dot I_0 = (\dot I_a + \dot I_c) = -\dot I_b$,所以这种接线方式的 $K_w = 1$。由于中间相未接互感器,这种接线方式仅可保护三相、两相及 A、C 相单相短路,而对 B 相单相短路则不起作用,可靠性不如完全星形接线,但其所用元件数目少,较为经济,因此广泛应用于工业企业中性点不接地电网中作为相间短路的保护。

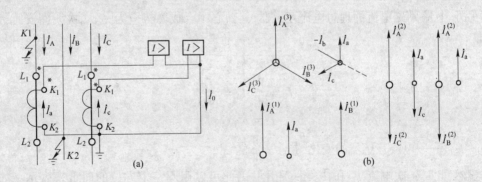

图 5-6　两相两继电器式(不完全星形)接线及其向量图
(a)接线电路图;(b)在各种短路状态下一次电流与二次电流的向量图

(3)两相单继电器式接线　两相单继电器式接线又称为两相差流接线,如图 5-7 所示。它的特点是流入继电器的电流为两相电流互感器二次电流的向量差,即 $\dot{I}_R = \dot{I}_a - \dot{I}_c$。

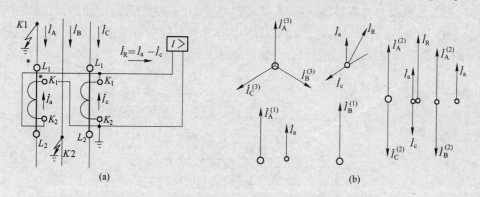

图 5-7　两相单继电器式(两相差流)接线及其向量图
(a)接线电路图;(b)在各种短路状态下一次电流与二次电流的向量图

在正常运行或三相短路时,由向量图可知流经继电器的电流是互感器二次电流的 $\sqrt{3}$ 倍,即此时 $K_w = \sqrt{3}$。在装有电流互感器的 A、C 两相短路时,由于 A、C 两相短路电流大小相等,相位差为 $180°$,所以流入继电器的电流是互感器二次电流的 2 倍,即此时 $K_w = 2$。当装有电流互感器的一相(A 或 C)与未装的中间相 B 发生两相短路时,流经继电器的电流只有一相(A 或 C)互感器的二次电流,故此时 $K_w = 1$。当未装互感器的中间相 B 发生单相接地短路时,保护装置不起作用。

由以上分析可见,这种接线方式虽然节约投资,但对不同类型故障的接线系数不同,即灵敏度不同,而且不能保护单相接地短路,故只适用于 10kV 以下小接地电流系统中,作为线路或高压电动机的保护。

5.2　工业企业高压配电网的继电保护

工业企业 6～10kV 高压配电网一般都属于中性点不接地系统,即小接地电流的单端供电网络,厂区内线路距离不长,所以线路保护也不复杂。常用的保护装置有:带时限的过电流保护、电流速断保护、低电压保护、中性点不接地系统的单相接地保护以及由双电源供电时的功率方向保护等。

5.2.1　过电流保护

当流过被保护元件中的电流超过预先整定的数值时就使断路器跳闸的保护装置,称为过电流保护装置。按其动作的时限特性,可分为定时限和反时限两种。

5.2.1.1　定时限过电流保护装置

定时限就是保护装置的动作时间固定不变,与故障电流大小无关。

(1)保护装置的组成与工作原理　保护装置的原理电路如图 5-8 所示。正常运行时,KA1、KA2、KT、KS 的触点都是断开的,当保护区内一次电路发生故障时,KA1 或 KA2 瞬时动作,闭合其触点,使时间继电器 KT 启动,经过整定时限后,其延时触点闭合,使串联的信号继电器 KS 和中间继电器 KM 动作。KS 动作后,指示牌掉下,同时接通信号回路,发出灯光和音响信号;KM 动作后,由于断路器 QF 的跳闸线圈 YR 通电,其跳闸铁心动作使断路器跳闸,切除故障部分。断路器跳闸时,其辅助触点 QF 随之断开跳闸回路,以减轻中间继电器触点的工作。在故障切除后,保护装置中除 KS 外其他所有继电器均自动返回起始状态,而 KS 则需手动复位或远方复位。

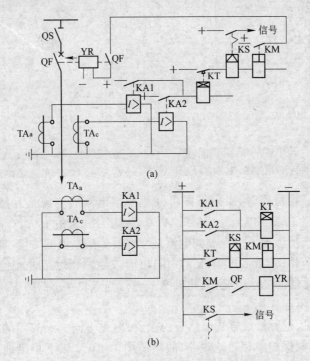

图 5-8 定时限过电流保护的原理电路图

(a)电路图(按集中表示法绘制);(b)展开图(按分开表示法绘制)

QF—断路器;TA—电流互感器;KA—DL 型电流继电器;

KT—DS 型时间继电器;KS—DX 型信号继电器;

KM—DZ 型中间继电器;YR—跳闸线圈

(2)保护装置动作电流的整定　能够使保护装置启动的流经电流互感器一次侧(即流经被保护线路)的最小电流值,称为一次侧动作电流,用 I_{op1} 来表示。与其相对应的是二次侧动作电流,即电流继电器的动作电流 I_{op},二者关系为:

$$I_{op} = K_w \frac{I_{op1}}{K_{TA}} \tag{5-5}$$

式中　K_{TA}、K_w——电流互感器的变比和接线系数。

动作电流整定应考虑两方面。首先,当线路上出现最大负荷电流(过负荷时尖峰电流)时,保护装置不应动作,即:

$$I_{op1} > I_{wL \cdot max}$$

式中　$I_{wL \cdot max}$——线路最大负荷电流,一般取 $(2 \sim 3) I_{30}$。

其次,当保护装置被其主保护区外的短路故障启动作为后备保护时,应保证在外部短路被其主保护切除后,保护装置应能可靠返回,不应误动作,即

$$I_{re} > K_w \frac{I_{wL \cdot max}}{K_{TA}}$$

或

$$I_{re} = K_{co} K_w \frac{I_{wL \cdot max}}{K_{TA}} \qquad (5\text{-}6)$$

式中 K_{co}——可靠系数，一般取 1.15~1.25。

考虑继电器返回系数 $K_{re} = \dfrac{I_{re}}{I_{op}}$，则电流继电器的动作电流为：

$$I_{op} = \frac{I_{re}}{K_{re}} = \frac{K_{co} K_w}{K_{re} K_{TA}} I_{wL \cdot max} \qquad (5\text{-}7)$$

相应的保护装置动作电流为：

$$I_{op1} = \frac{I_{op}}{K_w} K_{TA} = \frac{K_{co}}{K_{re}} I_{wL \cdot max} \qquad (5\text{-}8)$$

(3)保护装置动作时限的整定　在单端供电系统中，每一段线路均装设各自的过电流保护装置于线路段的始端，如图 5-9(a)所示。

由于每段线路的保护装置既作为本段线路的基本保护，又作为下一段线路的后备保护，为保证动作的选择性，保护装置的动作时限是按时间阶梯的原则来选择的，如图 5-9(b)所示。当 K—1 点发生短路时，短路电流有可能使装设于电源至短路点间的所有保护装置启动(大于其动作电流时)。但由于 KA2 的动作时限最短，所以它最先动作使 QF2 跳闸，不会使 QF1 跳闸，这就保证了动作的选择性。对于电磁式电流继电器，时限阶段差 Δt 一般取 0.5s。

(4)保护装置的灵敏度　过电流保护的灵敏度 K_s 为被保护区末端最小短路电流 $I_{k \cdot min}$ 与保护装置一次动作电流 I_{0P1} 之比，即

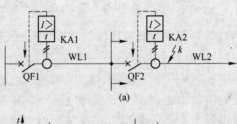

图 5-9　定时限过电流保护整定说明图
(a)电路；(b)时限整定

$$K_s = I_{k \cdot min} / I_{op1} \qquad (5\text{-}9)$$

对于中性点不接地系统，最小短路电流出现在最小运行方式下线路末端两相短路时短路电流 $I_{k \cdot min}^{(2)}$，故

$$K_s^{(2)} = \frac{I_{k \cdot min}^{(2)}}{I_{op1}^{(2)}} = \frac{K_w^{(2)} \cdot I_{k \cdot min}^{(2)}}{K_{TA} \cdot I_{op}} \geqslant 1.25 \sim 1.5 \qquad (5\text{-}10)$$

5.2.1.2 反时限过电流保护装置

反时限就是保护装置的动作时间与故障电流大小成反比关系。

(1)保护装置的组成与工作原理　反时限过电流或有限反时限电流保护由 GL 型或 LL 型电流继电器组成，其原理电路如图 5-10 所示。

图 5-10(a)为直流操作电源、两相两继电器反时限过电流保护装置原理电路图。正常运行时继电器不动作，一旦主电路发生短路，流经继电器线圈中的电流超过其整定值，继电

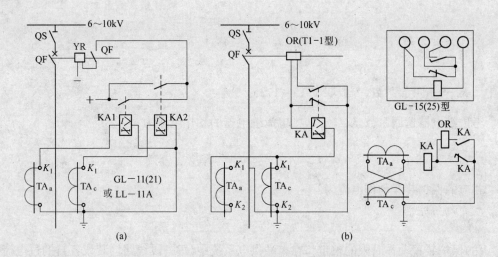

图 5-10 反时限过电流保护装置原理电路图

(a)采用两相两继电器接线直流操作电源;(b)采用两相单继电器接线交流操作电源

器铝盘轴上蜗杆与扇形齿片立即咬合启动,经反时限延时,接点闭合,使高压断路器跳闸。跳闸后,继电器中电流消失,返回原状态。

图 5-10(b)为交流操作电源、两相单继电器反时限过电流保护装置原理电路图。正常时继电器 KA 常开接点断开,交流瞬时电流脱扣器 OR 无电,不能跳闸。当保护区内一次电路发生短路时,电流经继电器 KA 的常闭触点流过其线圈启动 KA,经反时限延时后,常开触点先接通,常闭触点随后断开。此时瞬时电流脱扣器 OR 串入互感器二次回路,利用短路电流使断路器 QF 跳闸,同时,继电器发出掉牌信号。短路故障切除后,继电器 KA 和脱扣器 OR 均返回原状态,但继电器信号牌仍需手动复位或远方复位。

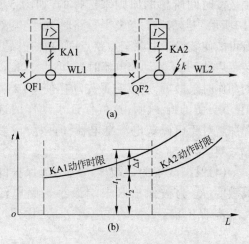

(2)保护装置动作时限与动作电流整定

反时限过电流保护各段线路动作时限仍按与阶梯原则相似的方法来整定,以保证动作的选择性,如图 5-11 所示。

图 5-11 反时限过电流保护整定说明图

(a)电路;(b)时限整定

具体整定时,由于 GL 型电流继电器的时限调节机构按 10 倍动作电流的动作时间来标度,所以要根据前后两级继电器的动作特性曲线整定,因步骤较繁琐,本书从略。

反时限过电流保护的动作电流的整定及灵敏度计算与定时限过电流保护相类似。

5.2.1.3 提高过电流保护灵敏度的措施

当过电流保护的灵敏度不满足要求时,可采用低电压闭锁来提高其灵敏度,如图 5-12 所示。

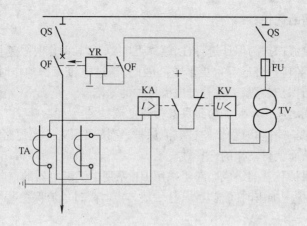

图 5-12 采用低压继电器闭锁的过电流保护原理图

QF—断路器；TA—电流互感器；TV—电压互感器；

KA—电流继电器；KV—电压继电器；YR—跳闸线圈

供电系统正常运行时，母线电压接近于额定电压，低电压继电器 KV 的触点是断开的，因而即使此时电流继电器 KA 动作使其触点闭合，断路器也不会跳闸。所以设有低电压闭锁的过电流保护装置的动作电流只需躲过线路的计算电流 I_{30}，即

$$I_{op1} = \frac{K_{co}}{K_{re}} I_{30} \tag{5-11}$$

比较式（5-8）和式（5-11）可见，采用低电压继电器闭锁后，过电流保护装置的动作电流减小，从而使保护的灵敏度得到提高。低电压继电器的动作电压按躲过（小于）正常工作时最低电压 U_{min} 来整定，即

$$U_{op} = \frac{U_{min}}{K_{co} K_{re} K_u} \approx (0.6 \sim 0.7) \frac{U_N}{K_u} \tag{5-12}$$

式中　　U_{min}——正常工作时最低电压，取 $(0.85 \sim 0.95) U_N$；

　　　　U_N——线路额定电压；

　　　　K_{co}——可靠系数，可取 1.1～1.2；

　　　　K_{re}——低电压继电器返回系数，可取 1.15～1.25；

　　　　K_u——电压互感器的变压比。

低电压继电器的返回电压也应按躲过 U_{min} 来整定。

5.2.1.4　定时限与反时限过电流保护的比较

定时限过电流保护动作时间准确，整定简便，但所需继电器数量多，接线复杂，且需直流操作电源，故投资较大，一般用于大型企业的总降压变电站主变压器和高压配电线路的保护。

反时限过电流保护所需继电器数量少，接线简单，并可采用交流操作，因而投资较少，同时它还能实现电流速断保护，因而更加经济。但其动作时间整定繁琐，且动作误差大，故一般用于中小型企业或大型企业的车间作为变压器、高压线路及电动机的保护。

5.2.2 电流速断保护

如前所述,过电流保护为保证选择性,越靠近电源端,其动作时限越长;然而短路电流则是越靠近电源端,其值越大,危害也更严重。因此,当过电流保护动作时限大于 0.5~0.7s 时,应装设电流速断保护装置,以弥补过电流保护的缺陷。

5.2.2.1 电流速断保护装置的组成及动作电流整定

电流速断保护是一种瞬时动作的过电流保护,它按照预先选定短路计算点的短路电流来整定动作电流,从而获得动作的选择性。

(1)电流速断保护装置的组成 对于采用 DL 系列电流继电器的速断保护装置来说,相当于定时限电流保护中抽去时间继电器,且一般与定时限过电流保护共用一套电流互感器,如图 5-13 所示。

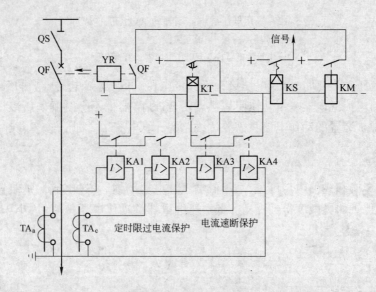

图 5-13 线路的定时限过电流保护和电流速断保护电路图

若采用 GL 系列电流继电器,则可利用其电磁元件实现电流速断保护,同时其感应元件用来实现反时限过电流保护。

(2)动作电流的整定 电流速断保护装置的动作电流 $I_{op1 \cdot qb}$ 应按躲过(即大于)其保护线路末端的最大短路电流(即三相短路电流)$I_{K \cdot max}^{(3)}$ 来整定,即:

$$I_{op1 \cdot qb} = K_{co} \cdot I_{K \cdot max}^{(3)} \tag{5-13}$$

相应的继电器动作电流为:

$$I_{op \cdot qb} = K_{co} K_w \cdot \frac{I_{K \cdot max}^{(3)}}{K_{TA}} \tag{5-14}$$

式中 K_{co}——可靠系数。对 DL 型继电器,K_{co} 取 1.2~1.3,对 GL 型继电器 K_{co} 取 1.4~1.5。

这样整定后,就能避免在后一级速断保护线路首端 K-2 点(图 5-14)发生短路时前一级速断保护的误动作(因 K-2 和 K-1 点短路电流近乎相等而致),从而保证选择性。但同时也使电流速断不能保护线路的全长,而存在着不保护区,即死区,如图 5-14 所示。另外,当系统运行方式或短路种类发生变化时,短路电流值也相应变化,从而引起保护范围的变化,所以速断保护必须与其他保护配合,不能单独使用。对于 6～10kV 线路,电流速断保护的最小保护区不应小于线路全长的 15%～20%。

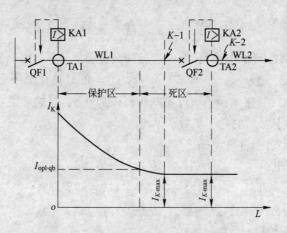

图 5-14　线路电流速断保护的保护区
$I_{K \cdot max}$—前一级保护躲过的最大短路电流;
$I_{opl \cdot qb}$—前一级保护整定的一次动作电流

5.2.2.2　电流速断保护与过电流保护的配合

为保护线路全长,电流速断保护应与定时限过电流保护相配合,如图 5-15 所示。其中 l_{02}、l_{01} 和 l_{0d} 为速断保护区,在此区速断保护为主保护,而过电流保护为后备保护。l_{t3} 和 l_{t2} 为过电流保护区,用以弥补速断保护的死区。

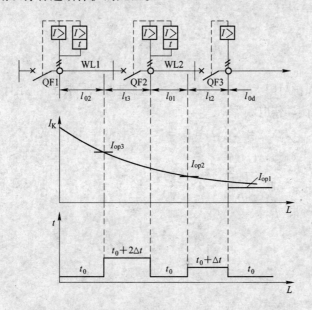

图 5-15　电流速断保护与定时限过电流保护相配合保护线路全长

5.2.2.3 电流速断保护的灵敏度

速断保护的灵敏度是系统在最小运行方式下保护安装处两相短路电流 $I_{K \cdot min}^{(2)}$ 与其动作电流 $I_{op1 \cdot qb}^{(2)}$ 之比,即:

$$K_s^{(2)} = \frac{I_{K \cdot min}^{(2)}}{I_{op1 \cdot qb}^{(2)}} = \frac{K_w \cdot I_{K \cdot min}^{(2)}}{K_{TA} \cdot I_{op \cdot qb}^{(2)}} \geqslant 1.25 \sim 1.5 \tag{5-15}$$

例 5-1 某工厂 **10**kV 供电线路的一段,已知其负荷电流为 110A,在最大运行方式下末端和始端的短路电流分别为 $I_{K1 \cdot max}^{(3)} = 2300A$, $I_{K2 \cdot max}^{(3)} = 4600A$;在最小运行方式下,$I_{K1 \cdot min}^{(3)} = 2200A$,$I_{K2 \cdot min}^{(3)} = 4400A$;线路末端出线保护动作时限为 0.5s,保护采用 DL 型电流继电器,不完全星形接线。试整定保护的各个参数。

解 (1)线路的定时限过电流保护整定如下:

取线路最大负荷电流 $I_{wL \cdot max}$ 为负荷电流的 2.5 倍,即

$$I_{wL \cdot max} = 2.5 I_{30} = 2.5 \times 110 = 275 \quad (A)$$

选用变比为 300/5A 的电流互感器,$K_{TA} = 300/5 = 60$

保护装置一次侧动作电流为:

$$I_{op1} = \frac{K_{co}}{K_{re}} \cdot I_{wL \cdot max} = \frac{1.2}{0.85} \times 275 = 388 \quad (A)$$

继电器的动作电流为

$$I_{op} = K_w \frac{I_{op1}}{K_{TA}} = 1 \times \frac{388}{60} = 6.47 \quad (A), \qquad 取 6.5 \quad (A)$$

时间继电器的整定时限取为:

$$t = t_0 + \Delta t = 0.5 + 0.5 = 1 \quad (s)$$

保护灵敏度为:

$$K_s^{(2)} = \frac{I_{K1 \cdot min}^{(2)}}{I_{op1}} = \frac{\frac{\sqrt{3}}{2} \times 2200}{388} = 4.9 > 1.5$$

(2)固定时限保护时限大于 0.5~0.7s,故应加速断保护装置,整定计算如下:

保护装置一次侧动作电流为:

$$I_{op1 \cdot qb} = K_{co} \cdot I_{K1 \cdot max}^{(3)} = 1.25 \times 2300 = 2875 \quad (A)$$

继电器的动作电流为:

$$I_{op \cdot qb} = K_w \cdot \frac{I_{op1 \cdot qb}}{K_{TA}} = 1 \times \frac{2875}{60} = 47.9 \quad (A), \qquad 取 48(A)$$

速断保护的灵敏度为:

$$K_s^{(2)} = \frac{I_{K2 \cdot min}^{(2)}}{I_{op1 \cdot qb}} = \frac{\frac{\sqrt{3}}{2} \times 4400}{2875} = 1.325$$

5.2.3 单相接地保护

工业企业 6~10kV 电网的中性点不接地,属小接地电流系统,在其发生单相接地故障时,不会引起相间电压降低和电网电流的急剧增大。故电网仍可运行一段时间。

5.2.3.1 小接地电流系统单相接地故障分析

在正常运行时,电网三相对地电压等于相电压,电源中点与地等电位,由于各相对地电容相同,电容电流对称且超前于相电压 $90°$,其大小为 $I_{C0} = U_\phi \cdot \omega C$(式中 U_ϕ 为相电压有效值,C 为相对地电容)。三相电流向量和为零,如图 5-16 所示。

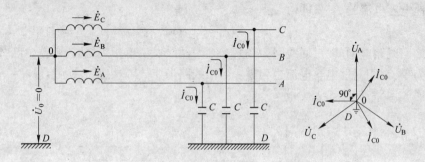

图 5-16 小接地电流系统正常运行时的向量图

当发生单相(例如 A 相)接地后,如图 5-17 所示,A 相对地电压变为零,这可以看作在接地点得到一个与 $\dot{U}_A$ 大小相等而方向相反的电压 $\dot{U}_0$(零序电压)即 $\dot{U}_0 = -\dot{U}_A$,则此时各相对地电压为:

$$\left.\begin{array}{l}
\dot{U}'_A = \dot{U}_A + \dot{U}_0 = 0 \\
\dot{U}'_B = \dot{U}_B + \dot{U}_0 = \dot{U}_B - \dot{U}_A = \dot{U}_{BA} \\
\dot{U}'_C = \dot{U}_C + \dot{U}_0 = \dot{U}_C - \dot{U}_A = \dot{U}_{CA}
\end{array}\right\} \tag{5-16}$$

接地后相间电压为:

$$\left.\begin{array}{l}
\dot{U}'_{AB} = \dot{U}'_A - \dot{U}'_B = -\dot{U}'_B = \dot{U}_{AB} \\
\dot{U}'_{BC} = \dot{U}'_B - \dot{U}'_C = \dot{U}_{BC} \\
\dot{U}'_{CA} = \dot{U}'_C - \dot{U}'_A = \dot{U}'_C = \dot{U}_{CA}
\end{array}\right\} \tag{5-17}$$

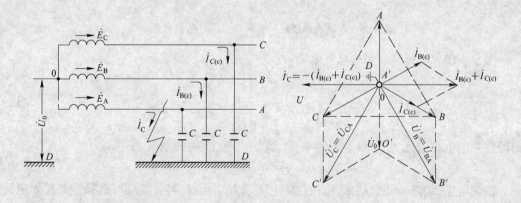

图 5-17 小接地电流系统 A 相接地时的向量图

由以上两式可见,中性点不接地系统发生单相接地时,尽管接地相对地电压变为零,完好相对地电压升高为线电压,中性点对地电压也升高为相电压,但是,此时电网的相电压和相间电压不仅量值未变,而且相位关系也未变,所以用电设备工作条件未能被破坏,仍可照

121

常工作。

发生单相接地后,完好相(B、C 相)对地电容未变,但完好相电压升高为故障前的 $\sqrt{3}$ 倍。故电容电流 $\dot{I}_{B(c)}$ 和 $\dot{I}_{C(c)}$ 也增加为 I_{C0} 的 $\sqrt{3}$ 倍。故障相(A 相)对地电容被短接,其电流为 $\dot{I}_C = -(\dot{I}_{B(c)} + \dot{I}_{C(c)})$,即 $\dot{I}_C$ 的大小为 $\dot{I}_{B(c)}$ 或 $\dot{I}_{C(c)}$ 的 $\sqrt{3}$ 倍。所以,故障相接地电容电流为正常时每相对地电容电流的 3 倍,即

$$I_C = 3I_{C0} = 3U_\phi \omega C \tag{5-18}$$

对于多回线路电网(以三回线路为例),当某一回线发生单相接地时,则整个电网该相对地电压均为零,该相对地电容电流也为零。各回线路上非故障相电容电流 $\dot{I}_{C1}$、$\dot{I}_{C2}$、$\dot{I}_{C3}$ 均流过接地点形成回路,如图 5-18 所示。

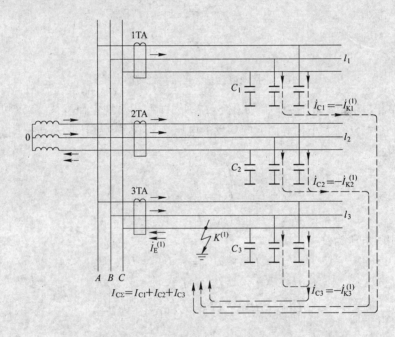

图 5-18 中性点不接地系统单相接地时电容电流分布

由公式(5-18)可知各回线电容电流为:

$$\left.\begin{aligned} I_{C1} &= I_{C01} = 3U_\phi \omega C_1 \\ I_{C2} &= I_{C02} = 3U_\phi \omega C_2 \\ I_{C3} &= I_{C03} = 3U_\phi \omega C_3 \end{aligned}\right\} \tag{5-19}$$

而回路总的电容电流 $I_{C\Sigma} = I_{C1} + I_{C2} + I_{C3}$,流经接地线路的故障电容电流为:

$$I_C = I_{C\Sigma} - I_{C3} = I_{C1} + I_{C2} \tag{5-20}$$

由此可见,线路的回数越多,接地故障电流越大,因而越容易实现有选择性的接地电流保护。

5.2.3.2 绝缘监视装置与单相接地保护装置

尽管对于中点不接地系统而言,发生单相接地时,用电设备感受不到这一故障,仍可照常工作一段时间,但由于完好相对地电压升高为线电压,而且如果接地点出现间歇电弧,还可能引起更高的过电压,如长期工作,有可能击穿另一相的绝缘,造成相间短路。所以在这

种电网中必须装设绝缘监视装置及单相接地保护装置,以便在允许继续运行的时间(1~2h)内找出接地故障相和故障线路。

(1)绝缘监视装置　绝缘监视装置是利用接地后出现的零序电压给出信号的。一般采用一只三相五柱式电压互感器,一次绕组接于电源线上,采用星形连接,且中点接地,二次侧的星形接法绕组上接有三个电压表,以测量各相对地电压,另一个二次绕组接成开口三角形,接入电压继电器,以反映单相接地时出现的零序电压。图5-19给出该装置的接线图。

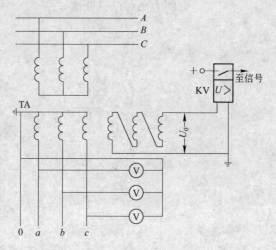

图5-19　绝缘监视装置接线图

正常运行时,三相电压对称,无零序电压,过电压继电器不动作,三只电压表指示为相电压。

当发生单相接地时,故障相对地电压为零,完好相对地电压升高为$\sqrt{3}$倍,同时出现零序电压(100V)使过电压继电器动作,发出预告音响(电铃)信号。此时观察三只电压表的指示值,即可判断是哪一相发生故障,但不能指出是哪一回线路发生故障。故障线路只能采用依次断开各回线路的方法寻找。因此,这种监视装置只适用于出线不多且允许短时停电的中小型变电站。

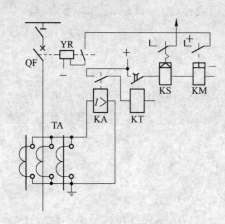

图5-20　采用三只电流互感器
组成的单相接地保护

(2)单相接地保护装置　对于出线较多或不允许停电的变电站,不能采用依次断开各回线路的方法查找故障线路,这时可装设单相接地保护(又称零序电流保护)装置。利用单相接地故障线路的零序电流比非故障线路的大的特点,实现有选择性地跳闸或发出信号。

对于架空线路,单相接地保护常采用三个相的电流互感器同极性并联组成零序电流过滤器,其二次公用线接入电流继电器,如图5-20所示。

对于电缆线路,单相接地保护则用专用的零序电流互感器,套在三相电缆上构成,如图5-21所示。正常运行时或对称短路时,电缆芯线三相电流之和为零,继电器不动作。当发生单相接地时,三相电缆芯线流有接地电容电流,且其和不为零,因而环形铁心中出现磁通,并在二次侧线圈中产生感应电势,故有电流通过继电器,使之动作。

单相接地保护的动作电流应躲过其他线路发生单相接地时在正常线路上引起的电容电流,以保证动作的选择性,即

$$I_{op1} = K_{co} \cdot I_C \tag{5-21}$$

式中 K_{co}——可靠系数,保护无时限时取 4~5,以躲开两相短路时的不平衡电流。保护带时限时取 1.5~2,但此时接地保护动作时间应比相间短路过电流保护动作时间大 Δt,以保证选择性。

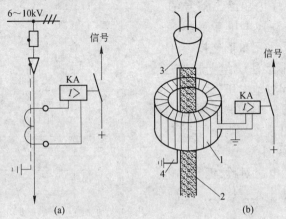

图 5-21　采用零序电流互感器的单相接地保护
(a)原理图;(b)示意图

为保证本线路发生单相接地时,保护装置能可靠动作,应满足灵敏度要求,即

$$K_s^{(1)} = \frac{I_{C\Sigma \cdot min} - I_C}{I_{op1}} \qquad (5\text{-}22)$$

式中　$I_{C\Sigma \cdot min}$——系统最小运行方式下,单相接地总电容电流;
　　　$K_s^{(1)}$——单相接地保护灵敏度,对电缆线路,要求 ≥1.25;对架空线路,要求 ≥1.5。

5.3　电力变压器的继电保护

电力变压器是工业企业供电系统中的重要设备,它运行可靠较少发生故障。但一旦发生故障,却会严重影响整个企业或车间的供电,因此必须根据变压器的容量及其重要程度装设各种保护装置。

5.3.1　变压器故障的种类及继电保护的设置原则

5.3.1.1　变压器故障的种类

变压器的故障可分为内部故障和外部故障两种。内部故障是指变压器油箱内所发生的故障,主要有绕组的相间短路、匝间短路和单相接地(碰壳)短路等,这种故障是最危险的,因为故障时产生的电弧有可能使变压器油箱发生爆炸。外部故障是指油箱外引出线套管的相间短路和单相接地等。

变压器的不正常工作状态主要有:由外部短路或过负荷引起的过电流,不允许的温度升高或油面降低等。

5.3.1.2　继电保护的设置

根据上述故障种类和异常运行方式,变压器继电保护的装设原则如下所述。

(1)对企业总降压变电站的 35~110/6~10kV 主变压器　35~110/6~10kV 的主变压

124

器一般均装设过电流保护、电流速断保护和瓦斯保护,如有可能过负荷,也装设过负荷保护。但对单台运行 10000kV·A 以上或两台并列运行的 6300kV·A 以上变压器,则应该设差动保护取代电流速断保护。以上保护除过负荷保护作用于信号外,均作用于跳闸。

(2)对车间变电站 6~10/0.4~0.23kV 主变压器 6~10/0.4~0.23kV 的主变压器通常应装设过电流保护、电流速断保护(过电流保护的动作时限小于 0.5s 时,可不装),容量在 800kV·A 以上(车间内安装的 400kV·A 以上)的变压器应设瓦斯保护。对于并列运行的 400kV·A 以上或单台运行且作为备用电源的变压器,还应装设过负荷保护。为求简化,也可采用熔断器或熔断器与负荷开关配合作为变压器短路及过负荷保护。

5.3.2 变压器的电流保护装置

容量较小的变压器,广泛采用电流速断保护作为相间短路保护,并用定时限过电流保护来保护变压器全部,同时作为外部短路和变压器内部故障的后备保护。当变压器有过负荷可能时,还应装设过负荷保护。

5.3.2.1 保护装置的接线方式

(1)两相单继电器式接线 对于 Y,yn0 结线的小容量车间,两相单继电器式接线可用于相间短路保护和过负荷保护,但不能作为低压侧的单相短路保护。如图 5-22 所示。当未装互感器那一极的低压相发生单相短路时,继电器中根本无电流通过。

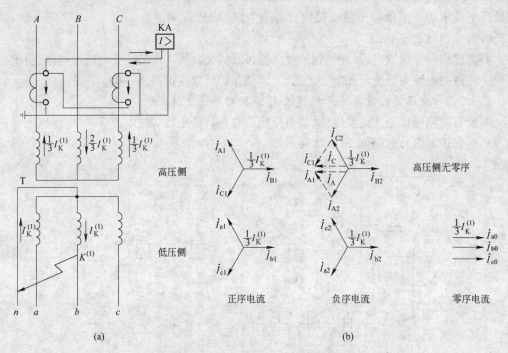

图 5-22 Y,yn0 变压器电流保护电路图
(a)高压侧采用两相单继电器;(b)高压侧采用两相两继电器

(2)两相两继电器式接线 两相两继电器式接线适用于相间短路保护和过负荷保护,而且接线系为 1,对各种相间短路灵敏度相同。但对于 Y,yn0 结线的变压器,当未装互感器那一相的低压侧发生单相短路时,如图 5-22(b)所示,流入继电器的电流仅为单相短路电流

的1/3,达不到保护灵敏度的要求,所以不能作为低压侧单相短路保护。

5.3.2.2 变压器低压侧的单相短路保护

为保护变压器低压侧单相短路,可采用下列方法:

1)在变压器低压侧装设三相都带过流脱扣器的低压断路器。这种方法经济实用,应用较普遍。

2)在变压器低压侧装设三相熔断器。由于熔体熔断后需较长更换时间,故只适于给不重要负荷供电的变压器。

3)在变压器低压侧中性点引出线上装设零序过电流保护,如图5-23所示。

保护装置的动作电流按躲过变压器低压侧最大不平衡电流来整定,即

$$I_{op} = \frac{K_{co} \cdot K_{dsq}}{K_{TA}} \cdot I_{2NT} \qquad (5\text{-}23)$$

式中　K_{co}——可靠系数。一般取 1.2～1.3;

　　　K_{dsq}——不平衡系数。一般取 0.25;

　　　I_{2NT}——变压器二次侧额定电流。

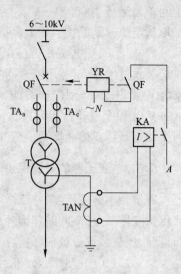

图 5-23　变压器的零序过电流保护
QF—断路器;TAN—零序电流互感器;
KA—电流继电器;YR—跳闸线圈

保护装置的动作时间一般取 0.5～0.7s。保护灵敏度按低压干线末端发生单相短路来校验。对架空线,$K_s^{(1)} \geqslant$ 1.5;对电缆线 $K_s^{(1)} \geqslant 1.25$。

4)为提高保护灵敏度,可在两相两继电器接线的公共线上加装一个电流继电器,由于公共线上流过的电流为其他两相电流的两倍,可使保护灵敏度也提高一倍。

5.3.2.3 变压器的过电流保护、电流速断保护和过负荷保护

对于有直流操作电源的变电站(如总降压变电站),变压器的过电流保护、电流速断保护和过负荷保护的综合电路如图5-24所示。

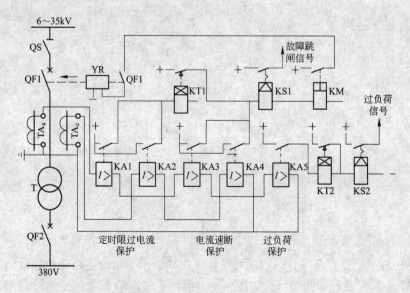

图 5-24　变压器的电流速断保护、过电流保护和过负荷保护的综合电路

(1)变压器的过电流保护　变压器过电流保护的组成和原理与线路过电流保护完全相同,其动作电流的整定计算公式也基本相同,只是式(5-7)和式(5-8)中的 $I_{wL \cdot max}$ 应考虑取 $(1.5 \sim 3)I_{1NT}$,这里 I_{1NT} 为变压器一次侧的额定电流。保护装置的动作时限的整定仍按"时间阶梯"原则进行,以保证动作的选择性;其灵敏度是按变压器低压侧母线在系统最小运行方式下发生两相短路(电流值换算到高压侧)来校验,即 $K_s^{(2)} \geq 1.25 \sim 1.5$。

(2)变压器的电流速断保护　变压器电流速断保护的组成和原理线路电流速断保护完全相同,其动作电流的整定计算公式也基本相同,只是式(5-13)和式(5-14)中的 $I_{K \cdot max}^{(3)}$ 应为系统最大运行方式下低压母线的三相短路电流周期分量有效值换算到高压侧的电流值,以保证动作的选择性。另外,由于变压器在空载投入或突然恢复电压时将出现一个冲击性的励磁涌流,为避免速断保护误动作,可将其一次侧动作电流取为变压器一次侧额定电流 I_{1NT} 的 $3 \sim 5$ 倍,即可躲过励磁涌流。

保护装置的灵敏度按保护安装处(即变压器高压侧)在系统最小运行方式下发生两相短路的短路电流 $I_{K \cdot min}^{(2)}$ 来校验,要求 $K_s^{(2)} \geq 2$。

(3)变压器的过负荷保护　变压器的过负荷保护是反应变压器正常运行时的过载情况的,一般动作于信号。由于变压器的过负荷电流大多是三相对称的,因此过负荷保护只需在变压器高压侧的一相上装设电流互感器接一个电流继电器。为防止在短路时发出不必要的信号,还应加装一个时间继电器,使其动作延时大于过电流保护装置的动作延时,一般可取 $10 \sim 15s$。

保护装置的动作电流按躲过变压器一次侧额定电流 I_{1NT} 来整定,即

$$I_{op1 \cdot oL} = (1.2 \sim 1.5)I_{1NT} \tag{5-24}$$

5.3.3　变压器的气体保护

油浸式电力变压器的铁心和绕组都是浸在油箱内,利用油作为绝缘和冷却介质。当变压器发生内部故障时,绝缘物质和变压器油受热或在电弧作用下分解而产生气体,利用这一特点实现的变压器保护装置,就称为气体保护,又称为瓦斯保护。它是变压器匝间短路和相间短路的主保护,能反应变压器油箱内的所有故障。

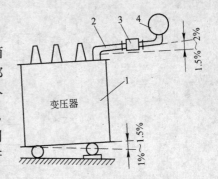

图 5-25　气体继电器在变压器上的安装
1—变压器油箱;2—联通管;
3—气体继电器;4—油枕

气体保护的主要元件是气体继电器,又称瓦斯继电器,它安装在变压器的油箱与油枕间的联通管上,如图 5-25 所示。为使油箱内产生的气体能优先通过气体继电器排往油枕,变压器在制造时,其联通管对油箱有 1.5% ~ 2% 的坡度;同时,在安装时应将有油枕一侧垫高,再形成 1% ~ 1.5% 的坡度,以保证气体继电器可靠灵敏地工作。

5.3.3.1　气体继电器的结构与工作原理

早期的气体继电器是浮筒式水银触点继电器,其抗震能力差,容易误动作,现已被淘汰。现在广泛使用的是开口杯式干簧触点继电器,代表型号为 FJ_3-80 型,其结构示意图如图 5-26所示。

在变压器正常运行时,继电器的容器内包括上下油杯内都充满油,但油杯产生的力矩小于平衡锤产生的力矩,所以上下油杯处于上升位置,两对触点都是断开的。

当变压器内部发生轻微故障时,产生的气体逐渐聚集在继电器容器的上部,迫使油面相应降低,上油杯因其杯内剩油和自身重量产生的力矩大于平衡锤的力矩而下降,永久磁铁也随之下降,当下降到一定程度时,磁力使上触点闭合,发出预告信号(灯光和音响),这就是"轻气体动作"(轻瓦斯动作)。调节上平衡锤的位置,可改变上油杯的动作容积(气体量大小),其范围为 $200 \sim 400 cm^3$。

当变压器漏油时,油面逐渐下降,则使继电器的上油杯先落下,发出预告信号;接着下油杯也降落,使断路器跳闸。

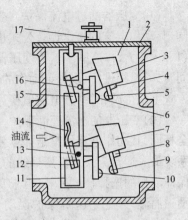

图 5-26　FJ$_3$-80 型气体继电器
的结构示意图

1—容器;2—盖;3—上油杯;4—永久磁铁;
5—上动触点;6—上静触点;7—下油杯;
8—永久磁铁;9—下动触点;
10—下静触点;11—支架;
12—下油杯平衡锤;13—下油杯转轴;
14—挡板;15—上油杯平衡锤;
16—上油杯转轴;17—放气阀

5.3.3.2　气体保护的接线

变压器气体保护的接线图如图 5-27 所示。当气体继电器 KG 上触点闭合即轻气体动作时,发出预告信号;当下触点闭合即重气体动作时,信号继电器 KS 发出跳闸信号,同时经中间继电器 KM 作用于断路器跳闸机构 YR,切除变压器。在检修或试验时,也可利用切换片 XB 切换位置,串接限流电阻 R,只给出报警信号。

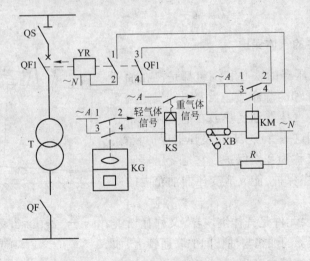

图 5-27　变压器气体保护的原理电路图

T—电力变压器;KG—气体继电器;KS—信号继电器;
KM—中间继电器;QF—断路器;YR—跳闸线圈;XB—切换片

由于气体继电器的下触点在故障时油流的冲击下可能振动或闭合时间很短,为保证断路器可靠跳闸,可利用中间继电器 KM 的一对常开触点实现 KM 的自保持。自保持可以按钮手动解除,当中间继电器 KM 与断路器 QF1 距离较近时,也可利用断路器的常开辅助接点自动解除。

气体保护的主要优点是结构简单,动作迅速,灵敏度高,能保护变压器油箱内所有故障,尤其是绕组的匝间短路故障,这是其他保护难以反应的。它的缺点是不能反应变压器油箱外任何故障,因此需要与其他保护配合使用。

5.3.4 变压器的差动保护

前面介绍的几种保护,各有其优点和不足之处。过电流和电流速断保护虽然接线简单,设备和投资少,但前者动作时间长,后者灵敏度低,且保护有死区。气体保护对变压器内部故障反应灵敏,但却不能保护变压器油箱外的故障。因此对于大容量变压器电力变压器就有必要装设灵敏而快速的差动保护,用以取代电流速断保护。

5.3.4.1 差动保护的工作原理

差动保护反应被保护元件两侧电流差额而动作的保护装置,其保护区在两侧电流互感器安装点之间。它可用于保护变压器内部及引出线和绝缘套管的相间短路,以及绕组间的匝间短路。图 5-28 为变压器差动保护的单相原理电路图。

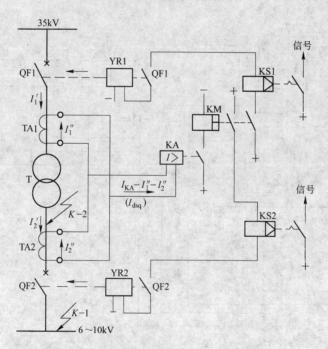

图 5-28　变压器差动保护的单相原理图

在变压器正常运行时,通过适当选取两侧电流互感器的变比和接线方式,可使其二次侧电流 $\dot{I}_1''$ 和 $\dot{I}_2''$ 和大小相近,相位一致,则流入继电器的电流 $\dot{I}_{KA} = \dot{I}_1'' - \dot{I}_2'' \approx 0$。继电器 KA 不动作。

当在保护区外发生短路时(如 K—1 点短路),尽管 $\dot{I}_1''$ 和 $\dot{I}_2''$ 的数值增大,但二者之差即 $\dot{I}_{KA}$ 仍近似为零,所以差动保护也不动作。

当在保护区内发生短路时(如 K—2 点短路),对单供电的变压器,此时 $\dot{I}_2'' = 0$,故 $\dot{I}_{KA} = \dot{I}_1''$。对双侧供电的变压器(如两台变压器并列运行),此时 $\dot{I}_2$ 方向改变,故 $\dot{I}_{KA} = \dot{I}_1'' +$

129

$\dot{I}_2''$,若 $\dot{I}_{KA}$ 超过继电器整定的动作电流 $I_{op(d)}$,则继电器 KA 瞬时动作,使信号继电器 KS 发出信号,同时通过出口继电器 KM 使两侧断路器跳闸,切除故障。

5.3.4.2 保护装置中的不平衡电流及其限制措施

实际上,变压器无论在正常运行或外部短路时,两侧电流互感器的电流总是不相等的。所以流入继电器的电流也不为零,这一电流就称为不平衡电流,用 I_{dsq} 来表示。不平衡电流太大,将使保护装置灵敏度降低,并容易发生误动作,因此应分析其产生的原因并采取相应的措施。

(1)由于变压器两侧绕组接线方式不同而产生不平衡电流 工业企业总降压变电站的主变压器常采用 Y,d11 接线,从而造成其两侧电流有 30°相位差。若两侧互感器采用相同接线方式,即使选择变比可使其二次侧电流数值相等,但 30°相位差仍存在,故会造成较大不平衡电流。为消除这一原因引起的不平衡电流,可将装在变压器星形接线侧的电流互感器接成三角形,而三角形接线侧的电流互感器接成星形,如图 5-29 所示。由图中向量分析可知,这种措施可以消除由于变压器两侧绕组接线方式不同引起的不平衡电流。

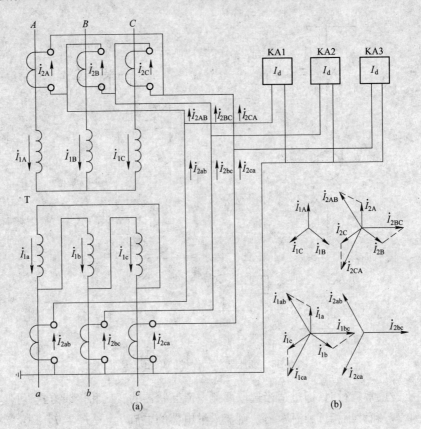

图 5-29 Y,d11 接法的变压器差动保护
(a)两侧互感器的接法;(b)电流向量分析
(设变压器和互感器的变比为 1)

(2)由于变压器原侧绕组流入励磁涌流而产生的不平衡电流 变压器的励磁电流只流经变压器电源端的原侧绕组,因此在差动回路中造成不平衡电流。但在正常运行时,变压器

励磁电流很小,只有额定电流的 2%～10%,而在外部穿越性故障时,由于电压降低,励磁电流就更小,所以可以忽略不计。

　　然而在变压器空载投入或外部故障切除后电压恢复时,则可能出现数值很大的励磁电流,可分析如下:在正常运行时,铁心中磁通滞后外加电压 90°,若空载合闸恰好在电压瞬时值 $u = 0$ 时进行,则铁心中应有磁通为负的最大值 $-\Phi_m$,但铁心中磁通不能突变,势必引起一个幅值为正的 Φ_m 的非周期分量磁通,这样经半个周期后,磁通将接近 $2\Phi_m$,若铁心中有剩余磁通 Φ_{res},则总磁通将接近 $(2\Phi_m + \Phi_{res})$,如图 5-30 所示。这时铁心磁通严重饱和,励磁电流急剧增大,初值可达额定电流的 6～8 倍,形成类似涌浪的电流,称为励磁涌流。

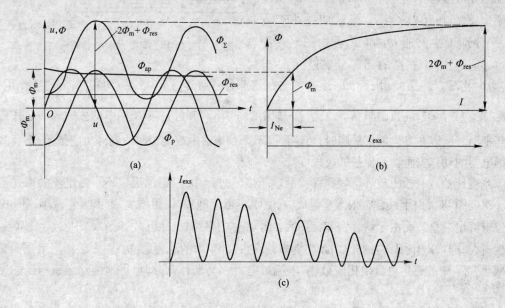

图 5-30　变压器励磁涌流的变化曲线

　　根据励磁涌流的波形曲线和实验数据分析,可知它具有以下特点:

1)包含有很大成分的非周期分量,使涌流偏向时间轴一侧;

2)包含有大量高次谐波,并以二次谐波为主;

3)波形之间有较大间断角。

　　根据上述特点,在差动保护中消除励磁涌流影响的常用方法有:

1)采用具有速饱和铁心的差动继电器;

2)利用二次谐波制动而躲开励磁涌流;

3)比较波形的间断角来鉴别内部故障和励磁涌流。

　　后两种方法主要采用晶体管保护或微机保护装置来实现,目前现场应用较多的仍是第一种方法,即采用 BCH-2 型差动继电器消除励磁涌流的影响

　　BCH-2 型差动继电器由带短路线圈的三柱式速饱和变流器和 DL-11/0.2 型电流继电器组合而成,图 5-31 是其结构原理图。铁心中间柱 B 截面为两侧柱 A、C 的 2 倍,其上绕有一个差动绕组 W_d(即一次线圈),两个平衡绕组 W_{eq1} 和 W_{eq2};右侧柱 C 上绕有二次线圈 W_2,并与 DL-11/0.2 型继电器连接;短路线圈分成两部分 W'_K 和 W''_K,分别绕于中间柱 B

和左侧柱 A 上，W_K'' 和 W_K' 的匝数比为 2:1，并且缠绕时使它们产生的磁通对左边窗口来说是同方向的。

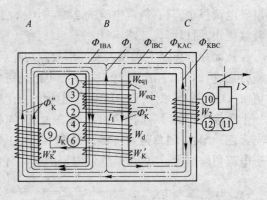

当保护区内发生短路时，一次线圈 W_d 中流过近似正弦波的短路电流 $\dot{I}_1$（因短路电流非周期分量很快衰减消失）。$\dot{I}_1$ 在 W_d 中产生交变磁通 Φ，它分成 $\dot{\Phi}_{BA}$ 和 $\dot{\Phi}_{BC}$ 两部分，分别通过侧柱 A 和 C。Φ 在中间柱 B 的短路线圈 W_K' 中产生感应电流 $\dot{I}_K$，当 $\dot{I}_K$ 流过 W_K' 和 W_K'' 时，又分别产生磁通 $\dot{\Phi}_K'$ 和 $\dot{\Phi}_K''$。由图 5-31 可见，$\dot{\Phi}_K'$ 通过右侧柱 C 的那部分磁通 $\dot{\Phi}_{KBC}'$ 与

图 5-31 BCH-2 型差动继电器原理结构图

$\dot{\Phi}_{BC}$ 方向相反，起去磁作用；而 $\dot{\Phi}_K''$ 通过 C 柱的那部分磁通 $\dot{\Phi}_{KAC}''$ 与 $\dot{\Phi}_{BC}$ 方向相同，起增磁作用。

考虑 $W_K''/W_K' = 2$，而且磁阻 $R_B = \dfrac{1}{2}R_A = \dfrac{1}{2}R_C$，则 $\dot{\Phi}_{KBC}'$ 与 $\dot{\Phi}_{KAC}''$ 在 C 柱中的去磁和增磁作用相互抵消。所以在发生内部故障时，短路线圈不影响短路电流向二次线圈 W_2 的传递，不会改变继电器的动作安匝数和保护的灵敏度。

当变压器空载投入或外部短路切除后电压恢复过程中，励磁涌流以不平衡电流的形式流入一次线圈 W_d，由于其含有很大直流成分，使铁芯迅速饱和，磁阻增大，Φ 和 Φ_{BC} 减小，W_2 中感生电流也减小。而由于铁心饱和，且 $\dot{\Phi}_{KAC}''$ 比 $\dot{\Phi}_{KBC}'$ 的磁路长，磁阻大，帮 C 柱中 $\dot{\Phi}_{KAC}''$ 比 $\dot{\Phi}_{KBC}'$ 减少更大，即增磁作用比去磁作用减小更多，故通过 W_2 中的总磁通 $\dot{\Phi}_{BC}'$ 因去磁作用增强而显著减小，W_2 中的感生电流也相应减小，电流继电器不易动作，亦即可靠地消除励磁涌流的影响。

（3）由于变压器两侧电流互感器的变比不易配合而产生的不平衡电流　电力变压器和电流互感器的变比各有等级规格，不大可能使两个变比完全配合恰当，因而差动保护两边电流也不太可能全等，这就在差动回路中产生不平衡电流。而且这一不平衡电流在变压器外部短路时其值会更大。为消除这种不平衡电流，可用 BCH-2 型差动继电器的平衡线圈 W_{eq} 来进行补偿，其接线原理如图 5-32 所示。

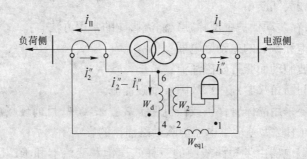

图 5-32　利用 BCH-2 型差动继电器中的平衡线圈消除 I_{dsq} 影响的原理图

假设由于变比配合不好，使 $I_2'' > I_1''$，则不平衡电流 $I_{dsq} = I_2'' - I_1''$ 流过差动绕组 W_d，产生磁势 $(I_2'' - I_1'')W_d$；而流经平衡线圈的电流为 I_1''，产生磁势 $I_1''W_{eq1}$，则适当选择 W_d 和

W_{eq1}，使 $(I_2'' - I_1'')W_d = I_1'' W_{eq1}$，且方向相反，二者相互抵消，$W_2$ 中无感生电流，继电器不动作。但应注意到，由于选择 W_d 和 W_{eq1} 的实际匝数不能保证与计算匝数完全一致，所以这种不平衡电流不能完全消除，而是还剩下一个数值较小的不平衡电流，以 I_{dsq3} 表示。

(4)由于变压器两侧电流互感器的形式和特性不同而引起的不平衡电流　变压器两侧电压等级不同，所选的电流互感器的形式和特性不可能相同，其饱和倍数也不一样。当发生穿越性短路时，两侧电流互感器饱和程度不同，从而引起较大不平衡电流，这是无法消除的，用 I_{dsq1} 表示。

(5)由于变压器分接头的改变而引起的不平衡电流　当变压器在运行中为了调压而改变分接头时，其变比也相应改变，但互感器的变比未变，因而差动回路中电流平衡关系被破坏，产生不平衡电流，这也是无法消除的，以 I_{dsq2} 表示。

综上所述，前两次所产生的不平衡电流，可利用改变互感器接线和采用差动继电器的方法消除，而后三项产生的不平衡电流则是无法消除的，其总和为：

$$I_{dsq} = I_{dsq1} + I_{dsq2} + I_{dsq3}$$

此不平衡电流值外部短路电流的增大而增加，其最大值为

$$I_{dsq \cdot max} = (K_{sm}f_i + \Delta U + \Delta f_s)I_{k2 \cdot max}''^{(3)} \tag{5-25}$$

式中　K_{sm}——电流互感器同型系数，型号不同时 $K_{sm} = 1$；相同时 $K_{sm} = 0.5$；

f_i——电流互感器允许最大误差，取 10%，即 0.1；

ΔU——变压器改变分接头调压引起的误差，取调压范围一半，即 0.05；

Δf_s——继电器实际整定匝数与计算匝数不同引起的误差。在初步计算时匝数未确定，可取中间值 0.05（最大值 0.091）；确定匝数后再按下式精确计算：

$$\Delta f_s = \frac{W_{eq1} - W_{eq1 \cdot s}}{W_{eq1} + W_d} \tag{5-26}$$

式中　W_{eq1}、$W_{eq1 \cdot s}$——平衡线圈的计算匝数和实用匝数；

W_d——差动线圈实用匝数。

计算所得 $|\Delta f_s|$ 若大于 0.05，或小于 0.05 太多，则应重新计算 $I_{dsq \cdot max}$。

5.3.4.3　采用 BCH-2 型继电器构成的变压器差动保护的整定计算

BCH-2 型差动继电器的内部结线及用于双绕组变压器时原理接线如图 5-33 所示。现结合实例说明其整定步骤。

例 5-2　某钢铁厂总降压变电站主变压器参数为：SJL-8000，35/10.5kV，$\curlyvee$，d11 接线，$U_K\% = 7.5$。采用 BCH-2 型差动继电器构成差动保护，试进行整定计算。已知数据：

35kV 母线三相短路电流：最大运行方式 3570A，最小运行方式 2140A；

10kV 母线三相短路电流：最大运行方式 5632A，最小运行方式 4347A，归算到 35kV 侧分别为 1690A 和 1304A；

10kV 侧最大计算负荷电流 $I_{wL \cdot max} = 334$A，归算到 35kV 侧为 100A。

解　(1)计算变压器两侧一次额定电流，选择电流互感器，计算二次回路额定电流，计算结果列于下表：

数 值 名 称	各 侧 数 值	
	35kV	10.5kV
变压器额定电流	$I_{1NT} = \dfrac{8000}{\sqrt{3} \times 35} = 132A$	$I_{2NT} = \dfrac{8000}{\sqrt{3} \times 10.5} = 440A$
电流互感器接线方式	△	Y
选择电流互感器一次电流的计算值	$\sqrt{3} \times 132 = 228.6A$	440A
电流互感器的变比	$\dfrac{300}{5} = 60$	$\dfrac{500}{5} = 100$
电流互感器二次回路电流	$I_1'' = \dfrac{\sqrt{3} \times 132}{60} = 3.81A$	$I_2'' = \dfrac{440}{100} = 4.4A$

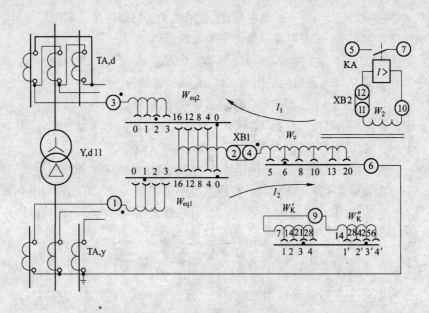

图 5-33 BCH-2 型差动继电器用于双绕组变压器的单相原理电路图

由表中可看出，$I_2'' > I_1''$，故选取 10kV 侧为基本侧，平衡线圈 W_{eq1} 接于非基本侧，平衡线圈 W_{eq2} 接于基本侧。

(2)计算保护装置基本侧的一次动作电流,应满足三个条件:

1)躲过变压器励磁涌流条件

$$I_{op1} = K_{co} I_{2NT} = 1.3 \times 440 = 572A$$

2)按躲开外部穿越性短路最大不平衡电流条件

$$I_{op1} = K_{co} I_{dsq \cdot max} = K_{co}(K_{sm}f_i + \Delta U + \Delta f_s) I_{K2 \cdot max}''^{(3)}$$

$$= 1.3 \times (1 \times 0.1 + 0.05 + 0.05) \times 5632 = 1464.3A$$

3)当电流互感器二次回路断线时,保护不应误动作。

$$I_{op1} = K_{co} I_{wL \cdot max} = 1.3 \times 334 = 434.2A$$

选取三个条件计算值最大者为基本侧的一次动作电流,即 $I_{op1} = 1464.3A$

于是差动继电器基本侧动作电流为

$$I_{op} = \frac{I_{op1}}{K_{TA}} K_w = \frac{1464.3}{100} \times 1 = 14.64 \text{A}$$

(3)确定 BCH-2 型差动继电器各线圈匝数

1)差动线圈和基本侧平衡线圈匝数的确定

继电器基本侧动作匝数 W_{op} 为

$$W_{op} = \frac{AN}{I_{op}} = \frac{60}{14.64} = 4.1 \text{ 匝}$$

式中　AN——继电器动作安匝,应采用实测值,计算时取额定值 60 安匝。

为使不平衡电流影响更小,可将基本侧平衡线圈作为基本侧动作匝数的一部分,即取差动线圈与平衡线圈整定匝数为 $W_{d·s} = 5$ 匝,$W_{eq2·s} = 0$ 匝,使二者之和为基本侧实用匝数 $W_{op·s} = 5$ 匝。

2)非基本侧平衡线圈匝数的确定

根据磁势平衡原则,有:

$$(I_2'' - I_1'') W_{d·s} + I_2 W_{eq2·s} = I_1'' · W_{eq1}$$

故　　　$$W_{eq1} = \frac{I_2''}{I_1''}(W_{d·s} + W_{eq2·s}) - W_{d·s} = 5 \times \frac{4.4}{3.81} - 5 = 0.77 \text{ 匝}$$

选取整定匝数为 $W_{eq1·s} = 1$ 匝,此时相对误差为:

$$\Delta f_s = \frac{W_{eq1} - W_{eq1·s}}{W_{eq1} + W_{d·s}} = \frac{0.77 - 1}{0.77 + 5} = -0.04$$

可见 $|\Delta f_s| < 0.05$,不必重新计算动作电流。

3)短路线圈匝数的确定

短路线圈有四组抽头供调节(见图 5-33)。短路线圈匝数越多,躲过励磁涌流的性能越好,但当内部故障电流中有较大的非周期分量时,继电器动作时间也相应延长。因此,对励磁涌流倍数大的中、小容量变压器,由于内部故障时短路电流中非周期分量衰减较快,故一般选用较多的匝数,如抽头 3-3 或 3-4,本例初选抽头 3-3。此外,还应考虑电流互感器的形式,励磁电流小的电流互感器(如套管式)吸收非周期分量电流较多,短路线圈应采用较多匝数。所选匝数是否合适,可通过变压器空载投入试验确定。

(4)灵敏度校验　本例应按在最小运行方式下 10kV 侧发生两相短路进行校验,此时 35kV 侧一次电流为:

$$I_{k2·min}^{(2)} = \frac{\sqrt{3}}{2} I_{2·min}^{(3)} = \frac{\sqrt{3}}{2} \times 1304 = 1129.3 \text{A}$$

35kV 侧差动继电器动作电流为:

$$I_{op} = \frac{AN}{W_{d·s} + W_{eq1·s}} = \frac{60}{5 + 1} = 10 \text{A}$$

则差动保护装置最小灵敏度为

$$K_{s·min}^{(2)} = \frac{K_w · I_{K2·min}^{(2)}}{K_{TA} · I_{op}} = \frac{\sqrt{3} \times 1129.3}{60 \times 10} = 3.26 > 2$$

故灵敏度满足要求。各线圈匝数整定结果见图 5-33 所示。

5.4 高压电动机的继电保护

在工业企业中大量采用的高压同步和异步电动机在运行过程中可能发生各种短路故障和不正常运行状态,若不及时处理,往往会使电动机严重烧损,因此应装设相应保护装置以保证电动机安全并防止故障扩大。

5.4.1 高压电动机继电保护的类型

电动机常见故障及不正常工作状态及其相应保护装置如下:

1) 定子绕组的相间短路是电动机最严重的故障,应装设电流速断保护。但对容量在2000kW 以上或容量小于 2000kW 但有六个引出端子的重要电动机,若电流速断保护灵敏度不够,则应装设纵联差动保护。

2) 定子绕组单相接地故障。在小接地电流系统中当接地电容电流大于 5A 时,应装设单独的单相接地保护并动作于跳闸。

3) 电动机由于所带机械部分过载而引起的过负荷是最常见的不正常工作状态,长时间过负荷会使电动机过热,绕组绝缘老化。因此对易发生过负荷的电动机应装设过负荷保护,根据负荷特性,带时限动作于信号、跳闸或自动减负荷装置。

4) 当电网电压短时降低或短时中断后,电动机转速下降;而当电网电压恢复时,大量电动机将同时自启动,从电网吸收较大功率,造成电网电压不易恢复,影响重要电动机的重新工作。因此应在某些不重要的电动机上装设低电压保护,当电网电压降到一定值时就将其从电网中断开,从而保证重要电动机的自启动。

5.4.2 高压电动机的过负荷保护和相间短路保护

目前工业企业中广泛采用 GL 型感应式过电流继电器构成电动机的过负荷与相间短路保护,利用其反时限特性的感应系统作过负荷保护,而利用其瞬动特性的电磁系统实现电流速断保护,作为电动机的相间短路保护。保护的接线多采用两相单继电器式,如图 5-34(a)所示。当灵敏度不足时,也可采用两线两继电器式接线,如图 5-34(b)所示。图中保护装置的操作电源左侧为直流,右侧为交流。

5.4.2.1 过负荷保护的整定

过负荷保护的动作电流应按躲过电动机的额定电流 I_{NM} 来整定,即继电器动作电流为

$$I_{op} = \frac{K_{co} \cdot K_w}{K_{re} \cdot K_{TA}} \cdot I_{NM} \tag{5-27}$$

式中　K_{co}——可靠系数,对 GL 型继电器可取 1.2;

　　　K_{re}——返回系数,一般取 0.85。

过负荷保护的动作时限应大于电动机启动和自启动所需的时间,一般可取 10 ~ 16s。对于启动困难的电动机,可按实测数据整定。

5.4.2.2 相间短路保护的整定

电流速断保护的动作电流按躲过电动机的最大启动电流来整定,即继电器动作电流为

$$I_{op} = \frac{K_{co} \cdot K_w}{K_{TA}} \cdot I_{st \cdot max} \tag{5-28}$$

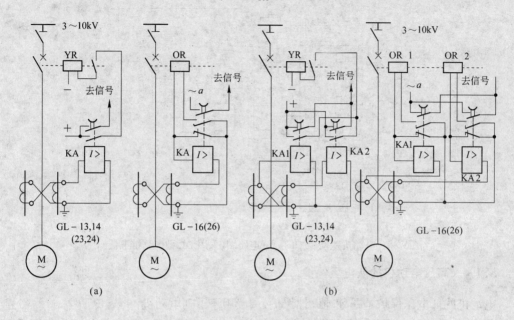

图 5-34　高压电动机的过负荷保护与电流速断保护的电路图
(a) 两相单继电器式接线；(b) 两相两继电器式接线

式中　K_{co}——可靠系数，对 GL 型继电器可取 $1.8 \sim 2.0$；

$I_{st \cdot max}$——电动机的最大启动电流有效值。

速断保护的灵敏度可按下式校验：

$$K_{s \cdot min} = \frac{I_{K \cdot min}^{\prime(2)}}{I_{op1}^{(2)}} = \frac{\sqrt{3}/2 \cdot I_{K \cdot min}^{\prime(3)} \cdot K_w^{(2)}}{K_{TA} \cdot I_{op}^{(2)}} \geq 2 \tag{5-29}$$

式中　$I_{K \cdot min}^{\prime(3)}$——在系统最小运行方式下，电动机端子三相短路时次暂态短路电流有效值。

5.4.3　高压电动机的差动保护

在小接地电流系统中，电动机差动保护多采用两相两继电器式接线，如图 5-35 所示，继电器可采用两只 DL-11 型电流继电器或 BCH-2 型差动继电器。

差动保护的动作电流按躲过电动机的启动电流引起的不平衡电流来整定，即

$$I_{op1} = K_{co} \cdot I_{dsq \cdot max} = K_{co} \cdot K_{sm} \cdot f_i \cdot I_{st \cdot max} \tag{5-30}$$

式中　K_{co}——可靠系数，可取 1.3；

K_{sm}, f_i——电流互感器同型系数和允许误差，可分别取为 0.5 和 0.1。

继电器动作电流为

$$I_{op} = K_w \cdot \frac{I_{op1}}{K_{TA}} = \frac{K_{co} \cdot K_{sm} \cdot f_i}{K_{TA}} \cdot I_{st \cdot max} \tag{5-31}$$

差动保护的灵敏度可按式(5-29)进行校验。

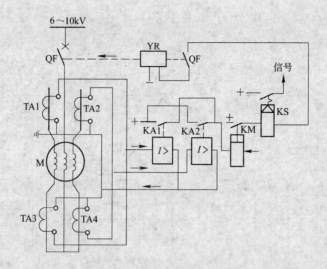

图 5-35　电动机差动保护的原理电路图(采用 DL 型电流继电器)

5.4.4　高压电动机的低电压保护

电动机的低电压保护是一种辅助性保护,一般用于下列电动机:

1)当电源电压短时降低或中断后,根据生产过程不需要自启动的电动机或为保证重要电动机启动而需要断开的次要电动机上应装设低电压保护,其动作时限应在满足选择性条件下先取最小值,一般整定为 0.5～1.5s。为保证重要电动机自启动有足够电压,保护装置的动作电压多整定为额定电压的 60%～70%。

2)需要自启动,但为保证人身和设备安全或由生产工艺等要求,在电源电压长时间消失后不允许再自启动的电动机也应装设低电压保护,但其动作时限应足够大,一般整定为 5～10s,其动作电压多整定为额定电压的 40%～50%。

低电压保护的原理接线如图 5-36 所示。图中 TV 为电压互感器,KV 为低电压继电器。

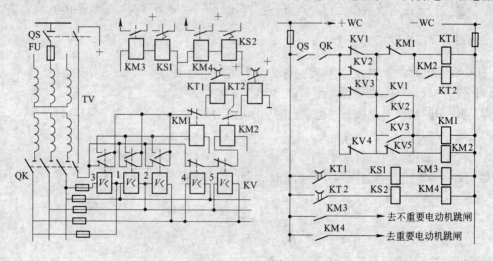

图 5-36　高压电动机低压保护原理电路图

在正常运行时,各低电压继电器所受电压为额定电压,继电器被吸动,各常开触点闭合,常闭触点断开,使时间继电器和出口中间继电器失去正电源,保护不能动作。

当电压降低为(60%~70%)U_{NM}或以下时,KV1、KV2、KV3启动(即被释放),其常闭触点闭合,接通时间继电器 KT1,经 0.5~1.5s 延时后,KT1 触点闭合,出口继电器 KM3 得电将不重要电动机跳闸。若电压继续下降到(40%~50%)U_N或以下时,KV4、KV5启动,其常闭触点闭合。启动继电器 KM2 使时间继电器 KT2 动作,经过 5~10s 延时后接通 KM4,使重要电动机跳闸。

如果在正常运行时 A 相熔断器熔断,则继电器 KV1 失电,其常闭触点闭合,通过 KV2、KV3 仍在闭合的常开触点,启动继电器 KM1,使其常闭触点断开,切断时间继电器 KT1 和 KT2 的线圈回路,从而防止误动作。如果三相熔断器同时熔断,这时尽管 KV1、KV2、KV4、KV5 都启动,但由于 KV3 接于分路熔断器不动作,因而 KM1 动作,切断时间继电器 KT1 与 KT2 的线圈回路,起到了闭锁作用,防止误动作。当检修电压互感器或试验低压继电器时,只要拉开隔离开关 QS 或刀开关 QK,就可以通过其辅助接点断开低电压保护的电源,使保护装置退出工作。

5.5 工业企业低压供电系统的保护

为了避免过负荷和短路引起的过电流对供电系统的影响,工业企业除了装设继电保护装置外,还装有熔断器保护和低压断路器保护装置。由于这两种装置简单经济,而且操作灵活方便,所以广泛应用于工业企业低压供电系统中。

5.5.1 熔断器保护

熔断器保护可用于高、低压供电系统,但其断流能力小、选择性差,而且熔体熔断后更换不便,不能迅速恢复供电,所以一般用于供电可靠性要求不高的场所。

5.5.1.1 熔断器在供电系统中的配置

在供电系统中配置熔断器,应符合保护的选择性原则,以使故障范围尽量小;另外还应考虑经济性,即熔断器的数量要尽量少。图 5-37 就是在车间低压放射式配电系统中熔断器合理配置的示意图。熔断器装于各配电线路首端,在各点短路时,都使靠近该点的首端熔断器熔断,而且上一级熔断器同时作为下一级熔断器的后备。

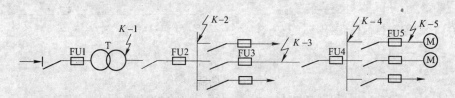

图 5-37 熔断器在低压放射式线路中的配置方式

应注意的是,熔断器只能装在各相相线上,在低压供电系统的 PE 线和 PEN 线上,不允许装设。因为若 PE 线或 PEN 线因熔断器熔断而断路,就会使接于线上的设备外露部分带电,危及人身安全。

5.5.1.2 熔断器熔体额定电流的选择

不同熔断器熔体额定电流的选择如下：

1)对于保护电力线路的熔断器,其熔体额定电流的选择参见第4章第5节中相关的内容。

2)对于保护电力变压器的熔断器,其熔体额定电流的选择应考虑躲过正常过负荷电流、电动机自启动电流、穿越性短路电流以及变压器自身的励磁涌流。根据经验,按下式选择即可满足上述要求：

$$I_{NF} = (1.4 \sim 2)I_{NT} \tag{5-32}$$

式中 I_{NT}——熔断器一侧的变压器额定电流。

3)对于保护电压互感器的熔断器,由于电压互感器二次侧负荷很小,故一般选取熔体额定电流为0.5A,型号为RN2型。

5.5.1.3 熔断器保护的灵敏度校验

为保证熔断器在其保护范围内发生短路故障时可靠熔断,保护灵敏度应满足

$$K_s = I_{K \cdot min}/I_{NF} \geqslant 4 \tag{5-33}$$

式中 $I_{K \cdot min}$——被保护线路末端在系统最小运行方式下的短路电流。对中性点不接地系统取两相短路电流;对中性点直接接地系统,取单相短路电流。

5.5.1.4 上下级熔断器之间的配合

上下级熔断器的配合,主要是为了保证保护的选择性,即当线路发生故障时,靠近故障点的熔断器应当先熔断,从而缩小故障范围。下面以图5-38(a)所示线路为例,说明利用熔断器的安—秒特性曲线来检验上下级熔断器配合的方法。

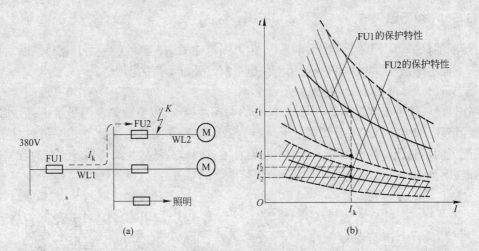

图5-38 熔断器保护

(a)熔断器在低压线路中的选择性配置;(b)熔断器的保护特性曲线及选择性校验

(注:斜线区是特性曲线的误差范围)

当支线上K点发生短路时,短路电流I_K流过FU2和FU1,根据选择性要求,FU2应先熔断,这就要求FU2的特性曲线与I_K对应熔断时间t_2小于FU1的熔断时间t_1。但由于熔体的安秒特性曲线误差为30%~50%,故从最不利情况考虑,FU2和FU1实际熔断时间

为 $t'_2 = 1.5t_2$ 和 $t'_1 = 0.5t_1$，而且要求 $t'_1 \geq t'_2$，如图 5-38(b) 所示。因此，为保证选择性，上下级熔断器熔体的熔断时间应满足下列条件：

$$t_1 \geq 3t_2 \tag{5-34}$$

若不用上述方法检验选择性，一般可使上下级熔断器的熔体额定电流相差 $2 \sim 3$ 个等级，即可满足选择性要求。

5.5.1.5 熔断器的断流能力校验

对限流式熔断器(如 RT0,RN1 等)应满足下列条件：

$$I_{off} \geq I_K^{''(3)} \tag{5-35}$$

式中　I_{off}——熔断器的最大分断电流；

　　　　$I_K^{''(3)}$——被保护线路最大三相次暂态短路电流有效值。

对非限流式熔断器(如 RW4,RM10 等)，应满足下列条件：

$$I_{off} \geq I_{sh}^{(3)} \tag{5-36}$$

式中　$I_{sh}^{(3)}$——被保护线路三相短路冲击电流有效值。

5.5.2　低压断路器保护

低压断路器保护，又称低压自动开关保护，适用于供电可靠性要求较高且操作灵活方便的低压供电系统中。

5.5.2.1　低压断路器在低压配电系统中的配置

(1)单独接低压断路器或加装刀开关的方式　对只有一台主变压器的变电站，低压侧采用低压断路器为主开关接线如图 5-39(a) 所示。

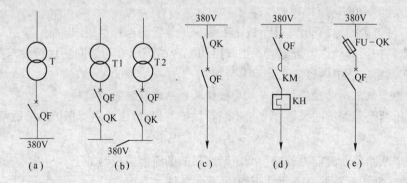

图 5-39　低压断路器常用的配置方式

(a)适于一台变压器变电站；(b)适于两台变压器变电站；(c)适于低压配电出线；
(d)适于频繁操作的电路；(e)适于自复式熔断器保护电路
QF—低压断路器；QK—刀开关；FU – QK—刀熔开关；KM—接触器；KH—热继电器

对装有两台主变压器的变电站，低压侧采用低压断路器作主开关时，考虑检修主变压器和低压断路器的安全，应在断路器低压母线侧加装刀开关，如图 5-39(b) 所示。

对低压配出线上装设的低压断路器，考虑检修低压断路器的安全，也应加装刀开关，如图 5-39(c) 所示。

(2)低压断路器与磁力启动器或接触器配合的方式　对于需要频繁操作的线路，应采用

图 5-39(d)所示接线方式。低压断路器主要作短路保护,接触器(或磁力启动器)作为操作的控制用,热继电器用于过负荷保护。

(3)低压断路器与熔断器配合的方式　如果低压断路器的断流能力不足以断开短路电流时,可采用如图 5-39(e)所示接线方式。利用熔断器(或刀熔开关)实现短路保护,而低压断路器作为过负荷和失压保护。

5.5.2.2　低压断路器脱扣器的选择与整定

(1)低压断路器脱扣器的选择　无论是过流脱扣器或热脱扣器,均应按额定电流不小于线路计算电流选择,即

$$I_{NR} \geqslant I_{30} \tag{5-37}$$

(2)低压断路器脱扣器的整定　脱扣器的动作电流反动作时间按其类型分别整定如下:

1)长延时过流脱扣器及热脱扣器的整定

这种脱扣器主要用于过负荷保护,其动作电流躲过线路计算电流即可,则

$$I_{op \cdot R} \geqslant K_{co} \cdot I_{30} \tag{5-38}$$

式中　K_{co}——可靠系数,可取 1.1。也可由实验确定。

长延时脱扣器动作时限应躲过允许短时过负荷的持续时间,以免误动作。

2)短延时限瞬时过流脱扣器的整定

脱扣器的动作电流应躲过线路的尖峰电流即

$$I_{op \cdot R} \geqslant K_{co} \cdot I_{pk} \tag{5-39}$$

式中　K_{co}——可靠系数。对 DW 型断路器,可取 1.35;对 DZ 型断路器,可取 1.7 ~ 2;对低压干线,可取 1.3。对短延时过流脱扣器,可取 1.2;

I_{pk}——线路的尖峰电流。

短延时过流脱扣器的动作时限,按上下级保护装置的选择性要求确定。

3)过流脱扣器的动作电流与被保护线路的配合　该配合与熔断器保护要求类似,具体可参见第四章第二节中内容。在此不再赘述。

5.5.2.3　低压断路器保护的灵敏度校验及断路器断流能力校验

(1)低压断路器保护的灵敏度　与熔断器保护类似,低压断路器保护的灵敏度应满足

$$K_s = I_{K \cdot min} / I_{op} \geqslant 1.5 \tag{5-40}$$

(2)低压断路器断流能力校验　低压断路器的断流能力校验如下:

对框架式低压断路器(DW 型),应满足下列条件

$$I_{off} \geqslant I_K^{''(3)} \tag{5-41}$$

对塑壳式低压断路器(DZ 型),应满足下列条件

$$I_{off} \geqslant I_{sh}^{(3)} \tag{5-42}$$

式中　$I_K^{''(3)}$,$I_{sh}^{(3)}$——与式(5-35)、式(5-36)相同。

5.5.2.4　上下级低压断路器之间及低压断路与熔断器之间的配合

(1)上下级低压断路器之间的配合　上下级断路器之间的选择性配合,最好与检验熔断器之间的配合类似,按其安-秒特性曲线进行检验曲线偏差可取 20% ~ 30%。一般来说,要保证上下级断路器之间的选择性,上一级的动作电流应不小于下一级动作电流的 1.2 倍,而且上一级断路器的动作时限也应大于下一级断路器的动作时限。

(2)低压断路器与熔断器之间的配合　低压断路器与熔断器之间的选择性配合,只能按安-秒特性曲线进行检验。一般低压断路器处于上级,其偏差可取 – 10% ~ – 20%的负偏差,而熔断器处于下级,其偏差可取 – 30% ~ + 50%的正偏差,此时只要保证上级的曲线总处在下级的曲线之上,即可保证动作的选择性,而且两条曲线间裕量越大,动作选择性越好。

5.6　工业企业供电系统的过电压保护

供电系统在运行过程中,由于某种原因会出现超过正常工作要求的高电压,从而对电气设备的绝缘造成损害,这种电压就称为过电压。研究它们的产生规律并加以有效的防护,对防止电气设备遭到破坏以及保证供电系统的正常运行具有十分重要的意义。

5.6.1　过电压的类型与产生原因

在供电系统中,过电压按其产生的原因不同,分为内部过电压和外部过电压两类。

(1)内部过电压　由于电力系统中的开关操作出现故障或其他原因而使系统内部能量发生转化或网路参数发生变化而引起的过电压,因为其能量来源于系统内部,所以称为内部过电压。内部过电压可分为如下三种:

1)操作过电压。操作过电压是指切断空载线路或空载变压器引起的过电压。空载线路属于容性负荷,在断路器切断容性负荷时,其触头间可能发生电弧重燃,从而引发强烈的电磁振荡,产生过电压。这种过电压的幅值与线路参数有关,一般不超过相电压的 3.5 倍。空载变压器属于感性负荷,在断路器切断其激磁电流后,电感中的磁场能转化为电场能,从而产生过电压。这种过电压幅值与回路参数、变压器接线及构造等多种因素有关,在中性点不接地系统中一般不超过相电压的 4 倍,最大可达 6 倍,在中性点接地系统中一般不超过相电压的 3 倍。

2)电弧接地过电压。中性点不接地系统中发生单相电弧接地时,由于系统中存在电感和电容,可能引起线路局部振荡,使接地电弧交替熄灭与重燃,从而产生过电压,这就是电弧接地过电压。一般这种过电压幅值不超过相电压的 3.5 倍。

3)谐振过电压。谐振过电压是由于电力系统的电路参数(R,L,C)组合不好发生谐振而引起的过电压,如电压互感器本身的非线性振荡,电力变压器铁心饱和引起的铁磁谐振等均可引起谐振过电压。这种过电压一般不超过相电压 2.5 倍,最大时可达 3.5 倍。

运行经验表明,内部过电压一般不超过电网工频相电压的 6 倍,只要在选择电气设备时对绝缘强度合理考虑,并在运行中定期查验,排除绝缘弱点,内部过电压造成的破坏是可以防止的。另外用来防护外部过电压的阀型避雷器对内部过电压也兼有防护作用。

(2)外部过电压　外部过电压是指供电系统的电气设备和地面构筑物遭受直接雷击或雷电感应而引起的过电压,由于其能量来源于系统外部,故称为外部过电压。外部过电压又称为大气过电压或雷击过电压。外部过电压在供电系统中形成的雷电冲击波,其电压幅值可达几百千伏,电流幅值可达几百千安,因此对供电系统危害极大,必须采取有效措施加以防护。外部过电压有以下两种基本形式:

1)直接雷击过电压。直接雷击过电压是由于带有电荷的雷云直接对电力网或设备放电而引起的过电压。当强大的雷电流通过这些设备导入大地时,产生破坏性极大的热效应和机械效应,同时还伴有电磁效应和闪络放电,这称为直接雷击或直击雷。由于雷电压幅值很难测量,所以一般用雷电流波形来衡量雷击强度,如图 5-40 所示。雷电冲击波的特征,一般用波幅值(单位 kA)和波头与波尾比值表示。雷电流幅值 I_m 与雷云中电荷量及雷电放电通道阻抗有关。雷电流一般在 $1\sim4\mu s$ 内从零增长到幅值 I_m,这段时间的波形称为波头 τ_{wh};而从幅值 I_m 开始衰减到 $1/2I_m$ 这段时间的波形称为波尾 τ_{wt},两者均以微秒(μs)为单位。雷电流的陡度 α 就是雷电流波头部分增长的速率,即 $\alpha =$

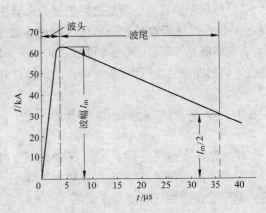

图 5-40　雷电流波形

di/dt,据测定 α 值可达 $50kA/\mu s$ 以上。对电气设备绝缘而言,雷电流陡度越大,由 $U_L = L \cdot di/dt$ 可知,产生的过电压越高,对绝缘的破坏也越严重。因此应研究采取保护措施,尽量降低雷电流的陡度及其幅值。

2)雷电感应过电压。当送电线路或设备附近发生对地雷击时,由于静电感应或电磁感应而在线路或设备上产生过电压,这种现象称雷电感应或感应雷。图 5-41 扼要表示了感应过电压的形成过程。在雷云放电初始阶段,与雷云带有同极性电荷的雷电先导逐渐向地面发展,由于静电感应而逐渐在附近线路上积聚大量异号的束缚电荷 Q,由于线路对地电容 C 的存在,线路上就建立了一个雷电感应电压 $U_{in} = Q/C$。当雷云对附近地面放电时,强烈放电产生的电磁效应使感应电压 U_{in} 瞬间达到很高幅值,而雷云放电后,线路上的束缚电荷变为自由电荷,并以电磁波的速度向线路两侧冲击流动,从而形成感应过电压冲击波。

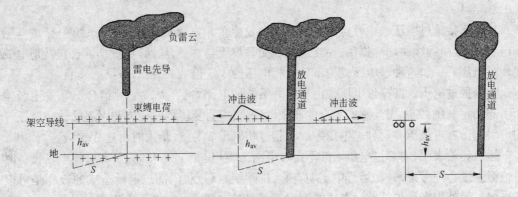

图 5-41　感应过电压的形成

感应过电压的幅值 U_{in} 与主放电电流幅值 I_m 成正比,而与雷击地面点和线路的垂直距离 S 成反比。由于距离 S 太近时,就会发生雷云直接对线路放电,故在计算感应过电压时规定 $S \geq 65m$。另外,由于导线对地的平均高度 h_{av} 与导线对地电容成反比,故与感应过电压幅值成正比。实测表明,当 $S \geq 65m$ 时,感应过电压幅值近似为:

$$U_{in} = 25 \times \frac{I_m h_{av}}{S} \quad (kV) \tag{5-43}$$

3)雷电冲击波沿导线的传播。架空线路由于遭受直接雷击或雷电感应而产生的雷电冲击波,沿线路侵入变电站或厂房内部将会导致设备损坏。据统计,这种雷电冲击波侵入造成的事故占电力系统雷害的50%以上,因此,对雷电冲击波的防护也应足够重视。雷电冲击波是沿导线向两侧流动的,这种流动的冲击波又称为行波,它的传播过程与导线的分布参数有关,其传播速度理论上与电磁波传播速度相同。当它到达变电站或其他结点时,还会发生折射和反射现象,而折射电压一般就是施加于被保护对象上的过电压。理论分析表明,在线路终端并联电容或串联电感,都会使折射波电压的波陡度下降,减小其对电气设备绝缘的危害。实际上,在用架空线供电的高压电机前一般串接一段 100～150m 的电缆线,利用电缆线较大的对地电容,拉平冲击波的波头,减小波陡度。另外,在防雷设计中常用的参数是冲击波最大陡度 α_{max},它主要是由入侵冲击波的幅值 U_{in} 决定的,只有把 U_{in} 抑制到规定安全值下,才能有效降低最大波陡度。我国规定的计算用电压波陡度安全值为:对 35kV 及以下系统为 0.5～1kV/m;对 60kV 系统为 0.6～1.1kV/m。在防雷设计时应采取措施把最大波陡度限制在规定值内,以保证安全。

5.6.2 直接雷击的防护

防护直击雷的有效装置是避雷针和避雷线,它们的作用是能对雷电场产生一个附加电场(由静电感应引起),使雷电场发生畸变,从而将雷电吸引到金属针(线)上来并安全导入地下,从而保护附近的建筑物、线路和设备免受雷击。另外,对于防雷要求较低的建筑物,也可采用在建筑物屋顶或边缘敷设接地的金属网或金属带,对建筑物进行防雷保护。

5.6.2.1 避雷针与避雷线的结构

避雷针(线)由接闪器、支持构架、引下线和接地体四部分组成。

(1)接闪器 接闪器是指避雷器顶端的镀锌圆钢或避雷线的全部镀锌钢绞线,是专门用来接受雷云闪络放电的装置。避雷针采用长 1～2m 的直径大于 20mm 的圆钢或直径大于 25mm 的钢管。避雷线采用截面大于 35mm² 钢绞线。

(2)支持构架 支持构架是将接闪器装设于一定高度上的支持物。在变电站或易爆的厂房,应采用独立支持构架;对一般厂房、烟囱等,避雷针可直接装设于保护物上。

(3)引下线 引下线是接闪器和接地体之间的连线,用来将接闪器上的雷电流安全引入接地体。引下线一般采用经防腐处理的直径 8mm 以上圆钢或截面大于 12mm×4mm 的扁钢,并应沿最短路径下地,每隔 1.5m 左右加以固定,以防损坏。

(4)接地体 接地体又称接地装置,是埋入地下土壤中接地极的总称,用来将雷电流泄入大地。接地体常用多根长 2.5m,50mm×50mm×5mm 的角钢打入地下。接地体的效果和作用常用其冲击接地电阻 R_{sh} 的大小来表示,其值越小越好。对独立的避雷针(线)规定 R_{sh} 应不大于 10Ω。

5.6.2.2 避雷针与避雷线的保护范围

避雷针(线)的保护范围就是它能防护直击雷的空间范围,其大小与避雷针(线)的高度有关。由于大多数雷云都距地面 300m 以上,所以避雷针(线)的保护范围不受雷云高度变化影响。

(1)单支避雷针的保护范围　单支避雷针的保护范围是以避雷针为轴的折线圆锥体,如图5-42所示。当被保护物高度为 h_x 时,在 h_x 水平面上(xx' 连线平面)的保护半径 r_x 按下式计算:

当 $h_x \geqslant h/2$ 时, $r_x = (h - h_x)p$　(5-44)

当 $h_x < h/2$ 时, $r_x = (1.5h - 2h_x)p$

(5-45)

式中　　p——高度影响系数。当 $h \leqslant 30m$ 时,

$p = 1$;

当 $30 < h \leqslant 120m$ 时, $p = \dfrac{5.5}{\sqrt{h}}$。

当保护范围较大时,若用单支避雷针保护,则需架设很高,这不仅投资大而且施工困难,所以此时就应采用多针矮针进行联合保护。

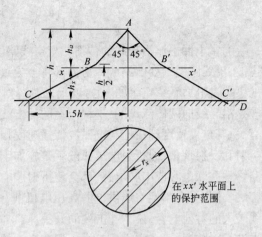

图 5-42　单支避雷针的保护范围

h—避雷针的高度; h_x—被保护物的高度;

h_a—避雷针本身的有效高度;

r_x—避雷针在 h_x 高度水平面上的保护半径

(2)两支避雷针的保护范围　两支等高避雷针联合保护的范围如图5-43所示。首先根据被保护物的长、宽、高及避雷针理想安装位置,初步确定两针间距 a,并按 $a \leqslant 7h_a$ 条件,初选避雷针本身有效高度 h_a。然后按下面方法验算,最后选定合理方案。

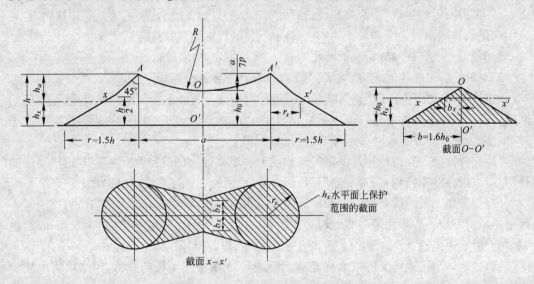

图 5-43　两支等高避雷针的保护范围

a—两避雷针间的距离; h_0—两针间保护范围上限的最低点的高度或称假想避雷针的高度;

$2b_x$—在 h_x 水平面上(xx' 连线平面)的保护范围最小宽度; r_x—单支避雷针在 h_x 水平面上的保护半径;

R—通过两只避雷针顶点(A、A')及保护范围上部边缘最低点 O 点的圆弧的半径,

O 点位于 $h - \dfrac{a}{7p}$ 的水平面上

两针外侧保护范围按单针保护的计算方法确定。两针之间在 h_x 水平面的保护范围可这样确定：先确定假想避雷针的高度（即两针间保护范围最低点 O 高度）$h_0 = h - \dfrac{a}{7p}$。则两针间在 h_x 水平面上最小保护宽度的一半 b_x 为：

$$b_x = 1.6(h_0 - h_x) \tag{5-46}$$

经验算应使 $b_x > 0$，且整个保护物均处于保护屏蔽下。否则应重新确定 a 及 h_a。

在有些情况下，如由于变电站地形或被保护物高度的关系，需要设置两支不等高的避雷针，其保护范围如图 5-44 所示。

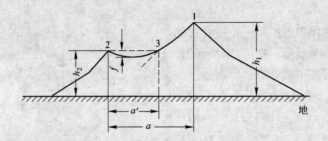

图 5-44　两支不等高避雷针的保护范围

两针外侧的保护范围仍按单支针计算。而两针内侧的保护范围可确定如下：先按单针法作高针 1 的保护范围，然后经低针 2 的顶点作水平线与之交于点 3，设点 3 为一假想针的顶点，此时再作出两支等高针 2 和 3 的联合保护范围，方法与上相同。

(3)多支等高避雷针的保护范围　当被保护物占地范围较大，如大面积厂房或总降压变电站等，需装设多支避雷针进行联合保护，图 5-45 和图 5-46 分别表示了三支和四支避雷针在 h_x 水平面上的保护范围。

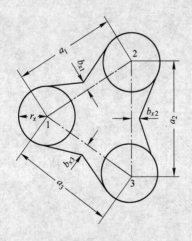

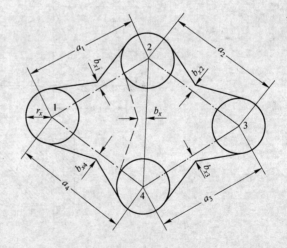

图 5-45　三支等高避雷针在 h_x 水平面上的保护范围

r_x—单支避雷针的保护半径；

a_1、a_2、a_3—分别为两针间的距离；

b_{x1}、b_{x2}、b_{x3}—分别为两针间的保护范围的宽度

图 5-46　四支等高避雷针在 h_x 水平面上的保护范围

r_x—单支避雷针的保护半径；

a_1、a_2、a_3、a_4—分别为两针间的距离；

b_{x1}、b_{x2}、b_{x3}、b_{x4}—分别为两针间的保护范围的宽度

三支避雷针形成的三角形外侧保护范围均按单支或两支等高避雷针的方法计算。相邻两对避雷针之间的 $b_x > 0$ 时，全部面积可受到保护。

四支及多支等高避雷针形成的四角形或多角形，可将其分为两个或几个三角形，按上述方法计算，即可判断整个面积是否均能受到保护。

(4)避雷线的保护范围　避雷线一般悬挂于被保护物的上空，主要用来保护架空线路免受直接雷击。

单根避雷线的保护范围是一个屋脊式的保护空间，如图 5-47 所示。在 h_x 水平面上，其一侧保护宽度可按下式计算：

当 $h_x \geqslant h/2$ 时，$r_x = 0.47(h - h_x)p$　（m）

当 $h_x < h/2$ 时，$r_x = (h - 1.53h_x)p$　（m）

$$(5\text{-}47)$$

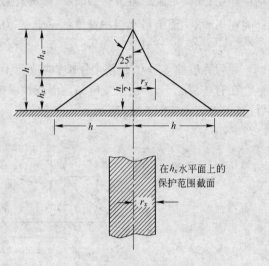

图 5-47　单根避雷线的保护范围

h—避雷线的高度；h_x—被保护物的高度；

h_a—避雷线的有效高度；r_x—避雷线每侧保护范围的宽度

当保护范围较宽时，可采用两根平行等高避雷线联合保护，如图 5-48 所示。两根避雷线外侧的保护范围按单线法确定。两避雷线内侧保护范围的横截面，由通过两根线及其保护范围上部最低点 O 的圆弧确定，O 点高度可按下式计算：

$$h_0 = h - \frac{a}{4p} \quad (\text{m}) \tag{5-48}$$

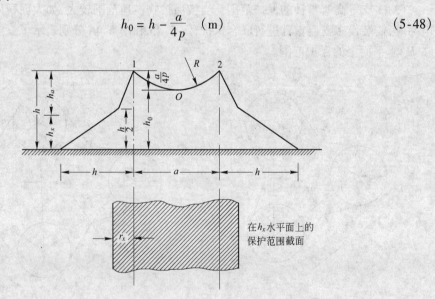

图 5-48　两根平行等高避雷线的联合保护范围

5.6.2.3　防护雷电流反击的措施

对变电站或易爆厂房等防雷要求较高的建筑物，其独立装设的避雷针除应有单独的接地装置，还应与被保护物之间保持一定的距离，如图 5-49 所示。这是因为当避雷针上落雷

148

时,雷电流沿引下线入地时产生的高电位会对离避雷针太近的被保护物发生击穿放电,即出现雷电流反击现象。

根据理论计算,避雷针对被保护物不发生反击的最小安全空气距离为:

$$S_a = 0.3R_{sh} - 0.108h \quad (m) \qquad (5-49)$$

在工程上,可取 $S_a \geqslant 0.3R_{sh} + 0.1h$,且一般不允许小于 5m。

另外,独立避雷针的接地体与被保护物的接地体之间在地下也应保持一定安全距离 S_E,以防雷电在地中向被保护物的接地体反击,为此应满足:

$$S_E \geqslant 0.3R_{sh} \quad (m) \qquad (5-50)$$

而且一般情况下,S_E 不应小于 3m。

对于 60kV 及以上变配电站,由于其电气设备的绝缘较强,允许将避雷针装于屋顶或门型构架上;而对 35kV 及以下变配电站和变电站主变压器,由于其绝缘较弱,故不允许在屋顶或门型构架上装设避雷针。

另外,独立避雷针的架设地点应避开人员通行的地方,一般要求离人行道 3m 以上,以保证人身安全。

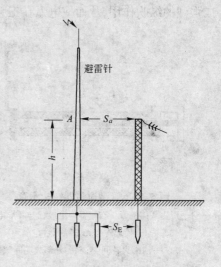

图 5-49　避雷针与被保护物的距离

5.6.3　雷电冲击波的防护

供电系统的架空线路在遭受直接雷击或发生雷电感应后,雷电冲击波将沿线路侵入变电站或厂房内,当冲击过电压超过电气设备绝缘耐压值时,将使变压器、大型电机等设备绝缘被击穿损坏,严重影响企业生产。因此必须采取有效措施防止雷电冲击波侵入。

5.6.3.1　避雷器的工作原理与特性

防止雷电冲击波侵入的有效装置是避雷器,通常是将它与被保护设备并联,在被保护设备的电源进线侧,如图 5-50 所示。当雷电产生的过电压波沿线路侵入时,由于避雷器的放电电压低于被保护设备绝缘的耐压值,所以避雷器的火花间隙被击穿,或由高阻变为低阻,使过电压经避雷器对地放电,从而保护设备绝缘免受损害。避雷器主要有:管型避雷器、阀型避雷器和压敏避雷器三类。

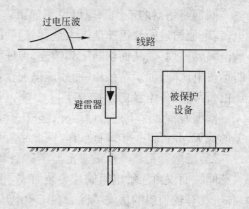

图 5-50　避雷器的连接

(1)管型避雷器　管型避雷器又称排气式避雷器,是一种具有较高灭弧能力的保护间隙,由产气管、内部间隙和外部间隙三部分组成,其结构如图 5-51 所示。产气管一般用纤维或有机玻璃等制成,其内部棒形电极用接地支座和螺母固定,另一端环形电极上有管口,且经外部火花间隙与导线相连。

当沿线路侵入的雷电波幅值超过管型避雷器的击穿电压时,内外间隙同时放电,雷电流经过避雷器泄入地下,随后流过的是电网的工频续流(相当于对地短路电流),其值也较大。由于内部间隙放电电弧使管内壁物质分解,释放出大量气体,由环形电极的开口孔喷出,形成强烈的纵吹作用,从而使电弧在工频续流第一次过零时就熄灭,全部熄弧过程仅为0.01s。

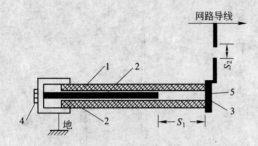

图 5-51　管型避雷器结构示意图

1—产生气体的管子;2—棒形电极;3—环形电极;

4—接地螺母;5—喷弧管口;

S_1—内部火花间隙;S_2—外部火花间隙

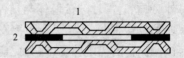

图 5-52　单个平板型火花间隙

1—黄铜电极;2—云母片

管型避雷器残压小且简单经济,但动作时有气体喷出,故一般用于室外线路,如变电站进线线路的过电压保护。

(2)阀型避雷器　阀型避雷器由装在密封瓷套管内的火花间隙和阀片串联组成。在瓷套管上端有接线端子与网路导线相连,下端通过接地引下线与接地体相连。火花间隙用铜片冲制而成,每对间隙用厚 0.5～1mm 的云母垫圈隔开,如图 5-52 所示。阀片用金刚砂细粒(70%)、水玻璃(20%)和石墨(10%)在高温下烧制而成,呈圆饼状。这种阀片具有良好的非线性特性,其电阻在通过电流大时,阻值很小;通过的电流小时,阻值很大。因而在通过较大雷电流后不会使残压过高,且对工频续流加以限制,有利于火花间隙切断工频续流。避雷器中火花间隙和阀片的多少是与电网额定电压的高低成正比例的。高压阀型避雷器中增加火花间隙,目的是为了将长弧分割为多段短弧,以加速电弧的熄灭。

阀型避雷器的工作原理可说明如下:当雷电冲击波侵入时,过电压使火花间隙击穿放电,雷电流通过阀片迅速泄入大地,但随后的工频续流较小,阀片呈现很大电阻,使火花间隙的电弧容易熄灭,从而切断工频续流,保证线路恢复正常运行。但是由于雷电流过阀片电阻时形成电压降,即所谓残压,而残压仍加在被保护设备上。因此残压值不能超过设备绝缘耐压值,否则设备绝缘仍会被击穿。

阀型避雷器除上述普通型外,还有一种磁吹型,其内部附加磁吹装置来加速火花间隙电弧的熄灭,并可进一步降低残压,因此一般用于保护重要的设备或绝缘较弱的设备。

(3)压敏避雷器　压敏避雷器又称金属氧化物避雷器,是一种新型避雷器,其结构上无火花间隙而仅由压敏电阻阀片叠装而成。阀片是由氧化锌或氧化铋等金属氧化物高温烧结而成,具有较理想的伏安特性。在工频电压下,它呈现极大电阻,能迅速有效地抑制工频续流,因此无需火花间隙熄灭工频续流电弧;而在过电压下,其电阻又变得很小,可以很好地泄放雷电流。这种避雷器无间隙、无续流、体积小、重量轻,很有发展前途,可能取代现有各类阀型避雷器。

5.6.3.2　避雷器与被保护物绝缘的伏秒特性配合

伏秒特性是表示绝缘材料在不同幅值冲击电压作用下,冲击放电电压值与对应的放电时间的关系,它说明绝缘承受冲击电压的性能。这种性能是用通过冲击耐压试验测绘出的伏秒特性曲线来表示的。伏秒特性与绝缘材料介质内电场强度均匀程度有关,电场强度越均匀,则其伏秒特性越平缓且分散性小;反之则伏秒特性越陡且分散性大,当分散性较大时,伏秒特性不能连成一条平滑曲线,而只能以一条有上、下包线的带状曲线来描述。一般而言,变压器和阀型避雷器的伏秒特性较平缓,而管型避雷器的伏秒特性则较陡。

  避雷器与被保护绝缘的伏秒特性应合理配合,其原则是应使避雷器的伏秒特性曲线的上包线总是低于被保护绝缘的伏秒特性的下包线,而且二者应有一定间距且平缓度越接近越好。这样就能保证在同一冲击电压作用下,避雷器总是先对地放电,从而保护电气设备绝缘。图 5-53 给出了管型或阀型避雷器与变压器间伏秒特性配合的几种情况。显然(a)图中两条曲线相交,不能起到保护作用;(b)图中由于管型避雷器伏秒特性过陡而被迫下移,使其放电电压偏低,易于误动作;而(c)图两个伏秒特性的配合较为理想。

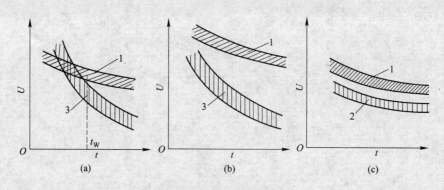

图 5-53　伏秒特性的配合
1—变压器伏秒特性;2—阀型避雷器伏秒特性;3—管型避雷器伏秒特性

5.6.3.3　变电站对雷电冲击波的防护

  (1)变电站内阀型避雷器与变压器间的最大允许距离　变电站内以主变压器为主要防护对象,一般在高压进线的三相母线上每相接一个阀型避雷器,与变压器并联。由于阀型避雷器安装位置距被保护物越远,在被保护物上的过电压幅值越大,所以避雷器应尽量靠近变压器安装。但变压器和母线之间还有其他开关等电气设备,按电气设备间应留有一定安全距离的要求,接母线上的阀型避雷器和主变压器之间必然会有一定距离,这段距离的最大允许值应按下式计算:

$$l_{max} \leqslant \frac{(U_{ist} - U_{sd}) \cdot v}{2a} \quad (m) \tag{5-51}$$

式中　U_{ist}——变压器绝缘冲击耐压值,常取 $5U_N$,其中 U_N 为变压器的额定线电压,单位 kV;

  U_{sd}——避雷器的冲击放电电压,单位 kV;

  v——雷电冲击波波速,可取 300m/μs;

  a——雷电冲击波波陡度,可取 $150 \sim 300$m/μs。

  从式(5-51)可看出,采取措施降低雷电冲击波的波陡度,可以扩大避雷器的保护范围。

  (2)35～110kV 变电站进线保护方案　为降低雷电冲击波的波陡度,可在变电站进线段

1～2km 的杆塔上装设架空接地线(即避雷线),使雷电过电压产生在 1～2km 以外,这样利用进线段本身阻抗的限流作用,使雷电冲击波的波幅值和波陡度降到安全值以内,而相应的雷电流也被限制到 5kA 以下。这就是所谓的"进线保护"。

对于工业企业以 35～110kV 线路进线的变电站,其标准防雷保护方案如图 5-54 所示。对于木杆或木横担线路,由于其对地绝缘很高,为了限制线路上遭受直击雷产生的高电压,可在其进线段首端装设一组管型避雷器 F1,其工频接地电阻应在 10Ω 以下。对于铁塔或铁横担的线路,其进线段首端可不装设 F1。由于变电站的进线开关或断路器在雷雨季节可能处于开路状态,为防止雷电冲击波引起的折射电压使其触头相间或对地闪络而损坏触头,应在进线段末端,尽量靠近隔离开关或断路器 QF1 处装设一组管型避雷器 F2,其外间隙大小应调整为线路正常运行时不被击穿。另外,阀型避雷器 F3 装设于高压母线上,以保护主变压器及其他电气设备的绝缘。如果变电站采用两路进线且高压母线分段,则每路进线和每段母线均应按上述标准方案实施保护。

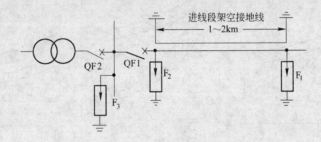

图 5-54　35～110kV 变电站进线保护标准方案

对 35kV 进线且容量不大的变电站,还可根据其重要性简化防雷保护。容量在 5600 kV·A 以下的变电站,避雷线可缩短为 500～600m,F2 可不装设;容量在 3200kV·A 以下者,更可简化为不装避雷线,只将 500～600m 进线段线路的瓷瓶铁脚接地或只在母线上装设阀型避雷器。

5.6.3.4　直配高压电动机防雷保护

企业有部分大功率高压电动机直接和厂区的 6kV 或 10kV 高压配电网连接,这类电动机称为直配电机。一旦线路上落雷,雷电冲击波将沿线路侵入电动机的定子绕组,造成电动机的绝缘损坏或烧毁,因此必须对直配电动机加强防雷保护。

尽管在高压电动机和连接母线上并联磁吹阀型避雷器可以防雷击,但由于电动机的定子绕组采用固体介质绝缘,其冲击耐压值只有同电压级变压器的 1/3 左右,而在运行过程中受潮、腐蚀和老化又使其耐压值进一步降低,并有可能低于磁吹阀型避雷器的残压。所以,只用磁吹避雷器来保护电动机的可靠性不够,必须与电容器和电缆进线段等联合组成保护,如图 5-55 所示。

当雷电冲击波使管型避雷器 F1 击穿后,电缆首端的金属外皮和芯线间被电弧短路,由于雷电流频率很高和强烈的趋肤效应使雷电流沿电缆金属外皮流动,而流过电缆芯线的雷电流很小,这样电动机母线所受过电压降低,即使能使磁吹阀型避雷器 F2 动作,流过它的雷电流及其残压也不会超过允许值。因此在电缆首端加装避雷器可以限制雷电冲击波到达母线上的过电压幅值。

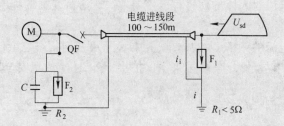

图 5-55　具有电缆进线段的直配式电动机的防雷保护

另外,当雷电冲击波由三相同时侵入电动机定子绕组并到达不接地的中性点(相当于开路)时,折射电压比入口电压提高一倍,这对绕组绝缘危害很大。因此,对定子绕组中性点能引出的电机,可在其中性点加装磁吹或普通阀型避雷器进行保护;对于中性点不能引出的电机,可采用磁吹避雷器与电容器 C 并联的方法来降低侵入波的波陡度,如图 5-55 所示。并联的 C 值越大,侵入波上升速度越慢,最大波陡度也相应越低。根据理论分析和运行经验,装设于每相的电容器常取 $0.25\sim0.5\mu F$。

如果由于条件所限,直配电机采用高压架空进线,则可在 100~150m 进线段的电杆装设避雷针,并在其首端装设一组管型避雷器。若电杆为木杆或采用木横担,还应将进线段电杆的所有绝缘瓷瓶铁脚接地,以限制冲击过电压幅值,减轻对电机绕组的危害。

5.7　电气设备的接地与安全用电

在电力系统中,为保证电气设备的正常工作或防止人身触电,而将电气设备的某部分与大地作良好的电气连接,这就称为接地。

5.7.1　触电事故及其影响因素

电气设备接地的一个主要目的,就是为了保障人身安全,防止触电事故的发生。人体触电时,流经人体的电流对肌体组织产生复杂的作用,使人体受到伤害,可导致功能失常甚至危及生命。危害的程度与以下多种因素有关。

(1)流经人体的电流　这是决定触电危害程度的根本因素,据研究,当通过人体的工频电流达到 30~50mA 时,就会使人神经系统受损而难以自主摆脱带电导体,时间一长也是危险的;而当电流达到 100mA 以上时,就会危及生命。

(2)人体电阻　主要由肌肤电阻决定,且与多种因素有关,正常时可高达数万欧以上,而在恶劣条件(如出汗且有导电粉尘)下,则可下降为 1000Ω 左右,计算时从安全角度考虑,一般取 1000Ω。

(3)作用于人体的电压　电压越高,人体电阻越小,则通过人体的电流越大,触电的危害程度就越高。因此,我国根据不同的环境条件,规定安全电压为:在无高度危险的环境为 65V,有高度危险环境为 36V,特别危险的环境为 12V。

(4)触电时间　电流流经人体的时间太长,即使是安全电流,也会使人发热出汗,人体电阻下降,相应的电流增大而造成伤亡。

(5)电流路径　电流对人体的伤害程度主要取决于心脏受损的程度,因此电流流经心脏的触电事故最严重。

除上述因素外,电流的频率、人的体重、健康状况及精神状态也会影响电流对人的危害程度。为了防止触电事故的发生,除了采用保护接地外,还应注意安全用电。

5.7.2　接地装置的构成及其散流效应

5.7.2.1　接地装置的构成

接地装置是由接地体和接地线两部分组成的。其中与土壤直接接触的金属物体,称为接地体或接地极;而由若干接地体在大地中相互连接而组成的总体,称为接地网。连接于接地体和设备接地部分之间的金属导线,称为接地线。

接地线通常采用 25mm × 4mm 或 40mm × 4mm 扁钢或直径为 16mm 的圆钢。接地线又可分为接地干线和接地支线,接地干线应采用不少于两根导体在不同地点与接地网连接,如图 5-56 所示。

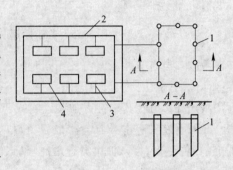

图 5-56　接地装置示意图
1—接地体;2—接地干线;3—接地支线;4—电气设备

建筑物内接地干线应在地面 400～600mm 以下且离墙至少 5mm,在潮湿或有腐蚀性建筑物内离墙至少 10mm,且每隔 500～1000mm 在墙内埋设托架,托架与接地线间应焊接在一起。

接地体通常采用直径 50mm,长 2～2.5m 的钢管或 50mm × 50mm × 5mm,长 2.5m 的角钢,端部削尖,打入地中。接地体按其布置方式又可分为外引式和环路式两种。外引式是将接地体引出户外某处集中埋于地下,如图 5-56 所示。环路式则是将接地体围绕设备或建筑物四周打入地中。接地体上端应露出沟底 100～200mm,以便与接地线可靠焊接。

为了减少投资,应在满足要求的条件下尽量采用自然接地体而不采用上述人工接地体。自然接地体包括上下水的金属管道,与大地有可靠金属性连接的建筑物或构筑物的金属结构,直埋地下的两根以上电缆的金属外皮和敷设于地下的各种金属管道等,但应注意易燃易爆的液体或气体管道不能作接地体。

5.7.2.2　接地装置的散流效应

(1)接地电流与对地电压　当电气设备发生接地时,电流通过接地体向大地作半球形散开,这一电流称为接地电流,用 I_E 来表示。半球形的散流面在距接地体越远处其表面积越大,散流的电流密度越小,在距接地点 x 厘米处电流密度 J_x 为

$$J_x = \frac{I_E}{2\pi \cdot x^2} \quad (\text{A/cm}^2)$$

相应的地表电位为

$$U_x = \int_x^\infty \mathrm{d}u = \int_x^\infty J_x \rho \mathrm{d}x = \frac{I_E\rho}{2\pi x} \quad (\text{V}) \tag{5-52}$$

式中　ρ——土壤电阻率,单位 Ω/cm。

由上式可见,距接地点越远处地表电位越低,电位和距离成双曲函数关系,这一曲线称

154

为对地电位分布曲线,如图 5-57 所示。

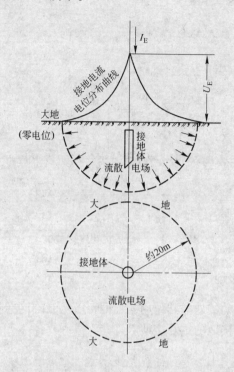

图 5-57　接地电流、对地电压及接地电流电位分布曲线

以上理论推导和试验均表明,在距接地点 20m 左右的地方,地表电位已趋近于零,这个电位为零的地方,称为电气上的"地"。而由图 5-57 可见,接地体(或与接地体相连的电气设备接地部分)的电位最高,它与零电位的"地"之间的电位差,就称为对地电压 U_E,可用下式计算:

$$U_E = \frac{I_E \rho}{2\pi \cdot r} \qquad (\text{V}) \tag{5-53}$$

式中　r——接地体的假想半径,cm。

相应的接地电阻 R_E 为:

$$R_E = \frac{U_E}{I_E} = \frac{\rho}{2\pi \cdot r} \qquad (\Omega) \tag{5-54}$$

可见,接地电阻与土壤电阻率成正比,与接地体半径成反比,而实际上接地体一般不为半球形,所以接地电阻还与接地装置的结构形式有关。

(2)接触电压和跨步电压　电气设备的外壳一般都和接地体相连,在正常情况下和大地同为零电位。但当设备发生接地故障时,则有接地电流入地,并在接地体周围地表形成对地电位分布,此时如果人触及设备外壳,则人所接触的两点(如手和脚)之间的电位差,称为接触电压 U_{tou};如果人在接地体 20m 范围内走动,由于两脚之间有 0.8m 左右距离而引起的电位差,称为跨步电压 U_{step},如图 5-58 所示。

由图 5-58 可见,对地电位分布越陡,接触电压和跨步电压越大。为了将接触电压和跨步电压限制在安全电压范围之内,通常采取降低接地电阻,打入接地均压网和埋设均压带等

155

措施,以降低电位分布曲线的陡度。

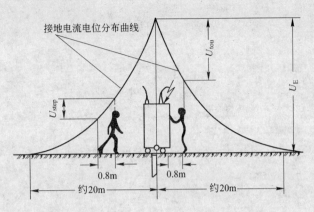

图 5-58 接触电压和跨步电压

5.7.3 电气设备的接地

电力系统和电气设备的接地按其作用的不同可分为:工作接地和保护接地两大类。此外还有为进一步保证保护接地的重复接地。

5.7.3.1 工作接地

为了保证电力系统在正常或事故情况下可靠运行而进行的接地,称为工作接地。工作接地可分为中性点直接接地(又称大电流接地系统)和中性点不接或经特殊装置(如消弧线圈)接地(又称小电流接地系统)两种。另外,防雷设备的接地,也属工作接地。各种工作接地有各自功能,例如中性点直接接地可防止系统发生接地故障后引起的过电压,并能避免由于单相接地后系统继续运行而形成的不对称性。中性点经消弧线圈接地则可消除单相接地的断续电弧,防止系统出现过电压。一般而言,超高压和高压电力系统为中性点直接接地系统;工业企业的 35kV 及 6~10kV 高压系统则为中性点不接地系统;工业企业 380/220V 低压系统则多数为中性点接地系统,但矿山企业则采用中性点不接地系统。

5.7.3.2 保护接地

为保障人身安全,防止触电事故而将电气设备的金属外壳与大地进行良好的电气连接,称为保护接地,代号为 PE。保护接地总的类型有两种:一种是设备的金属外壳各自的 PE 线分别直接接地,即过去所谓保护接地,新国标中称 IT 系统,多适用于企业高压系统或中性点不接地的低压三相三线制系统;另一种是设备的金属外壳经公共的 PE 线或 PEN 线接地,即过去所谓保护接零,多用于中性点接地的低压三相四线制系统,又可分为 TN 系统和 TT 系统两种。

(1)IT 系统 在中性点不接地的三相三线制供电系统中,将电气设备在正常情况下不带电的金属外壳及其构架等,与接地体经各自的 PE 线分别直接相连,称为 IT 系统。在中性点不接地的三相三线制系统中,当电气设备某相的绝缘损坏时外壳就带电,同时由于线路与大地存在绝缘电阻 r 和对地电容(图中未标出),若人体此时触及设备外壳,则电流就全部通过人体而构成通路,如图 5-59(a)所示,从而造成触电危险。当采用 IT 系统后,如因绝缘损坏而外壳带电,接地电流 I_E 将同时沿接地装置和人体两条通路流过,如图 5-59(b)所示。由于流经每条通路的电流值与其电阻值成反比,而通常人体电阻 R_b(1000Ω)比接地体电阻 R_E(小于 10Ω)大数百倍,所以流经人体的电流很小,不会发生触电危险。

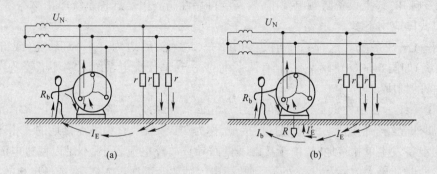

图 5-59 中点不接地的三相三线系统无接地与有接地的触电情况
(a)无保护接地时的电流通路;(b)有保护接地(IT 系统)时的电流通路

IT 系统由于其金属外壳是经各自 PE 线分别接地,各台设备的 PE 线间无电磁联系,因此适于对数据处理、精密检测装置等供电,但 IT 系统目前在我国应用不多。

(2)TN 系统　在中性点直接接地的低压三相四线制系统中,将电气设备正常不带电的金属外壳与中性线(N 线)相连接,称为 TN 系统。当设备发生单相碰壳接地故障时,短路电流经外壳和 PE(或 PEN)线而形成回路,由于回路中相线,PE(或 PEN)线及设备外壳的合成电阻很小,所以短路电流较大,一般都能使设备的过电流保护装置(如熔断器)动作,迅速将故障设备从电源断开,从而减小触电危险,保护人身和设备的安全。TN 系统按其 PE 线的形式又称分为以下三种:

1)TN—C 系统。这种系统的中性线 N 和保护线 PE 合为一根 PEN 线,电气设备的金属外壳与 PEN 线相连,如图 5-60(a)所示。一般而言,只要开关保护装置选择适当,可以满足供电可靠性要求,并且其所用材料少,投资小,故在我国应用最普遍。

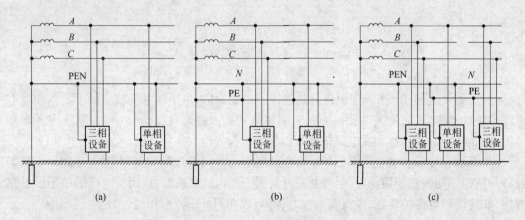

图 5-60 TN 型低压配电系统电路图
(a)TN—C 系统;(b)TN—S 系统;(c)TN—C—S 系统

2)TN—S 系统。这种系统的 N 线与 PE 线是分开的,所有设备外壳均与公共 PE 线相连,如图 5-60(b)所示。在正常情况下,PE 线上无电流通过,因此各设备间不会产生电磁干扰,所以适用于数据处理和精密检测装置使用;另外,由于其 N 线与 PE 线分开,因此 N 线断线也不影响 PE 线上设备防触电要求,故安全可靠性高。但是这种系统所用材料多,投资较大,所以我国应用不多。

3)TN—C—S 系统。这种系统前边为 TN—C 系统,后边为 TN—S 系统(或部分为 TN—S 系统)如图 5-60(c)所示。它兼有两系统的优点,适于配电系统末端环境较差或有数据处理设备的场所。

(3)TT 系统　在中性点直接接地的低压三相四线制系统中,将电气设备正常情况下不带电的金属外壳经各自的 PE 线分别直接接地,称为 TT 系统。在中性点接地的三相四线制系统中,当设备发生单相接地时,由于接触不良而导致故障电流较小,不足以使过电流保护装置动作,此时如果人体触及设备外壳,则故障电流就要全部通过人体,造成触电事故,如图 5-61(a)所示。当采用 TT 系统后,设备与大地接触良好,发生故障时的单相短路电流较大,足以使过电流保护动作,迅速切除故障设备,大大减小触电危险。即使在故障未切除时人体触及设备外壳,由于人体电阻远大于接地电阻,故通过人体的电流较小,触电的危险性也不大,如图 5-61(b)所示。

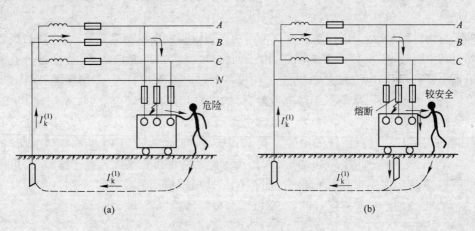

图 5-61　TT 系统保护接地功能说明
(a)外露可导电部分未接地时;(b)外露可导电部分接地时

但是,如果这种 TT 系统中设备只是绝缘不良而漏电,由于漏电流较小而不足以使过电流保护装置动作,从而使漏电设备外壳长期带电增加了触电危险,所以,TT 系统应考虑加装灵敏的触电保护装置(如漏电保护器),以保障人身安全。

TT 系统由于设备外壳经各自 PE 线分别接地,故各 PE 线间无电磁干扰,也适用于数据处理和精密检测装置使用;而同时 TT 系统又属三相四线制系统,接用相电压的单相设备很方便,如装设触电保护装置,人身安全也有保障,故在国外广泛采用,我国也在逐渐推广。

5.7.3.3　重复接地

在电源中性点直接接地的 TN 系统中,为减轻 PE 或 PEN 线断时危险程度,除在电源中性点进行接地外,还在 PE 或 PEN 线上的一处或多处再次接地,称为重复接地。重复接地一般在下列地方进行:

1)架空线路的干线和支线终端及沿线每1km处;

2)电缆和架空线在引入车间或建筑物之前。

在中性点直接接地的 TN 系统中,当 PE 或 PEN 线断线而且断线处之后有设备碰壳漏电时,在断线处之前设备外壳对地电压接近于零;而在断线处之后设备的外壳上,都存在着近于相电压的对地电压,即 $U_E \approx U_\varphi$,如图 5-62(a)所示,这是相当危险的。进行重复接地后,在发生同样故障时,断线处后的设备外壳对地电压(等于 PE 或 PEN 线上对地电压)为 $U'_E = I_E \cdot R'_E$。而在断线处之前的设备外壳对地电压为 $U_E = I_E \cdot R_E$,如图 5-62(b)所示。当 $R_E = R'_E$ 时,断线前后设备外壳对地电压均为 $U_\varphi/2$,危险程度大大降低。但实际上由于 $R'_E > R_E$,所以断线处后设备外壳 $U'_E > U_\varphi/2$,对人仍构成危险,因此 PE 线或 PEN 线断线故障应尽量避免。施工时,一定要保证 PE 线和 PEN 线的安装质量;在运行中,也应注意对 PE 线和 PEN 线状况的检测,并且不允许在 PE 线和 PEN 线上装设开关和熔断器。

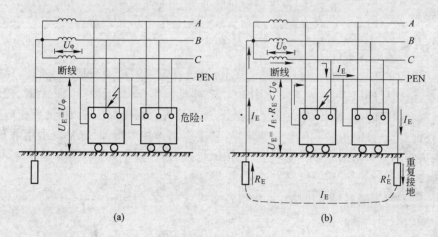

图 5-62　重复接地功能说明示意图

(a)没有重复接地的系统中,PE 线或 PEN 线断线时;(b)采用重复接地的系统中,PE 线或 PEN 线断线时

5.7.4　安全用电

5.7.4.1　漏电断路器的原理及应用

在低压 220/380V 中性点直接接地系统中,为了防止设备漏电而造成的触电事故,当前广泛采用漏电断路器,又称为漏电保护器或触电保护器。漏电断路器按其工作原理可分为电压动作型和电流动作型两种,但常用的是电流动作型漏电保护器。

电流动作型漏电断路器由零序电流互感器、半导体放大器和低压断路器(含脱扣器)等三部分组成,其工作原理如图 5-63 所示。在正常情况下,通过零序电流互感器 TAN 的三相三线(或四线)的电流向量和为零,故互感器铁心中没有磁通,其二次侧也没有输出信号,断路器 QF 不动作。当设备碰壳漏电或接地时,接地电流经大地回到变压器中性点,则此时三相电流向量和不为零,零序电流互感器 TAN 的铁心中产生磁通,其二次侧有输出电流,经放大器 A 放大后,通入脱扣器 YR 上,使断路器 QF 跳闸,从而切除故障设备,整个过程的动作时间不超过 0.1s,可有效地起到触电保护作用,并可防止火灾、爆炸事故的发生。

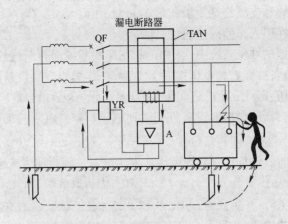

图 5-63　电流动作型漏电开关工作原理示意图

TAN—零序电流互感器；A—放大器；YR—脱扣器；QF—低压断路器

5.7.4.2　防止触电的安全措施

在供用电工作中,必须特别注意电气安全,如稍有疏忽就可能造成严重的人身触电事故。发生触电事故的原因有:缺乏安全用电知识,违反操作规程;维护检修不及时,接触年久失修的电源、电线和漏电设备;电气设备安装不合理等等。为确保安全用电,首先应做到正确设计、合理安装、及时维护和保证检修质量;其次应加强技术培训,普及安全用电知识,展开以预防为主的反事故演习;另外还要加强用电管理,建立健全安全工作规程和制度,并严格遵照执行。

(1)检修工作中的防触电措施　在电气设备上工作,一般均应停电后进行,可采取下列措施防止触电:

1)断开电源。在检修设备时,应把各方面可能来电的电源均断开,特别是应注意防止多回路线路中低压侧向检修设备反送电。断开电源时应有明显断开点,同时应断开开关的操作电源,刀闸的操作手柄应锁定于分闸位置上。

2)验电。工作前必须用电压等级合适的验电器对检修设备的进出线两侧分别验电,明确无电后,方可开始工作。

3)装设接地线。为防止突然来电,应对可能送电到检修设备的各电源侧及可能产生感应电压处均应装设接地线,装设时应先接接地端,后接导体端,并要保证接触良好;拆接地线时顺序与此相反。装拆接地线均应使用绝缘杆或戴绝缘手套。接地线截面不得小于 $25mm^2$,并应尽量装设于工作时看得见的地方。

4)悬挂标示牌和装设遮栏。在断开的开关和刀闸的操作手柄上悬挂"禁止合闸,有人工作"的标示牌,必要时加锁固定。在工作中,人距其他带电设备距离应大于安全距离,这可用加装临时遮栏或护罩来保证,遮栏或护罩与带电设备距离也不得小于规定值。

(2)带电工作中的防触电措施　带电工作中防触电措施如下:

1)在低压电气设备上带电工作,应有专人监护;应穿长袖衣服,戴手套和工作帽,并站在绝缘垫上;应使用有合格绝缘手柄的工具,严禁使用锉刀和金属尺;将可能触碰的其他带电体及接地物体用绝缘物隔开或遮盖,以防相间短路和接地短路。

2)在低压线路上带电工作时,应设专人监护,使用有绝缘柄的工具,穿绝缘鞋或站于绝缘垫上。在高、低压线同一杆上检修时,应检查工作人员与高压线距离是否符合规定;同一杆上不准二人同时在不同相上带电工作,工作中穿越线档,应先用绝缘物将导线遮盖好;上杆前应分清火线(相线)和地线,选好工作位置;断开线路时,应先断火线后断地线;搭接线路时与此顺序相反;接火线时,应先将两个线头搭实后再缠接,切不可同时接触两根导线。

3)在高压设备和高压线路上带电工作时,必须由专门的带电作业人员承担。

(3)移动式电器工具的安全使用 在工业企业中,手电钻、行灯、电风扇等是常用的可移动电器工具,由于这些工具及其电源线经常移动,容易受到磨损、压伤和受潮湿、高热及腐蚀性物质的损害,因此在使用时应注意安全,防止触电。

习　题

5-1 什么是继电保护装置,其作用是什么,应满足哪些要求?

5-2 试述 DL-10(20)系列与 GL-10(20)系列电流继电器的结构,工作原理以及两种继电器动作电流和返回电流的意义。

5-3 试述电流互感器与电流继电器的各种接线方式的特点,接线系数及应用。

5-4 试画出电流互感器两相两继电器式和两相单继电器式接线的电路图,用向量图分析为什么它们只能保护相间短路而不能保护单相短路?

5-5 什么是过电流保护装置? 试述定时限与反时限过电流保护装置的组成,工作原理及整定步骤并对二者进行比较。

5-6 试述电流速断保护装置的构成,工作原理及其整定与校验,并画图说明它与时限过电流保护如何配合保护线路全长?

5-7 现有无限容量供电系统如图 5-64 所示,L-2 为 6kV 架空线路,正常时为车间一段母线供电,母线上接有一台 750kV·A 变压器及一台可自启动的 260kW 电机(其功率因数为 0.86,效率为 0.93,自启动倍数为 5.3)。在事故条件下,线路 L-2 应承担以下一级负荷:两台 260kW 电机及 70% 的其他低压负荷。已知系统中各点三相短路电流折算到 6.3kV 的数值为:$I_{K-2 \cdot min} = 930A$,$I_{K-3 \cdot max} = 2840A$,$I_{K-3 \cdot min} = 2660A$。试对线路上 L-2 上装设的定时限过电流保护装置进行整定计算,已知变压器 T1 二次侧采用熔断器保护,其动作时间为 0.1s。

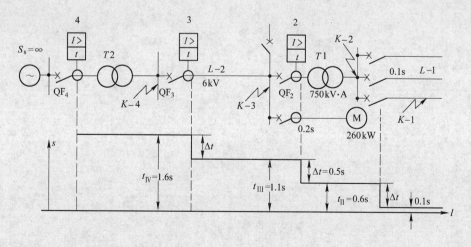

图 5-64　习题 5-7 图

5-8 工业企业 6-10kV 电网为什么要装设绝缘监视及单相接地保护装置,说明这两种装置的构成及工作原理?

5-9 电力变压器常用的有哪些保护,Y,d 结线的变压器为何不能用两相差流接线作相间过电流保护,为什么采用两相三只继电器比两相两只继电器保护灵敏度提高一倍?

5-10 试述变压器气体保护的工作原理,指出气体继电器的基本结构和动作过程,给出气体保护原理电路图,并说明其动作原理。

5-11 试述变压器差动保护的工作原理,不平衡电流产生的原因及其消除方法,说明 BCH-2 型差动继电器的工作原理及整定步骤。

5-12 试述高压电动机过负荷、相间短路及差动保护的接线与整定方法,分析电动机低压保护的构成及工作原理。

5-13 试述工业企业低压供电系统熔断器保护和低压断路器保护的工作原理,并说明如何保证其动作的选择性。

5-14 电力系统中有哪些过电压,都是如何形成的,怎样防护?

5-15 避雷针和避雷线有何作用,其保护范围如何确定,在设计避雷针时如何防止反击现象?

5-16 某企业变电站高 10m,其最远处距离 60m 的烟囱高 50m,烟囱上装有一支 2.5m 高的避雷针,试验算其防雷有效性。

5-17 避雷器有何作用,分为哪几种,说明各种避雷器的结构和工作原理,变电站和直配电动机如何实现对雷电冲击波的防护?

5-19 什么叫接地,电气设备的接地可分为哪几种,各有什么作用,接触电压和跨步电压是怎样形成的?

6 工业企业供电系统二次接线与自动装置

6.1 二次接线的基本概念

在变电站中通常将电气设备分为一次设备和二次设备两大类。一次设备是指直接生产、输送和分配电能的设备。变压器、高压断路器、隔离开关、电抗器、并联补偿电力电容器、电力电缆、送电线路以及母线等属于一次设备,由这些设备构成的电路称为变电站的主电路或一次接线,是变电站的主体。对一次设备的工作状态进行监视、测量、控制和保护的辅助电气设备称为二次设备。一次设备与二次设备都是变电站电气部分的重要组成部分。

变电站的二次设备包括测量仪表、控制与信号回路、继电保护装置、制动装置以及远动装置等。这些设备通常由电流互感器、电压互感器、蓄电池组成或用低压电源供电,它们相互间所连接的电路称为二次回路或二次接线。显然,二次回路按照功用可分为控制回路、合闸回路、信号回路、测量回路、保护回路以及制动装置、远动装置回路等;按照电流类别来分有直流回路、交流回路和电压回路。

6.2 断路器控制回路信号系统与测量仪表

6.2.1 控制回路

变电站在运行时,由于负荷的变化或系统运行方式的改变,经常需要操作切换断路器和隔离开关等设备。断路器的操作是通过它的操作机构来完成的,而控制电路就是用以控制操作机构动作的电气回路。

控制电路按照控制地点的不同,可分为就地控制电路及控制室集中控制电路两种类型。车间变电站和容量较小的总降压变电站的 6 ~ 10kV 断路器的操作,一般多在配电装置旁手动进行,这种控制方式称为就地控制。总降压变电站的主变压器和电压为 35kV 以上的进出线断路器,以及出线回路较多的 6 ~ 10kV 断路器,采用就地控制很不安全,容易引起误操作,故均可采用由控制室远方集中控制。

按照控制对象的不同,对断路器的控制和信号回路,可分为按对象分别控制和选线控制两种。若变电站为集中控制且出线的数量较多时,宜采用选线控制。

按照对控制电路监视方式的不同,又有灯光监视控制及音响监视控制电路之分。由控制室集中控制及就地控制断路器,一般多采用灯光监视控制电路,只在重要情况下才采用音响监视控制电路。

对控制电路的基本要求是:

1）由于断路器操作机构的合闸与跳闸线圈都是按短时通过电流进行设计的，因此控制电路在操作过程中只允许短时通电，操作停止后即自动断电；

2）能够准确指示断路器的分合闸位置；

3）断路器不仅能用控制开关及控制电路进行跳闸及合闸操作，而且能由继电保护及自动装置实现跳闸及合闸操作；

4）能够实现实时地对控制电源及控制电路的完整性进行监视；

5）如果断路器操作机构本身没有机械"防跳"装置时，则控制电路中应考虑电气"防跳"措施。

上述五点基本要求是设计控制电路的基本依据。设计时如果参考有关手册选用典型电路，必须检查是否满足上述基本要求。

6.2.2 信号电路

为了实时地指示变电站中各种电气设备的运行状态，变电站必须装设各种信号装置。由信号电源、信号装置及连接线组成的回路称为信号回路。

信号装置按用途不同，可分为位置信号、事故信号及预报信号等。

6.2.2.1 位置信号

利用位置信号可以指示断路器及隔离开关等设备的工作状态，也就是处于分闸还是合闸位置。断路器多利用灯光信号来指示工作状态；隔离开关的位置信号多用其本身带有的位置信号指示器（如 MK-9 型位置信号指示器）来指示工作状态。

6.2.2.2 事故信号

当断路器由于系统内出现某种故障而跳闸时，利用事故信号通知运行值班人员。断路器出现事故跳闸时有两种信号：事故音响信号和事故灯光信号。事故音响信号为高音电笛声；事故灯光信号为绿灯闪光。其中事故音响信号可以设计成全变电站公用，即无论哪一台断路器因事故而跳闸都启动同一电笛，发起鸣叫声以引起值班人员的注意。事故灯光信号均设计成由各断路器专用，这样可以使值班人员能及时判断出跳闸的断路器。事故音响信号长时间的鸣叫，当值班人员发现本变电站出现了事故跳闸后，即可将事故音响信号解除。解除办法通常有两种，一种是设计成个别复归，另一种是设计成中央复归。以上是设计事故信号电路时必须考虑的一些原则。

6.2.2.3 预报信号

预报信号是用来通知值班人员本变电站设备的某些部分出现了不正常的运行状态，必须采取措施来消除，否则可能会导致严重事故的出现。例如变压器的过负荷、轻瓦斯动作以及中性点不接地系统发生了单相接地等都应发出预报信号，以便值班人员进行处理。预报信号一般也分为灯光信号和音响信号，但为了与事故信号相区别，预报音响信号均设计成用电铃，预报灯光信号设计成光字牌。光字牌平时熄灭，只有当发生不正常情况时，才接通电路点亮光字牌，显示出不正常运行情况的内容。

6.2.3 测量仪表

变电站的测量仪表是保证电力系统安全经济运行的重要工具之一，是变电站值班人员监视设备运行、准确统计企业电力负荷、积累技术资料和计算生产指标的重要依据。而测量仪表的连接回路则是变电站二次接线的重要组成部分。

电气测量与电能计量仪表的配置,首先必须保证运行值班人员能方便可靠地掌握设备运行情况,在发生事故后能便于及时正确地处理。其次,为防止仪表过多使观察不变且增加建设投资,测量仪表的数量必须在保证需要量测的条件下减少到最低限度。

电气测量与计量仪表应尽量安装在被测量设备的控制平台或控制箱柜上,以便操作时易于观察。

以上是设计测量电路时应该尽量考虑的基本原则。至于工业企业各级变电站的电气测量与电能计量仪表的配置均有成熟的标准,在电气手册中可查得,读者需要时可查阅有关资料。

6.3 直流系统绝缘监视装置

由于变电站中许多二次设备都采用直流电源,所以对直流系统的绝缘监视成为二次回路设计中的重要内容。

变电站的直流系统发生一极接地时,尚不致引起危害,但不允许长期运行,否则当另一点再发生接地时,就会引起严重后果。可能造成继电保护、信号装置和控制回路的误动作,使高压断路器误跳闸或拒绝跳闸。为了防止这种危害,必须装设连续工作高灵敏度的绝缘监察装置,以便及时发现系统中某点接地或绝缘降低。当220V直流系统中任何一级的绝缘电阻下降到 $15 \sim 20 k\Omega$ 时,其绝缘监察装置应发出预报音响和光字信号。

当前普遍采用的几种直流系统的绝缘监视装置多是利用接地漏电流原理构成的,其接线如图6-1所示。图6-1(a)是利用两种DX-11型继电器KE1、KE2和两个5000Ω的电阻与正负极对地绝缘电阻构成电桥电路。正常时两极对地电阻相同,继电器中电流一样,双向指示的毫安表中无电流,指示为零。当正极接地时,继电器KE1中电流减小,KE2中电流增大,毫安表中电流由下向上流;当负极接地时,继电器KE2中电流减小,KE1中电流增大,毫安表中电流由上向下流。适当整定KE1与KE2的动作值,由其接点可接通预报音响信号及光字显示。图6-1(b)采用一只DX-11/0.05型的电流型信号继电器KE,串联在双向指示的毫安表回路中,其工作原理和图6-1(a)所示完全相同。若任一极发生接地时,均由KE动作发出预报信号,并可通过毫安表的指向或按下按钮判断出哪一极接地。

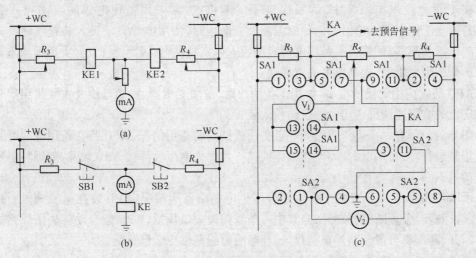

图 6-1 直流系统绝缘监视装置

在大型发电厂和变电站中应用较多的另一种绝缘监视装置,其接线如图 6-1(c)所示。它是由三只 1000Ω 的电阻 R_3、R_4、R_5,两只高内阻 100kΩ 的直流电压表 V_1 与 V_2,一只 DL-11/2.45 型电流继电器以及两个操作开关 SA1、SA2 组成。其中电压表 V_1 是双向量限 –150 ~ 0 ~ 150V,并标有对应电阻量限 0 ~ ∞ ~ 0Ω,而电压表 V_2 则为单向量限 0 ~ 250V,两者均为 1C2-V 型直流电压表。这种监察装置可以测出两极对地总的绝缘电阻,并加以适当运算,可求出各级对地绝缘电阻。同时还能发出信号。在正常运行时,操作开关 SA1 置于中间竖直"母线"位置,SA2 置于竖直"信号"位置,即 SA1 的 ⑦ ~ ⑤、⑨ ~ ⑪ 以及 SA2 的 ⑪ ~ ⑨、② ~ ①、⑤ ~ ⑧ 各触点均闭合,R_5 被短接,电压表 V_2 接在正负极之间,可测出母线电压。电压表 V_1 并未接入,电流继电器 KA 接于 R_3、R_4 与两极对地绝缘电阻 R_1、R_2 组成电桥的平衡臂上。正常时两极对地绝缘电阻相等,KA 中无电流,其接点不能闭合,无信号发出。

当正极或负极接地或绝缘电阻降到一定程度时,两极对地绝缘电阻相差较大,电桥失去平衡,继电器 KA 中则有电流流过,使其动作接通预报音响和光字信号。此时,应切换 SA2 并借助电压表 V_2 的指示,可判别出哪一级接地或绝缘电阻降低。如将操作开关 SA2 扳向" – "位置,其接点 ① ~ ④、⑤ ~ ⑧ 接通,V_2 指示若小于母线电压,说明正极绝缘降低,若指示值为母线电压,则说明正极完全接地;若将 SA2 扳向" + "的位置,其接点 ② ~ ①、⑥ ~ ⑤ 闭合,电压表 V_2 如指示母线电压,说明负极接地,若指示值小于母线电压,则说明负极绝缘电阻降低。

必须指出,由于上述绝缘监视装置是利用电桥平衡原理设计的,所以当直流母线正、负极对地绝缘电阻均等下降时,不能及时反应发出预报信号。更加完善的绝缘监视装置有待进一步研究。

6.4　备用电源自动投入装置及自动重合闸装置

为了提高工厂供电的可靠性,保证重要负荷不间断供电,在供电中常采用备用电源自动投入装置和自动重合闸装置。

6.4.1　备用电源自动投入装置(APD)

在工业企业供电系统中,为了保证不间断供电,常采用备用电源的自动投入装置(APD)。当工作电源不论由于何种原因而失去电压时,备用电源自动投入装置能够将失去电压的电源切断,随即将另一备用电源自动投入以恢复供电,因而能保证一类负荷或重要的二类负荷不间断供电,提高供电的可靠性。

APD 装置应用的场所很多,如用于备用线路、备用变压器、备用母线及重要机组等。使用较广泛的有下述两种备用电源自动投入装置:

图 6-2(a)是有一条工作线路和一条备用线路的明备用情况,APD 装在备用进线断路器上。正常运行时,备用电源断开,当工作线路一旦失去电压后便被 APD 切除,随即将备用线路自动投入。

图 6-2(b)为两条独立的工作线路分别供电的暗备用情况,APD 装在母线分段断路器上,正常运行时分段断路器断开,当其中一条线路失去电压后,APD 能自动将失压线路的断路器断开,随即将分段断路器自动投入,让非故障线路供应全部负荷。

对 APD 装置的基本要求如下:

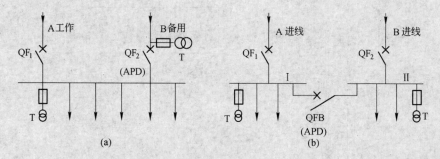

图 6-2　备用电源自动投入示意图

(a)明备用;(b)暗备用

1）当工作电源上的电压不论因何种原因消失时,APD 均应动作,而且应保证在工作电源断开后再投入备用电源;

2）常用电源因负荷侧故障被继电保护切断或备用电源无电时,APD 均不应动作;

3）应保证 APD 装置只动作一次,这是为了避免将备用电源多次投入到具有永久性故障的线路上;

4）电压互感器的熔丝熔断或其刀闸拉开时,APD 装置不应误动作;

5）常用电源正常停电操作时,APD 装置不准动作,以防备用电源投入。

图 6-3 为 10kV 电源互为明备用的互投装置原理接线图。图中 QF₁、QF₂ 为两路电源

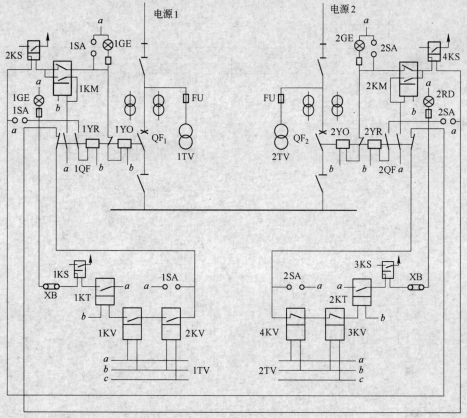

(a)

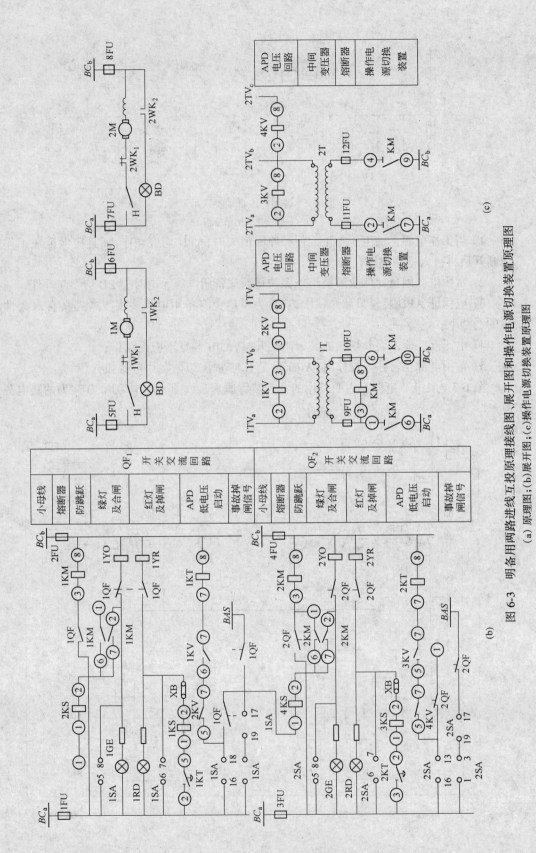

图 6-3 明备用两路进线互投原理接线图、展开图和操作电源切换装置原理图

(a) 原理图;(b) 展开图;(c) 操作电源切换装置原理图

168

进线的断路器,其操作机构可用交流亦可用直流,操作电源由两组电压互感器 1TV、2TV 提供。这种接线能够作到两路电源互为备用、互投。其动作情况简述如下:

假定电源 1 为常用电源,QF_1 处于合闸状态,QF_2 处于分闸状态,电源 2 为备用电源。正常运行时,1TV 和 2TV 均带电,则 1KV ~ 4KV 动作,其常闭触点打开,切断了 APD 装置启动回路的时间继电器 1KT。采用 2 只电压继电器使其触点串联,是预防电压互感器一相熔丝熔断而使 APD 误动作。

当一路电源因事故停电后,则电压继电器 1KV 及 2KV 的常闭触点接通,启动时间继电器 1KT,经过预先整定的时间 t 后,1KT 动作,通过信号继电器 1KS 使断路器 QF_1 跳闸。QF_1 跳闸后,其常闭辅助触点闭合,再通过防跳跃中间继电器 2KM 的常闭触点,使断路器 QF_2 合闸,备用电源 2 开始供电。QF_2 合闸后,其常开辅助触点将 2KM 启动并使其自保持,因而保证了 QF_2 只动合一次,此即为"防跳跃闭锁"。

该电路由于采用交流操作电源,因此在常用电源消失、而备用电源又无电时,也就无操作电源,可保证 APD 装置不应动作的要求。

当 QF_1 因电流保护跳闸时,为防止 QF_2 会自动投入,致使第二路电源再投入故障点,应将 QF_1 上装设的过电流继电器触点串入 QF_2 的合闸回路,这样 QF_1 因保护动作跳闸时,能闭锁 QF_2 的合闸回路。QF_2 便不会投入到故障点去。

对于低压系统的重要负荷,如果用电容量不大,则可采用交流接触器构成两路进线开关的互投装置,读者可参阅有关资料上的线路。

6.4.2　自动重合闸装置(ARD)

ARD 装置也是一种事故处理装置。它主要装设在有架空线路出线的断路器上。架空线路故障机会最多,且大多属于临时性的短路故障,如雷击、大风时导线碰撞、鸟兽跨接线路等,均可自行消除。当架空线路发生故障,由继电保护装置动作断开后,同时启动 ARD 装置,经过一定时限 ARD 装置使断路器重新合上,若线路故障是临时性的,则重合闸成功又恢复供电;若线路故障是永久性的不能自行消除,再借助于继电保护将线路切断。

ARD 装置本身所需设备少投资不多,并可以减少停电损失,给国民经济带来巨大的经济效益,在工业企业供电系统中得到了广泛应用。按照规程规定,电压在 1kV 以上的架空线路和电缆线路与架空的混合线路,当具有断路器时,一般均应装设自动重合闸装置;对电力变压器和母线,必要时可以装设自动重合闸装置。

自动重合闸分一次重合、二次重合和三次重合,据统计:一次重合的成功率达 80% 左右,二次、三次重合成功率很小,故大多数工业企业采用一次重合。

对 ARD 装置的基本要求是:

1) 当值班人员手动操作或由遥控装置将断路器断开时,ARD 装置不应动作。当手动投入断路器,由于线路上有故障随即由保护装置将其断开后,ARD 装置也不应动作。因为在这种情况下,故障多属于永久性的,让断路器再重合一次也不会成功。

2) 除上述情况外,当断路器因继电保护或其他原因而跳闸时,ARD 均应动作,使断路器重新合闸。但有时只有当继电保护动作引起跳闸时,才许可 ARD 动作,使断路器重合闸。

3) 为了能够满足前两个要求,应优先从采用控制开关位置与断路器位置不对应原则来启动重合闸。当控制开关在合闸位置,而断路器实际处于断开位置时,重合闸应当启动;否则,重合闸不应启动。

4) ARD 的动作次数要符合预先规定。如一次重合闸,应保证只重合一次。当重合于永久性故障而再次跳闸后,就不应该再动作。

5) 自动重合闸动作以后,一般应能自动复归准备好下一次再动作。但对 10kV 以下线路,如有值班人员,也可采用手动复归方式。

6) 自动重合闸装置应能够在重合闸以前或重合闸以后加速继电保护动作,以便更好地和继电保护相配合,加速故障切除的时间。

图 6-4 为单端供电一次重合闸的 ARD 装置接线图。虚线框内是 ZCH—1 型电磁型自动重合闸组合继电器的内部接线。它内含时间继电器 KT、中间继电器 KM、信号灯 RD 及电阻、阻容充放电电路等。R_3、R_4 是充电电阻,R_6 为禁止重合闸时的放电电阻,R_5 为配合 KT 用,R_7 为 RD 限流用。RD 是用来监视装置中充放电电阻、电容和中间元件的电压线圈是否正常。

除 ZCH—1 型组合继电器外,ARD 装置还有三个中间继电器,它们是:断路器跳闸位置继电器 2KM,断路器跳跃闭锁继电器 3KM 和加速继电保护动作继电器 4KM。

ARD 装置的动作情况介绍如下:

1) 正常运行时,断路器处于合闸状态,控制开关 SA 被扳到"合闸后"位置,由图 6-4(b)可知:触点 SA21-23 接通,SA21-22、SA5-8、SA6-7 均断开,这时 ZCH—1 型继电器中的电容器 C 经 R_4 充电,ARD 装置处于准备工作状态,信号灯 RD 亮。

2) 当线路发生故障时,控制开关 SA 位置不变,继电保护动作使断路器跳闸,跳闸线圈的电流同时流过跳跃闭锁继电器 3KM 的电流线圈,使 3KM 启动。断路器跳闸后,其辅助常开触点 QF_2 打开,3KM 电流线圈失电,其触点又回到原先的位置。

断路器事故跳闸后,由于它的辅助常闭触点 QF_1 闭合,使断路器跳闸位置继电器 2KM 接通,但因 R_0 限流,合闸接触器 KO 不动作,2KM 的常开触点 $2KM_1$ 闭合,启动了 ZCH—1 中的时间继电器 KT,经过预先整定的时间(约 0.7s)后延时触点 KT 闭合,使电容器 C 对中间继电器的电压线圈 KM(U)放电,KM 动作,其四对常开触点 KM_{1-4} 都闭合,接通了合闸接触器 KO 线圈和信号继电器的电流线圈 KS(I)的串联回路,使断路器一次重合闸。

KM 有自保持的电流线圈 KM(I)也与信号继电器的电流线圈 KS(I)、合闸接触器 KO 串联,其作用是保证断路器可靠地重合。

断路器一次重合后,其辅助触点 QF_1 断开,继电器 2KM、KM 及 KT 均返回,延时触点 KT_1 断开后,电容器 C 又重新经 R_4 充电,经 15～25s 后才能充满,以准备下一次动作。

3) 当线路发生永久性故障时,一次重合闸不成功,继电保护装置第二次将断路器跳开,此时虽然 KT 将再次启动,但因电容器尚未充满电,不能使 KM(U)动作,因而保证了该装置只动作一次。

4) 重合闸继电器中的中间元件触点 KM_1、KM_3 发生卡住或熔接时,为了防止这种情况下断路器多次合闸到永久性合闸的线路上去,用断路器跳跃防闭锁继电器 3KM。当断路器合闸于永久性故障线路时,继电保护触点会再次闭合跳闸回路,使跳跃闭锁继电器的电流线圈 3KM(I)接通,3KM 启动,它在防跳回路中的常开触点 $3KM_1$ 闭合,若 KM_1、KM_3 都熔接或卡住,就使 3KM 的电压线圈 3KM(I)接通且通过其常开触点 $3KM_1$ 自保持,其常闭触点 $3KM_2$ 断开了合闸接触器 KO 线圈回路,防止了断路器多次合闸,这称为"跳跃闭锁"环节。

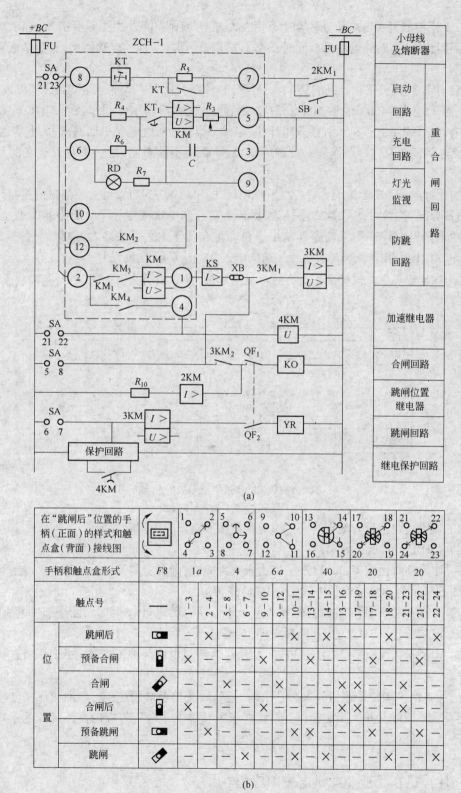

(a)

在"跳闸后"位置的手柄（正面）的样式和触点盒（背面）接线图		1 2 / 4 3		5 6 / 8 7		9 10 / 12 11		13 14 / 16 15		17 18 / 20 19		21 22 / 24 23	
手柄和触点盒形式	F8	1a		4		6a		40			20			20		
触点号	—	1-3	2-4	5-8	6-7	9-10	9-12	10-11	13-14	14-15	13-16	17-19	17-18	18-20	21-23	21-22	22-24
跳闸后		—	×	—	—	—	—	×	—	×	—	—	—	×	—	—	×
预备合闸		×	—	—	—	×	—	—	—	—	—	×	—	—	×	—	—
合闸		—	—	×	—	—	×	—	×	—	×	—	×	—	—	×	—
合闸后		×	—	—	—	—	×	—	×	—	—	×	—	—	—	×	—
预备跳闸		—	×	—	—	—	—	×	—	×	—	—	—	×	—	—	×
跳闸		—	—	×	—	—	×	—	×	—	—	—	—	—	—	—	×

(b)

图 6-4　单端供电一次重合闸接线图

（a）展开图；（b）LW-2 型控制开关触点位置表

5）用控制开关 SA 手动跳闸时，就将 SA 拧至"跳闸"位置，由图 6-4（b）知：SA6-7 接通，使跳闸回路通电，断路器跳闸。同时，SA21-23 断开，切断了这种启动回路，避免了断路器重新合闸。

6）用控制开关手动合闸时，先将 SA 扳到"预备合闸"位置，情况正常后，可再扳到"合闸"位置。由图 6-4（b）知：SA5-8、SA21-23 接通，合闸接触器 KO 动作合闸，电容器 C 也开始充电，如果线路上存在永久性故障，则断路器又很快地被继电保护回路跳开，电容器 C 来不及充电到使 KM（U）动作所必须的电压，故断路器不能重新合闸，满足对装置的基本要求。

加速继电器 4KM 接于 SA21-22 和 ZCH-1 的出口端子④上，当手动合闸把控制开关置于"预备合闸"位置时，SA21-22 便接通，保证手动合闸于永久性故障时断路器能迅速动作，无延时地断开故障。如果断路器是由于自动重合闸于永久性故障时，电源通过 SA21-23、KM$_4$ 和 ZCH-1 的出口端子④，也使加速继电器 4KM（U）无延时动作，切断故障。

ARD 装置与继电保护的配合方式可见图 6-5。图 6-5（a）为后加速保护，其构成原理是：

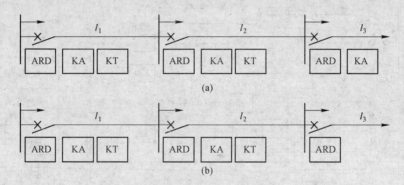

图 6-5　ARD 装置与过电流保护的配合方式
(a)后加速保护；(b)前加速保护

1）利用线路上设置的定时限过电流保护按照整定时限切除故障；

2）ARD 工作，重合一次；

3）如为临时性故障，重合成功；如为永久性故障，则可实现无延时的第二次跳闸。

图 6-5（b）为前加速保护方式，其构成原理为：

1）不管哪一段线路发生故障，均由装设于首端的保护动作，瞬时切断全部供电线路；

2）首端装有 ARD 装置，切断后立即重合；

3）如属永久性故障，则由各线路 l_1、l_2、l_3 各级过电流保护按其整定的时限有选择地切除。

后加速保护能快速地切除永久性故障，但每段线路都装设 ARD；前加速保护使用设备少，但重合不成功会扩大事故范围，不过，对于不超过三个电压等级的高压线路的工厂供电系统还是合适的。

6.5　计算机在工业企业供电中的应用

近年来，随着半导体技术和计算机技术的迅速发展，特别是微型计算机的出现，使计算机的应用范围从原来的以科学计算为主迅速发展到各个技术领域。在工业企业供电系统中,计算机的应用范围日益扩大,目前主要包括如下一些方面:工业企业供电系统的设计和其他一些工程计算;工业企业供电系统的生产工程控制、数据处理等,如监测、监控、远动等;计算机的继电保护和自动装置。本节主要介绍计算机在供电系统中应用的一些情况。

6.5.1　计算机在工业企业供电设计计算中的应用

目前,配备有丰富软件资源的计算机系统,已应用于工业企业供电设计的各个阶段。在正常工程计算和方案选择中,除可以进行工程计算和方案选择外,还可以用来进行工程制图、编制设计说明书等,大大地缩短了设计周期。

应用电子计算机进行供电系统的设计计算时,主要需要确定计算对象的数学模型,设计计算方法及编制程序。

数学模型是把工业企业供电系统中的各种问题,用数学语言来描述,也就是把各种现象、问题,归结为某种形式的数学问题。一般来说,数学模型大致可分为线性的和非线性的方程组的求解,如负荷计算,短路电流计算等;各种不等式运算及逻辑判断,如设备选择、方案比较等;微分方程组的求解,如过渡过程分析、稳定计算等。建立数学模型时,必须在条件(计算机容量、计算速度)允许的情况下,分析各种情况,抓住主要矛盾,忽略一些允许忽略的次要因素,不要片面地、不顾实际地追求最精确的数学模型。

数学模型建立之后,要确定适当的计算方法。计算方法应能可靠地给出问题的正确解答。按计算方法列出框图,就可以根据选用的计算机系统,选择正确的程序设计语言编制程序。程序编制的技巧将直接影响到计算机本身能力的发挥。当然,程序编制技巧,只有通过不断的学习来加以提高。

6.5.2　工业企业供电系统的计算机实时监控

供电系统的计算机实时监控系统能实现的主要功能大致分为:监视、记录显示、控制和事故处理等几大部分。这些功能由计算机有机地组合在一起统一协调地完成。

监视功能是由计算机自动地监视测量各种原来由仪表显示的电量和非电量。根据被测对象的要求,通常可分为定时测量和选择测量。一般正常运行时,计算机定时地将供电系统各主要点的参数(I、U、P、Q、f 等)测量一些,并把测得的值储存起来,以备打印显示用。在定时测量时,如发现某些参数偏离规定值时,可发出报警信号。选择测量是指任意时刻对测量点进行的测量。一般当系统某些部分在运行中发生问题之后,计算机就自动地暂停,中断其他工作,立即进入对故障设备和线路的测量,并及时地把故障前后的数据记录下来,自动地处理故障或指出故障发生的地点和类型,由运行人员去处理。此外,选择测量可以作为运行人员随机地需要了解供电系统中某些点的工作情况的手段。

记录、显示功能主要由计算机所带的打印机来完成。将计算机测量得到的数据按需要打印出来,就形成了各种表格。如每半小时测量统计一次各进出线的功率就可得到负荷变化的日报表。而当系统发生故障时,采集到的大量事故前后的数据,也可打印出来作为事故分析用。显示是把上述各种数据在计算机的屏幕上或专门的显示设备上,按需要显示出来。

控制功能主要包括对各种开关电器及可调设备的自动操作,如断路器隔离开关等的分合闸,带自动调载的变压器分接点的调节等。此外控制功能最主要的任务是使供电系统在最佳状态下工作,这一任务包括自动调节进出线及变压器的投入、切除,电压和无功功率的控制、调节,如自动地投入、切除无功补偿器装置,故障时保证重要负荷的连续供电等。

事故处理信号包括自动寻找故障点,对故障做出判断并处理操作,如向需要跳闸的断路器发出跳闸指令,各备用电源装置投入。事故处理信号还需自动地记录故障发生的时间、地点,各种保护装置可开关动作的顺序,自动装置工作状态等等,必要时还需对事故进行综合分析,提出处理事故对策,以便运行人员决策处理。

除上述一些主要功能外,还可以由计算机完成一些其他功能,如人机联系、通讯、某些计算、程序修改调试等等。

6.5.3 计算机在继电保护及自动装置中的应用

早在 20 世纪 60 年代就提出计算机继电保护问题,由于当时的计算机价格和可靠性方面的制约,使研究仅停留在理论探索上。近年来,随着计算机制造和应用技术的成熟,使计算机继电保护的研究出现了高潮,目前计算机继电保护已进入实用阶段。

用计算机构成的继电保护与原有继电保护的主要区别在于:原有的保护装置使输入的电流、电压等模拟量信号直接在模拟量之间进行比较和处理,如将模拟量和继电器中的机械量弹簧力矩进行比较,又如将其和晶体管保护中的门槛电压进行比较等。而计算机继电保护则不同,由于计算机只能作数字运算或逻辑运算,因此首先要将模拟量输入的电流、电压的瞬时值经模数转换(A/D)变换为离散的数字量,然后才能送到计算机中去,再由计算机按已经编制好的程序进行数字运算和逻辑处理,以判断保护是否需要动作。

计算机继电保护的主要特点是:

1)保护的主体是计算机,但是不同的保护原理和特性是由软件即计算机的程序所决定的,因此保护的灵活性和通用性很强,也就是说只要改变程序就可以得到不同的保护原理和特性,因此非常适用于运行情况不断变化的那些场合;

2)由于计算机具有很强的信息处理能力和很高的计算速度,因此可组成具有快速反应的保护装置;

3)计算机保护装置,在系统正常工作时可作为运行的监测、显示、打印装置用,故障时在保护动作的同时可将故障前后的数据储存起来,以便分析故障原因;

4)计算机保护可配合适当的程序起到自诊断的作用,可实现常规保护难以做到的自动纠错和防干扰,可靠性较高;

5)改进原有一些保护性能,实现常规保护不能达到的一些性能。

计算机保护要解决的最主要的问题是:计算机采用什么方法利用接口电路和 A/D 转换器所提供的输入量的数据进行分析、比较、运算、综合判断,来实现继电保护软件的基础,也就是怎样解决把继电保护的功能转化为能在计算机上运行的数学模型。这其中主要要考虑的是怎样从随时间不断变化的电流、电压中检测出它们的基波分量和各次有关谐波分量的数值、相位及互相之间的关系,然后进行相应的计算。

6.6 智能电源监视器

近几年来,由于生产工艺的不断改革,生产中陆续采用新技术,生产过程的自动化水平日益提高,使工业企业对供电系统可靠性及电能的质量要求越来越高。供电系统的自动化与自动监控已成为保证工业企业生产自动化的重要因素。很难设想,一个供电不可靠、电压和频率不稳定、控制与管理落后的供电系统能够保证现代工业企业的正常生产。因此,只有减少故障停电时间和范围,提高供电的可靠性,及时掌握供电系统内的各种参量变化,才能达到防患于未然。而能够远方集中控制,保证生产供电的连续进行,这一点已成为供电系统自动化与自动监控的主要任务。

随着半导体技术和计算机技术的发展,特别是微型计算机和微处理机的应用,使计算机从原来的以科学计算为主迅速发展到各个技术领域。在工业企业供电系统中,计算机技术的应用目前主要包括如下一些方面:工业企业供电系统的设计和其他一些工程计算;工业企业供电系统的生产过程控制、数据处理,如监测、监控、远动等;继电保护的微机化自动装置。本节以美国 A-B 公司生产的 Powermonitor 电源监视器为例,详细介绍目前国内外已研制成功的各种类型的智能化电源监视器系统的功能和使用方法。同时还将介绍计算机和微处理机在供电系统中应用的一些情况,其中以上位机监控组态软件为主,如罗克韦尔 RSPower32 监控软件,以及用 RSView32 组态软件建立的监控系统平台,它们完全可以实现继电保护的智能化和电力系统参数的自动监控。

6.6.1　概述

Powermonitor 电源监视器是美国 A-B 公司生产的一种智能型电力测量仪表,是专为电力用户的需要而设计和开发的一种以微型计算机监控系统为基础的现代化电力产品,适用于各种场合的电力监视及控制装置。

Powermonitor 是传统电力计量及监控装置的替换产品。传统的继电保护装置异常复杂,不便于实时监控系统的参数状态及其变化。特别是当电力系统发生故障时,系统中的参数多,信息变化速度快,因此要求操作人员及时准确地分析大量变化的信息并做出判断和决策是很困难的。

针对以上问题,Powermonitor 提供了对于单一信号或信息而采用的保护、监视和诊断的功能。它是一个独立的、高性能的电力管理工具。该模块只需连接电压和电流输入,模块即能检测、记录及显示、包括能对电力质量进行分析的各种电力资料,又能通过各种通讯网络与 PLC 或计算机工作站连接,构成完整的电源自动化管理监控系统。它和传统继电器装置相比有以下优点:装置体积小,重量轻,可靠性高,对信息具有存储、记忆、运算和逻辑判断等功能,对数据具有自动采集、记录、处理、打印和屏幕显示等功能。Powermonitor 提供了许多新的特性,包括嵌入式监控、管理、分析及控制能力等,这些强大的功能是传统继电器无法实现的。

6.6.2　Powermonitor 的功能

6.6.2.1　实时电力参数监控

Powermonitor 能实时监控单相或三相电力系统,为用户提供快速、精确的电压、电流、功率等电力系统参数和信息。表 6-1 列出了实时计量测量的参数。

表 6-1　实时计量测量参数表

参　　数	数　　据
电流(相电流和中线电流)/A	
平均电流/A,正序电流/A	
负序电流/A,电流不平衡度/%	
电压(线电压及三相四线系统的相电压)/V	
平均电压(线电压及三相四线系统的相电压)/V	
V_{AUS}(辅助输入电压)	
正序电压/V,负序电压/V	
电压不平衡度/%	
频率/Hz,相序($ABC \backslash ACB$)	
有功功率(总量及三相四线制中每相)/W	
无功功率(总量及三相四线制中每相)/VAR	
视在功率(总量及三相四线制中每相)/V·A	
视在功率因数(总量及三相四线制中每相)	
相移功率因数(总量及三相四线制中每相)	
畸变功率因数(总量及三相四线制中每相)	
有功功耗(取用、回馈、净用)/kW·h	
无功功耗(取用、回馈、净用)/kW·h	
瞬时需量/A、W、V·A	
一次计划需量/A、W、V·A	
二次计划需量/A、W、V·A	
三次计划需量/A、W、V·A	

6.6.2.2　振荡波形显示

由于高速采样频率(在 60Hz 和所有运行条件下,每个循环采样 180 次),Powermonitor 提供同步波形显示。它有两种示波方式:第一种是同步的,7 信道记录相当于每 2.4 个周期采集的波形(是在 60Hz 的基础上定义的,50Hz 为 2 周波,频率越低波形数据越少);第二种是用户配置的,2 信道同时记录相当于每 14.4 个周期采集的波形和 8 个周期预先触发的资料。可以手工的方式触发采集的波形,也可以设置点触发。波形显示的组态和重现只能通过智能显示卡实现。录波有两种工作方式:

1) 保持:在触发一个录波并填入缓冲器以后,不准再触发其他录波,除非主模块发出删除保持的命令。

2) 改写:当有多次触发时允许前面的录波被后面的录波改写。

6.6.2.3　谐波分析

Powermonitor 通过测量失真百分率、幅值和相对相位角检查电力系统的谐波。它可以完成谐波计算,如 TIF、%THD、K 因数、波峰因数,并检查是否符合 IEEE—519 标准。实时谐波分析时,Powermonitor 能同时进行操作面板上的实时谐波分析。它可以给出下列参数:所有相位电压和电流上的谐波百分比,最高可达 41 次谐波,根据 IEEE 和 IEC 计算的整个谐波畸变的百分比,与 IEEE-519 推荐标准相符的瞬时性参数。表 6-2 为实时谐波分析参数表。

表 6-2　实时谐波分析(V1,V2,V3,I1,I2,I3,中线)参数表

可达 41 次谐波的畸变百分比
IEEE 总谐波畸变百分比
IEC 总谐波畸变百分比畸变因数(DIN)
IEEE-519 符合度(仅 1403—MM)
电话干扰因数 TIF(仅 1403—MM)
峰值因数(仅 1403—MM)
K 因数(仅 1403—MM)

6.6.2.4　联通性

Powermonitor 插入通讯卡可以构成各种不同网络,包括 RS-232,远程 I/O,DeviceNet™ 和 EtherNet™。以太网通讯卡还包括一个内置的 HTML 网页,供互联网用户读取重要的 Powermonitor 数据。

Powermonitor 拥有模拟和数字式 I/O,带有四个自备电源的状态输入和两个 C 型的 ANSIC37.90 型输出继电器。Powermonitor 提供了几种通信方式,这使电力管理系统的结构极为灵活。1403-NSC 允许 Powermonitor 通过远程 I/O 口和 RS-232 串口实现通信。1403-NENET 适配卡允许 PM-Ⅱ通过基于 TCP/IP 协议的以太网直接通信。1403-NENET 适配卡的另一特点是在它的面板上可设置网址,利用标准浏览器就可以迅速地浏览到它。

Powermonitor 采用了电流、电压、状态输入以及继电器接点,因而,可提供监控和控制信息。对于变电站、配电中心、电力控制柜以及许多包括马达控制中心在内的工业应用、农业应用和公用事业来说,这种信息是十分有用的。

Powermonitor 包含有显示模块,一种可选的输入输出装置,如图 6-6 所示。可用于安装和组态 Bulletin 1403 主模块。这可在显示模块的前面板上完成,在这个前面板上,有四个可触摸的操作按钮和一个液晶显示屏。显示模块和主模块之间的通讯都通过一个串行光纤链路来进行。

第二种可选择性是通过采用一个同处于主模块的智能通讯卡进行远程通讯。显示模块和智能通讯卡都是基于微处理器的、能向 Bulletin 1403 主模块提供更高清晰度、准确度和速度的设备。当系统发生故障时,可以通过和主模块相连的显示模块对系统参数进行修改,但有些参数是不能通过显示模块进行修改的,只有通过智能通讯卡才能修改,这就需要通过计算机中的 RSPower32 软件进行系统的整定。

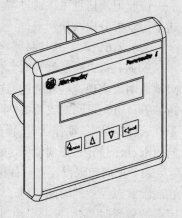

图 6-6　显示模块

Powermonitor 是取代传统的复杂继电计量设备的现代化电力管理工具,一台 Powermonitor 可取代很多个传感器和仪表。Powermonitor 对操作者是很友好的,它以紧凑经济的形式,为用户提供即精确而又易于理解的信息。

6.6.2.5 数据记录

Powermonitor 提供了三种数据记录:事件记录、快速记录、最小值/最大值记录。三种记录的每一个记录都打上时间的印记,时间记在最近的百分之一秒上。所有的记录都存储在电池供电的非易失性 RAM 里,只要主模块有电池,存储器中的记录就保持着,如果主模块掉电而电池卸出或没电了,所有的记录数据将自动清除。

(1)事件记录 Powermonitor 保存了 100 个最近在电源监控器上发生的事件。它包括:电压上升/电压下降、设置点触发器、自检错误、改变 Powermonitor 的配置,或继电器强制输出、上电、掉电和某个继电器清零等。这个记录是在缓冲器中循环的,当缓冲器满了,新的事件就覆盖旧的事件。无论何时某个设定点事件发生了,设定点设置信息将被登录到事件记录中去。该事件信息可从显示模块上按回车键看到,也可通过智能通讯卡检索到该信息。

(2)最小值/最大值记录 Powermonitor 采集、计时和记录 84 个不同参数的最小值和最大值。这些参数包括单相电压和电流、电压不平衡的百分数、功率因数、单相电压和电流的 %THD。这些参数连续被监视,直到记录清零或取消。取消最小值/最大值记录可以使实时测量的刷新时间加快 10ms。最小值/最大值记录功能可以通过显示模块或通讯端口对结果进行清零或读取,最小值/最大值记录最近一次清零的日期将作为最小值/最大值记录的一部分而保留。

(3)快速记录 快速记录包含 50 个记录,每个记录包含 46 个参数。可以通过一个设定点事件或用户组态的设定来刷新,记录一个用户组态的约定时间间隔范围从 1s 到 3a,如果取消约定的刷新,可将时间设定为零。快速记录有两种运行模式:

1) 在填充和停止的模式下,数据不断填充到缓冲器,到填满时就停止,缓冲器在快速记录清零后再继续记录信息。

2) 在循环运行模式下,数据连续的填充到缓冲器,当缓冲器填满时,旧的数据被新的数据覆盖。

快速记录信息可以通过智能通讯卡重现,所有的数据都是记录在一起的,如为了通讯,这个记录可分成两块。

6.6.2.6 设定点控制

Powermonitor 能够同时监控许多参数并发出警报、控制继电器、触发其内部动作。设定点就是用来实现这些功能的,这些设定点可以通过人为地设定来触发其内部继电器的动作。Powermonitor 可同时支持 20 个设定点,一个设定点包括 8 个参数:设定点点号、类型、判断条件、高限、低限、动作延时、释放延时和动作类型。设定点按 6 种不同条件来判断数据:正向超限、反向超限、正向低限、反向低限、相等、不相等。

(1) 正向超限设定点 如图 6-7 所示,当所监视的参数从正向超过“设定点高限”而且在高限状态保持的时间超过了“设定点动作延时”的时间时,正向超限设定点被激活。当设定点被激活时,它引发一个由“设定点动作类型”决定的动作,并以一个打上时间印记的事件登录到事件记录中。如果这个动作是向继电器加电或发出警报,则这个动作将一直保持到这个设定点动作被取消为止。当所监视的参数降到“设定点低限”以下而且在低限状态保持的时间超过了“设定点释放延迟”时间时,正向超限设定点被取消。这个从设定点动作被激活到设定点动作被取消的变化也以一个打上时间印记的事件登录到事件记录中。

(2) 反向超限设定点 如图 6-8 所示,反向超限设定点和正向超限设定点基本是一样

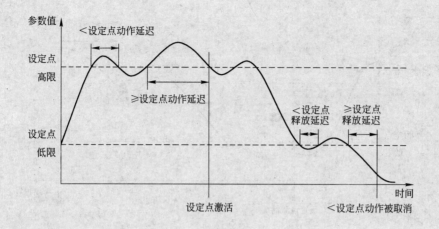

图 6-7　正向超限

的,只是所监视的参数的幅值必须从负方向超过"设定点高限"。当所监视的参数幅值从负方向超过"设定点高限"而且保持的时间大于"设定点动作延迟"的时间时,这个设定点被激活了。当所监视的参数幅值从负方向低于"设定点低限"且保持的时间大于"设定点延迟"的时间,设定点动作就被取消了。

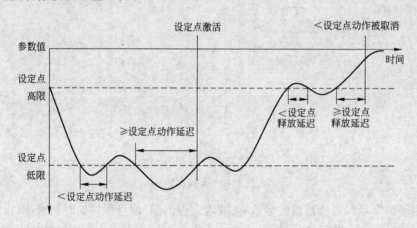

图 6-8　反向超限

（3）正向低限设定点　如图 6-9 所示,正向低限设定点和正向超限设定点基本是一样的,只是"设定点高限"和"设定点低限"相反。当所监视的参数的幅值,在正方向降到"设定点低限"以下且保持的时间大于"设定点动作延迟"的时间时,这个设定点被激活。当所监视的参数的幅值从正方向高于"设定点高限"以上且保持的时间大于"设定点释放延迟"的时间,这个设定点动作被取消。

（4）反向低限设定点　如图 6-10 所示,反向低限设定点和正向低限设定点基本上是一样的,只是所监视参数的幅值必须在负方向低于"设定点低限"。当所监视的参数的幅值在负方向降到"设定点低限"以下而且保持的时间大于"设定点动作延迟"的时间时,这个设定点被激活。当所监视参数的幅值从负方向超过"设定点高限"而且保持的时间大于"设定点释放延迟"的时间时,这个设定点被取消。

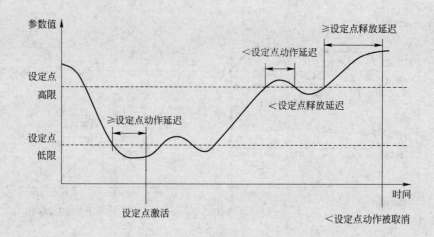

图 6-9 正向低限

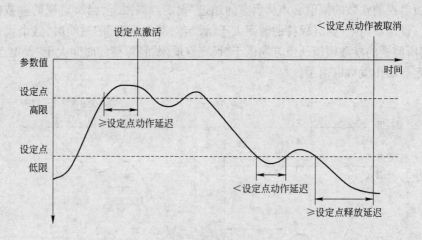

图 6-10 反向低限

(5)相等设定点　当所监视的参数等于"设定点高限"而且保持的时间大于"设定点动作延迟"的时间时,一个相等设定点被激活了。当所监视的参数和"设定点高限"不相等,而且保持的时间大于"设定点释放延迟"的时间时,这个相等设定点动作被取消。相等设定点是不使用"设定点低限"的。相等设定点对于非数字量是非常有用的,比如相序、IEEE-519 符合与否、状态输入等。

(6)不相等设定点　当所监视的参数于"设定点高限"不相等而且保持的时间大于"设定点动作延迟"的时间时,不相等设定点被激活了。当所监视的参数与"设定点高限"相等,而且保持的时间大于"设定点释放延迟"的时间时,这个不相等设定点动作被取消了。不相等设定点也不是用于"设定点低限"。不相等设定点对于诸如相序、IEEE-519 符合与否、状态输入等非数字量来说是非常有用的。

设定点动作举例(见表 6-3):

例 1:要求设定点 1 在功率超过 + 100kW 时间为 1s 以上时使继电器 1 动作,在功率低于 + 90kW 2s 以上时使继电器恢复。

例2:要求设定点 1 在功率低于 + 100kW 1s 以上时使继电器 1 动作,在功率超过
+ 150kW 2s 以上时使继电器恢复。

例3:要求设定点 1 在功率超过 - 100kW 1s 以上时使继电器 1 动作,在功率低于
- 90kW 2s 以上时使继电器恢复。

例4:要求设定点 1 在功率低于 - 100kW 1s 以上时使继电器 1 动作,在功率超过
- 150kW 2s 以上时使继电器恢复。

表 6-3　设定点动作举例

设定	例1	例2	例3	例4
设定点类型	功率	功率	功率	功率
设定点方向	正向超限 +	正向低限 +	反向超限 -	反向低限 -
设定点高限	100kW	150kW	100kW	150kW
设定点低限	90kW	100kW	90kW	150kW
动作延时	1s	1s	1s	1s
释放延时	2s	2s	2s	2s
动作类型	继电器 1 动作	继电器 1 动作	继电器 1 动作	继电器 1 动作

6.6.3　Powermonitor 系统的构成

6.6.3.1　电压输入和电压互感器的选择

所有 Powermonitor 设备都可直接与线对地电压为 120、270 和 347V(分别对应于线电压 208V、480V、600V)的电源相连。当要测量的电压高于上述输入电压额定值时,要采用电压互感器,电压互感器的准确等级直接影响到系统的准确度,为达到很高的准确度,电压互感器必须在整个电压范围保持线性,并只引入很小的相位移。对于输入电压高于 120V 的系统来讲,电压互感器的二次侧必须组态为大于137V,以切换到高压模式。例如:600V_{L-L}($347V_{L-N}$)直接连接系统可组态为电压互感器变比为 347:347。

6.6.3.2　电流输入和电流互感器的选择

Powermonitor 可有两种电流输入方式:5A 或 1A。输入到 Powermonitor 的每个电流都通过内部电流互感器达到 5kV 绝缘。输入到 Powermonitor 的电流不超过 5A 或 1A 的额定值时,它的电流输入可直接与电源线相连,当输入电流超过额定值时,就需要装设电流互感器。电流互感器的一次侧及二次侧额定值应组态到 Powermonitor 中。显示的读数应正确标注。电流输入读数的准确性与电流互感器的等级有关,所以推荐使用一级或更好的设备。

当电流互感器的一次侧电流流入时,不能打开二次侧电路。连接线路和 Powermonitor 组合起来的负载要和电流互感器的有功功率额定值紧密配合才能达到最高的准确度。电流互感器与 Powermonitor 间的连线应包括一个短接电流互感器二次侧的端子排。如需要,可在一次侧有电流的情况下短接二次侧以移走其他连线。若一次侧有电流时二次侧开路,将会产生一个有害电压,可能导致经济损失和人员伤亡。电流互感器在系统中的接线方式有多种,比如:单相、丫形、角形、开口角形及带电压互感器的接线。在系统采用三相三线制丫形接线时,Powermonitor 进行线路保护和监视参数的接线如图 6-11。

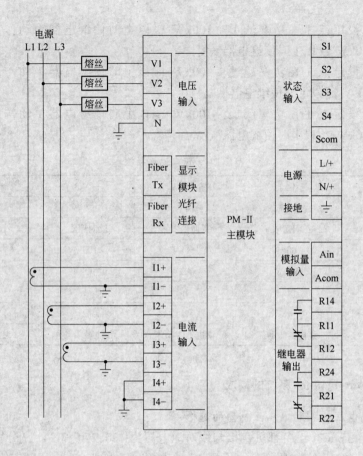

图 6-11　三相三线接地丫形直接连接接线图

6.6.3.3　控制继电器

Powermonitor 提供了两个高速单刀双掷继电器,它们可以作为:报警继电器、设定点继电器、通过通讯口或显示模块发出命令而动作的远程控制继电器、用户自定义情况所控制的继电器、千瓦时或千乏时脉冲输出。作为设定点继电器时,可按设定点组态独立动作或恢复;用于千瓦时或千乏时脉冲输出时,其中一个继电器可以组态为按 KWh 或 KVARh 的测量值提供一个脉冲输出。输出继电器的动作可以通过智能通讯卡或显示模块进行强制设置。利用 RSPower32 软件可将继电器动作登录到 PC 打印机进行输出。

6.6.3.4　状态输入

Powermonitor 有四个自己供电状态的输入端,可以用来测量和控制外部触点的状态。每一个输入端都带有一个计数器,在 Powermonitor 的显示模块上可看到这些输入的状态,也可以通过 RSPower32 或用户自己开发的软件浏览并登录这些状态。

6.6.3.5　监控软件

Rockwell Software 可以为组态、监视和控制 Powermonitor 提供基于 Windows 的 RSPower32 软件。这个软件可以设置成与 RSView32 集成在一起,又是可以独立使用。它可以以一个图形的方式显示系统及其组件,并在同一屏幕上提供实时数据及图形。利用组态,可以以离散量或模拟量的形式显示实时数据。频谱分析、录波、登录及趋势图也可方便地进行组态,当 RSPower32 与 RSView32 一起使用时,数据可进入标签数据库编辑器。组态和实时数据可以下载给任何 Bulletin1400/1403 Powermonitor，也可从它们中回收。

6.6.3.6 与 PLC 的远程通讯

Powermonitor 1403 有三种通讯方式：通过 RS-232 串口直接与计算机通讯、通过远程 I/O口与 PLC 通讯、直接与以太网连接。Powermonitor1403 是通过一个同处于主模块的智能通讯卡与 PLC-5（Powermonitor 也可以与 SLC-500 连接）进行远程通讯的，PLC-5 再通过 DH + 网络与微机进行通讯。当监控一个设施需要有大量的 Powermonitor 提供反馈信息时，为合理安排，PLC 处理器通讯口可用于聚集所来的信息，并对其做出反应。PLC 把 Powermonitor 当作一个 I/O 机架来采集数据。其中 PLC-5 所起的作用是：

1）可以通过编程调取 Powermonitor 底层数据。

2）根据 Powermonitor 提供的数据管理控制其他工业设备。可编程控制器用普通的方式从电力管理系统的断路器、转换开关和保护继电器那儿得到离散的输入量。这些设备的运转和状态的改变可以与监视电力质量事件所提供的辅助线来进行比较。标准的 PLC I/O 口允许电阻式温度计、变送器、瓦特时脉冲和其他种类的信号进入电力管理系统。PLC 的作用是为了自动采集数据和集中电力监控器数据时，在个人电脑运行 HMI 和记录软件是一致的。

利用 Powermonitor 反馈的实时数据，可编程控制器可以执行下列电力应用功能：

① 费用分配。为了在一个设备几个费用中心分配可利用的电能和必要的费用，系统采集同步电力数据。

② 需求管理。卸去负载和控制发电机，从而限制电力使用的峰值，这样减少了费用。

③ 应急负荷卸载。当发电机过载时，能迅速地从电力配电系统上卸载。

④ Volt/VAR 管理。为了提高电压调节和减少不必要的开关动作，能同步控制电力功率因数的电容器、负载轻微摆动和电压调节器。可提高功率因数和延长设备的寿命。

6.6.3.7 显示模块的操作

(1)一般功能　Bulletin 1403 显示模块是可选的输入/输出设备，用于对 Powermonitor 的主模块的工作进行引导和组态。显示模块具有 2 行高清晰度 LED 显示器和 4 个操作按键，引导和组态通过操作按键和 LED 显示其完成。显示模块和主模块间的所有通信都通过一个串行光纤链路进行。显示模块可以方便地安装在典型仪表面板的模拟计量仪表预留位上。显示模块操作简便，用户可以方便的查看测量参数或改变组态。这可以利用三种操作模式来完成：显示模式、编程模式和编辑模式。显示模块菜单与结构参数见表 6-4。

显示模块允许用户察看 Powermonitor 所提供的任何被测参数，包括测量信息、谐波分析和记录信息。用户具有选择缺省屏幕的选项，在上电开始时或上电 30 分钟后无动作时就会发出缺省在屏幕上。编程模式允许有授权的用户发布命令或选择修改参数。编程模式提供了一个基本的安全系统，在这里，每一个 Powermonitor 都是受口令保护的，只有一个实体可以修改一台 Powermonitor。这个实体可以是三个显示模块中的任何一个，也可以是智能通讯卡。也就是说可以通过显示模块或智能通讯卡来对主模块进行重新组态。

当用户处于编程模式时，在显示模块的右下角就会出现一个闪烁的"P"。编辑模式允许有授权的用户对所选参数进行修改。当用户处于编辑模式时，被修改参数在闪烁，而闪烁的"P"被固定住不再闪。

(2)按键功能　在显示模块的前面板上有四个按键：退出键、向上箭头键、向下箭头键和回车键。这些按键在显示模块的所有操作模式下都保持有其相同的功能。这四个按键的功能如图 6-12 所示。

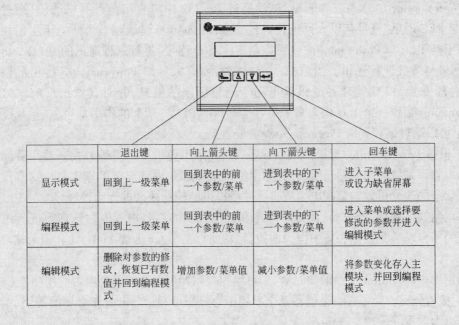

	退出键	向上箭头键	向下箭头键	回车键
显示模式	回到上一级菜单	回到表中的前一个参数/菜单	进到表中的下一个参数/菜单	进入子菜单或设为缺省屏幕
编程模式	回到上一级菜单	回到表中的前一个参数/菜单	进到表中的下一个参数/菜单	进入菜单或选择要修改的参数并进入编辑模式
编辑模式	删除对参数的修改,恢复已有数值并回到编程模式	增加参数/菜单值	减小参数/菜单值	将参数变化存入主模块,并回到编程模式

图 6-12　显示模块按键功能

（3）按键操作　通过显示模块前的四个按键可以实现参数的读取、修改；也可以实现点的设置等各个功能。

1）编辑数字量参数

① 利用显示模块的按键进入编程模式,并显示所要修改的参数,可注意到右下角有闪烁的"P"；

② 按回车键使显示模块进入编程模式；

③ 通过上箭头和下箭头改变参数值 ,直到出现所要的参数值。此时"P"仍固定,所修改的参数闪烁；

④ 当所要参数出现后,按下回车键新数值就被写到主模块中,并且由显示模块回到编程模式。此时"P"闪烁,所修改参数固定；

⑤ 当输入了一个不正确的参数时,按下退出键,回到原来的参数值,这并不会修改主模块,而显示模块又回到编程模式,此时"P"闪烁,所要修改的参数固定不闪。

2）发布命令

① 利用显示模块上的四个按键进入编程模式,并显示出所要发布的命令。此时右下角的"P"在闪烁。

② 按回车键进入编辑模式。右下角"P"固定,命令提示选项在闪烁。

③ 通过向上向下箭头选择命令项,直到出现所要的命令项。此时"P"仍保持固定,所选命令项在闪烁。

④ 当所要命令项出现后,按下回车键执行命令。选项提示消失,显示模块回到编程模式。此时"P"开始闪烁,命令项固定不动；

⑤ 如果要放弃这个命令,按退出键回到编程模式,出现选项提示。此时"P"又开始闪烁,而选项提示固定不变。应该注意的是,一些组态项和命令用显示模块和智能通讯卡都能进行重新组态,但是有的只能用智能通讯卡或只能用显示模块进行组态。

6.6.3.8 运行特性

Powermonitor 可以通过改变不同的组态参数来选择准确度和刷新速率。若刷新速率是关键因素,可以选择一个有节制的滤波模式,或禁止某些不必要的特性。如果一个特定的监测需要最高准确度,则可以选择附加滤波模式。

（1）精确度　Powermonitor 所有的测量精度是 0.05%,所有计算精度是 0.1%。

（2）兼容性　可以与 PLC-5 和 SLC-500 兼容。可通过控制继电器或 PLC 进行输出控制。A-B 公司的 PLC 处理器通讯口可以用于聚集所来的信息,并对其做出反应。

（3）刷新速率　对于测量结果具有 28ms-90ms 的固定刷新速率。Powermonitor 允许牺牲刷新速率以换取准确度。

（4）软件及系统集成　一台 IBM PC 或兼容主机,可以利用 RSPower32、RSView32 或用户自编的软件通过 RS-232C、RS-485 或 RI/O 与 Powermonitor 通讯。RS-232C/RS-485 对每个子网可支持 124 台,Powermonitor 对于每个网络可以支持 250 台 Powermonitor。

（5）测量与监视　通过状态输入进行输入监视,系统测量和事件记录具备时间标志。

表 6-4　显示模块菜单/参数结构

显　示	仪表显示	测量电压/电流 测量功率　　测量电能
	谐波显示	第一项谐波　第二项谐波 第三项谐波　I/4 中线谐波
	记录显示	事件记录　最大/最小值记录　快速记录
	组态显示	
	设定点显示	类型　估算　高限　低限 动作延时　动作释放　动作类型
	状态显示	时间　数据采集 通讯卡 s1 \ s2 \ s3 \ s4 状态 计数器 \ 继电器状态　电源等
编　程	命令编程	
	编程组态	一般组态　通讯组态　需量组态
	程序设定点组态	设定点

6.7　微机监控组态软件 RSPower32

6.7.1　RSPower32 简介

RSPower32 是运行在 Windows95/98/2000、WinNT 下的 Powermonitor 监控软件,适用于 1403PowermonitorⅡ(Bulletin1403-MM, Bulletin 1403-LM, Bulletin 1403-NENET)和 Bulletin 1400,可以通过它在计算机上读取电网参数和设置具体参数,比如电流、电度、功率因数、继电器输出的动作类型等等。它是一个完整的工具,把电力监控参数保存到磁盘上,可打印出数据、谐波和波形,管理电源监视器的配置。RSPower32 是基于 Active X 技术的独立软件包,能够与 RSLinx 软件一起帮助用户配置和查看电力监测硬件。

选择罗克韦尔自动化的电源监视器和罗克韦尔的 RSPower32 软件,可以解决电力系统的监控和管理问题。通过 RSPower32 软件,可以在 PC 机上配置和查看现场或工厂内的 A-B 公司的电力监控设备。在几秒钟内完成软件的安装后,就可以监控电力系统,浏览记录文件,分析谐波数据及图形显示。另外,RSPower32 作为一个 OPC/DDE 服务器,可以与其他 HMI 软件包及其他产品如 Microsoft Excel 等软件紧密集成。RSPower32 可以作为独立的软件或作为 RSView32 HMI 软件的扩展,在安装后立即与监控器一起监控电力系统。当与 RSView32 一起使用时,RSPower32 自动与 RSView32 HMI 软件集成,可以生成电力监控界面、标记、趋势和数据记录。直观地组态和直接地浏览,使 RSPower32 能快速组态和监控罗克韦尔自动化电力设备。

6.7.2 RSPower32 的功能

6.7.2.1 RSPower32 的配置

RSPower32 的配置如下:

1) IBM486/66 兼容机或更高级。

2) 微软 WIN95(带 DCOM95),WIN98 或 WIN NT(Version 4.0 或以上)。

3) 16 兆内存(推荐 32 兆内存)。

4) 15 兆硬盘空间。

5) 16 色 SVGA 图形适配器,分辨率 800*600 或以上(推荐 256 色)。

6) 以太网卡及/A-B 公司的通讯设备或电缆(取决于应用场合)。

7) 配置要求 RSLinx2.1OEM,Pro,Gateway 或更高级。

6.7.2.2 RSPower32 特点

RSPower32 的特点如下所述。

(1)快速并容易组态　从 PC 机上载和下载电力监控组态参数。组态电源监视器参数到图形树,以表示具体的组态或在顺序目录上浏览电源监视器。可以生成一个或多个电源监视器组态报表。

(2)可以从 PC 机连续获取所有的电源数据　可以选择每一种参数类型的工程单位,在弹出式实时数据视窗中显示数据,并显示存储在电源监视器内的历史数据。

(3)高级的数据显示方式　弹出视窗可以浏览、打印、保存谐波频谱数据、波形、最小值/最大值记录和映射记录。在 PC 机屏幕上以展开页面或图形显示栏的方式显示电器信号的谐波。检查干扰前、干扰中、干扰后的电力线情况。当允许使用数据时,禁止非授权用户访问电源监视器。

(4)为多用户提供数据　RSPower32 包括一个 OPC/DDE 服务器,并使用 Active X 技术。可以同时为许多外部软件提供电源监视器数据。可以用 RSView32 中的 VBA 编辑器编制简单的程序,并通过跟踪电源质量问题为查明干扰原因提供反馈。

(5)灵活的通讯方式　用 RSLinx 与电源监视器通讯。RSPower32 支持电源监视器与 PLC-5 和 SLC500 通讯,也可以借助其各种通讯通道通信。

(6)RSView32 扩展结构　RSPower32 可作为 RSView32 的扩展自动进行自身组态。

当 RSPower32 安装后自动嵌入到 RSView32 中。它提供向导和程序库用以生成一个全功能的电源监视管理系统。它还可以不通过 RSView32 的 Tag 标签,直接访问 RSPower32 的菜单(包括 RSView32 标签数据库自动生成的人机界面标记)。

6.7.3　RSPower32 的组态

6.7.3.1　RS-232 串口通道配置

第一种组态连接方式是将计算机的串口与 Powermonitor 的 RS-232 串口相连,通过 DF1 Polling Master Driver 协议进行一对一的通讯,如图 6-13 所示。

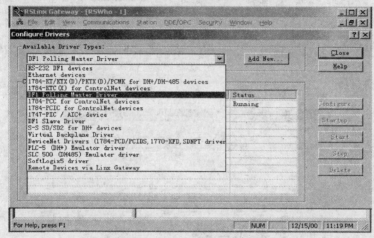

图 6-13　DF1 通讯参数设置

首先,通过 Powermonitor 的操作面板对其 DF1 通讯的参数进行设置,步骤如下:

1) 在 DISP 状态下,先通过密码认证,进入 DF1 通讯参数设置菜单。

2) 设置通讯波特率,如设波特率为 19200。

3) 设置地址号。

这样,就完成了在 Powermonitor 本机上的配置。

然后打开并运行 RSLinx 来配置通讯。选择通讯方式为 DF1 Polling Master Driver。

在 General Driver Settings 的窗口中对 DF1 通讯通道进行配置。首先,配置主站地址,如将主站 PC 机地址设为 0。然后在 Define Polling Lists 中配置扫描次序表,如图 6-14,将 PC 机设为优先级第一,设备为普通级,即 Powermonitor 地址设为 2,并在 DF1 Protocol Setting 中更改校验方式为 CRC 方式。

以上步骤基本完成了 Powermonitor 与 PC 机之间的通讯搭建工作。这时开始运行 RSPower32 并建立新项目,对通讯通道参数进行设置,如图 6-15 给该通道命名为 pm.DF1 DIRECT 直接连接方式

在选择 Powermonitor3000,给该对象一个名字后,即出现图 6-16,通过它可以设置 Powermonitor 的具体参数,如通讯方式、设备地址、电压互感器比值等等。完成配置后,即可通过 Download 键下载这些参数设置或是通过 Upload 键上传 Powermonitor 的原有参数。完成以上步骤后,双击设备图表,即可得到 Powermonitor 的参数窗口。

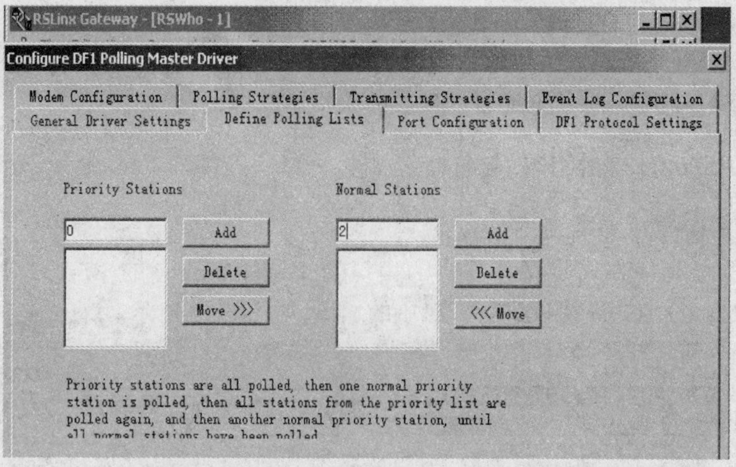

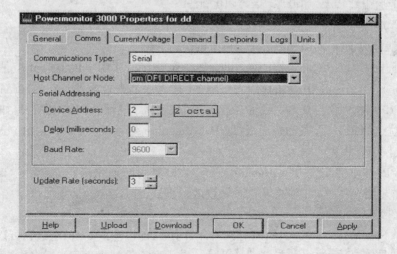

图 6-14　配置扫描次序表

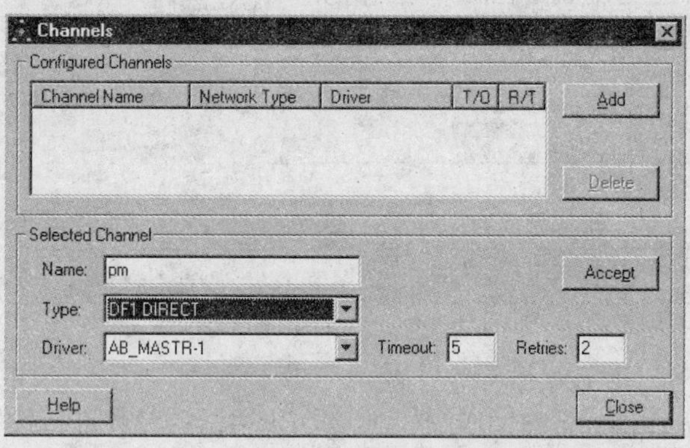

图 6-15　通道设置

图 6-16　参数设置

6.7.3.2　Remote I/O 通道配置

（1）DH+通道配置　如前所述,首先在 RSLinx 中选择 DH+的通讯协议。找到 PLC-5

后,运行 RSPower32,并建立新项目,命名为 pm,如图 6-17。

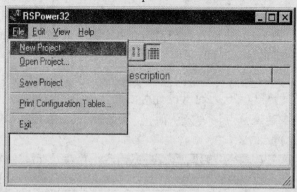

图 6-17 建立新项目

完成通道参数配置后,如图 6-18 给该通道命名为 pm,现已选择了 DH+连接通讯方式。

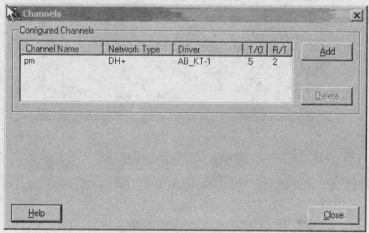

图 6-18 通道配置完成

(2)节点配置 如图 6-19 选中 Nodes 进行配置,节点名字可任意起。

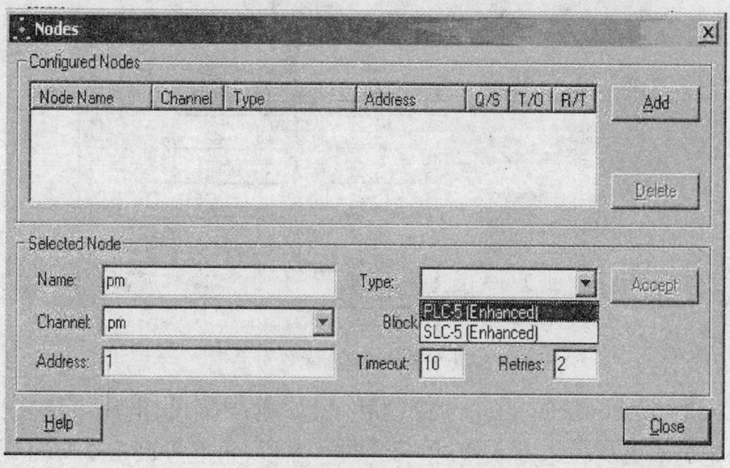

图 6-19 节点配置对话框

通道 pm 即刚才所配置的 DH + 通道；地址为与 Powermonitor 相连的可编程控制器地址，设为 1；Type 为可编程控制器的类型，Powermonitor 可与 PLC-5、SLC-500 连接；块传送队列长度 PLC-5 可设为 1-10，缺省为 8；SLC-500 可设为 1 或 2；Timeout 是 RSPower32 未接收到 Powermonitor 数据的等待时间，一般设为 10。Retries 一般设为 2，如果通讯失效频繁，可适当增加数值。

(3)设备参数配置　图 6-20 为通讯设置对话框。通讯类型可以选择 EtherNet、Remote I/O、Serial 三种类型。通道节点均为公认值，如果是 Remote I/O 通讯方式，还需填入机架（Rack）号和组（Group）号。

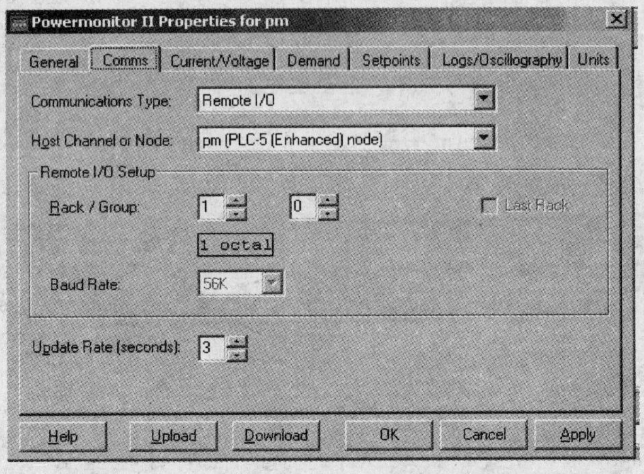

图 6-20　通讯组态对话框

通过选择对话框，设置相应参数。General 对话框，用来设置 1403 Powermonitor 的普通信息。图 6-21 对话框用来设置 Current/Voltage（电压/电流）。

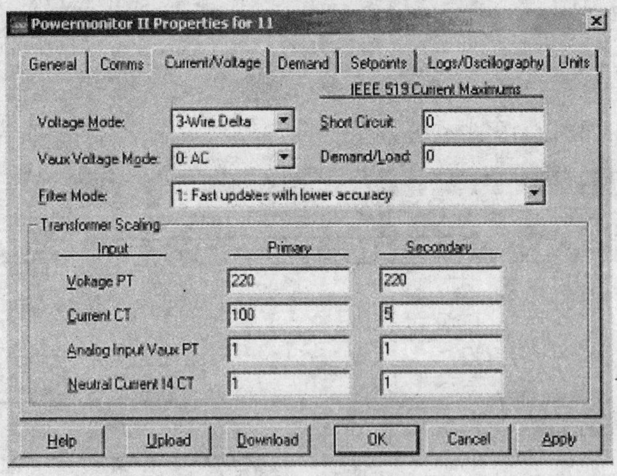

图 6-21　电压/电流配置对话框

在这一页可设置 Powermonitor 的控制参量，如电压模式、电压电流变比等参量。在 Voltage Mode 中填入电压接入方式如：单相、两相、星形、角形等；Filter Mode 是 Powermonitor 的滤波模式，测量更新速率可设为 1～3，1 为快速更新速率（28ms），2 为缺省默认值，3

为慢速更新速率(90ms),适用于精确的谐波分析;Voltage PT 为电压互感器变比,第一格为变压器初级线圈电压,第二格为变压器次级线圈电压,Current PT 为电流互感器变比,Demand(需量)设置为默认值,一般不需要改动设置。

Setpoints(设定点)对话框,在这一页中可设定 Powermonitor 设定点的属性,Powermonitor 根据这些设定点的数值来监控参量的变化,以决定报警和继电器的动作。每个设定点包括 8 个参数:设定点点号、类型、判断条件、高限、低限、动作延迟、释放延迟和动作类型。设定点配置界面如图 6-22 所示。

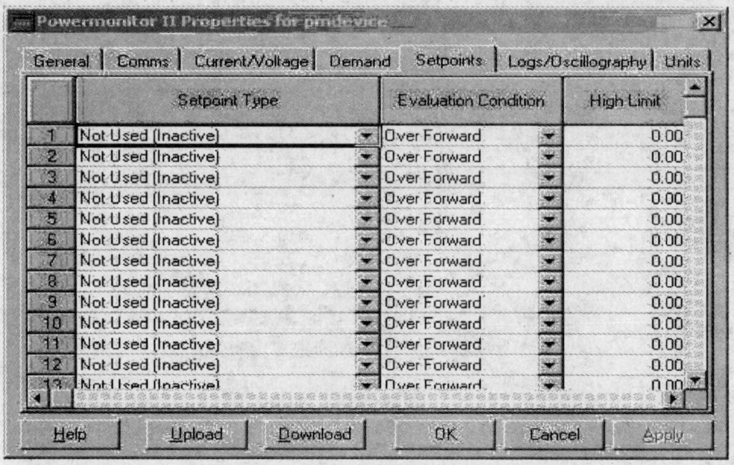

图 6-22　设定点配置界面

Log/Oscillography(事件记录/录波)对话框,可以设置事件记录和录波的扫描及触发操作,如图 6-23。

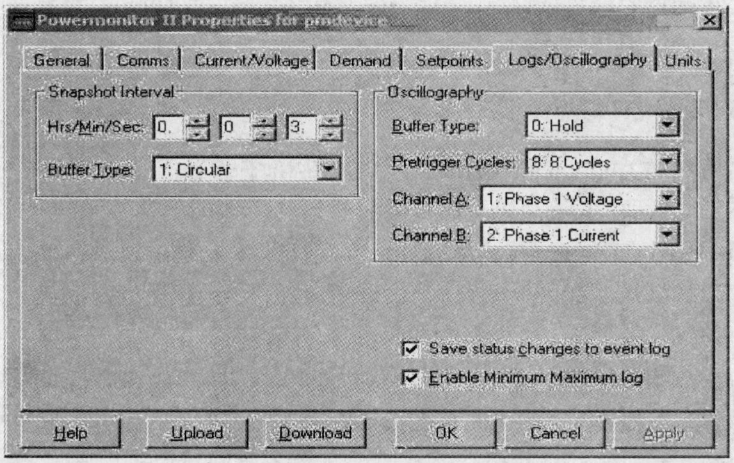

图 6-23　录波及谐波分析设置对话框

Snapshot Interval 快速记录间隔时间,它是由设定点触发的。同步刷新时,在"小时/分钟/秒钟"栏中填入需要数值,异步记录刷新则在这几项中填入"0"。小时的范围是"0～99",分钟和秒钟均为"0～59"。记录方式可由 Buffer Type(缓冲器类型)决定,0:填充和停止模式;1:循环模式。

Oscillography 一栏可设置录波周期、通道、触发方式。缓冲器类型的选择是,0:保持;1:覆盖填写。周期为 1～8 周可选择;通道 A、通道 B 是为用户提供的自由组态通道,两个通道均可选择所需要测量显示的电压、电流。

在 Units(单位)对话框中,可确定 Powermonitor 监控窗口的参数单位。如图 6-24 可选择 1、1×10^3、1×10^6 三种单位,此外在 Powermonitor 的监控窗口亦可通过点击 Units 来改变单位数量级。

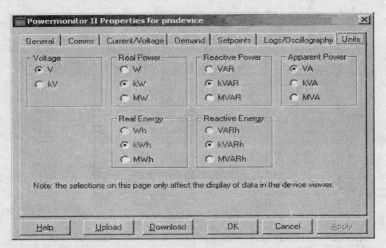

图 6-24　单位配置对话框

另外在以上这几个设备配置的对话框中,最下方的 Upload 和 Download 值得一提。"Upload"是从 Powermonitor 向 RSPower32 传送配置数据,即相对于控制者来说是"读";而"Download"是把配置好的数据通过 RSPower32 传送给 Powermonitor,即相对于控制者来说是"写"。

6.7.4　RSPower32 对设备的监控

当在 RSPower32 中建好一个项目时,双击图 6-25 中的 Powermonitor 图标,即可以打开 Powermonitor 的参数监控界面了。如图 6-26,通过选择顶端的监控菜单,可以选择不同的窗口来查看监控参数、事件记录、波形、设定点、谐波分析这些项目。在 Powermonitor 显示模块上的可显示数据均可在这里读到。

6.7.4.1　Voltage/Current(电压/电流)窗口

在图 6-26 所显示的窗口中监控者可以看到从 Powermonitor 检测到的实时数据,有三相相电压、三相线电压、三相电流、中性线电流、频率、相序、电压电流不平衡度、辅助电压、电流/电压正负序分量及电流/电压平均值。所显示值之后的单位可以随需要而改变,有 1、1×10^3、1×10^6 三种不同单位。

6.7.4.2　Power/Energy(功率/能量)窗口

主要显示的是与功、功率有关的参数,有三相有功功率、总有功功率、三相无功功率、总无功功率、三相视在功率、总视在功率、三相功率因数、总功率因数、畸变功率因数、总畸变功率因数、三相相移功率因数、总相移功率因数。单位与上同,为可变单位。

192

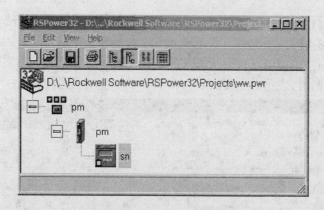

图 6-25　RSPower32 的初始界面

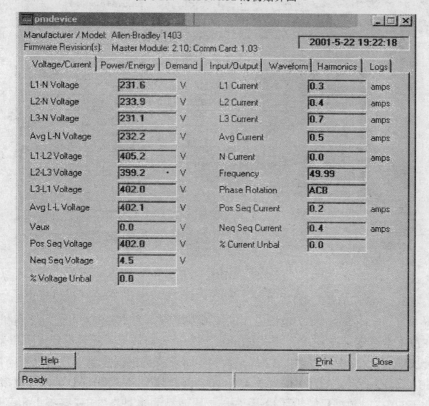

图 6-26　电压/电流监控窗口

6.7.4.3　Demand(需量)窗口

主要显示的是需要用电时间、电流需量、有功功率需量、无功功率需量、视在功率需量;电流用量 1、有功功率用量 1、无功功率用量 1、视在功率用量 1;电流用量 2、有功功率用量 2、无功功率用量 2、视在功率用量 2;电流用量 3、有功功率用量 3、无功功率用量 3、视在功率用量。单位与上述相同,亦为可变单位。

6.7.4.4　Input/Output(状态输入/输出)窗口

如图 6-27,在此可以监控 Powermonitor 的四个状态输入端,两个控制继电器的输出动作和 20 个设定点的状态。当状态输入端指示器灯亮时,表示与 Powermonitor 相连的状态输入关闭;当指示器灯暗时,表示与 Powermonitor 相连的状态输入打开。而状态输入计数器则记录着状态输入的关闭次数。状态输入可以监测和控制从 Powermonitor 传输过来的外部输入情况。两个控制继电器的状态以系统的配置为基础:当指示器灯亮时,表示继电器动作;当指示器灯暗时,表示继电器恢复。

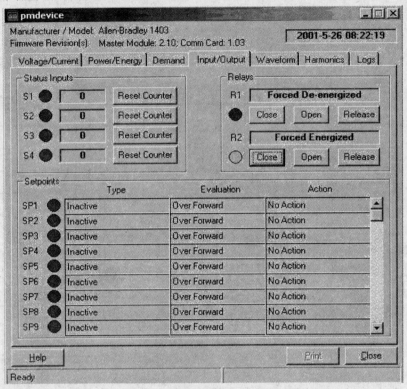

图 6-27　状态输入/输出窗口

6.7.4.5　Waveform(波形)窗口

如图 6-28,Powermonitor 的电压电流的波形发生频率为 10.2Hz,可进行 2 周和 12 周的录波。在最下方选定录波方式后,按"Refresh"触发录入新波形。配置设定点可以触发 2 周录波,在设备配置窗口中可以触发 12 周录波,12 周录波是根据需要用户自己组态的。2 周波是在 50Hz 基础上定义的(60Hz 为 2.4 周波)。因此频率高于 50Hz 时可以有更多的数据,而频率低于 50Hz 时数据量减少。12 周波与 2 周波相同也是在 50Hz 基础上定义的(60Hz 时为 14.4 周波)。

6.7.4.6　Harmonics(谐波分析)窗口

如图 6-29,谐波分析以上面的波形窗口所采集的波形为基础进行分析。不论是否触发新的波形,Powermonitor 对谐波数据的分析周期为 30 秒,在此期间触发的新波形是无效的。在此窗口我们可以检测到波形的总畸变数据、TIF 数值、K 系数、IEC、IEEE 等相关数据。其中 TIF Value、K-Factor、Meets IEEE 519、Crest Factor 是谐波的参数值。V1 、V2、V3 、I1、I2、I3、I4 分别是三相电压和三相电流的选项,切换可以分别查看各相的值。可以查看的谐波值有:各相谐波的畸变率,各相谐波的大小和各相谐波的相角。Gird 和 Graph 的用途是切换图表和列表显示方法,选择 Gird 可以看到各相谐波的值,选择 Graph 可以看到各相谐波相对于基波的畸变率,畸变率的值是以柱状图来表示的。(注:此页中共可以显示 41 次谐波)。

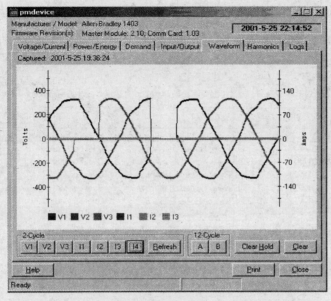

图 6-28　波形显示窗口

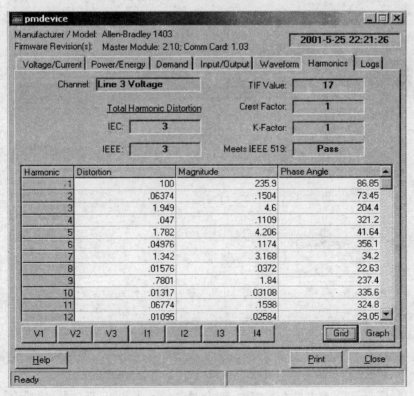

图 6-29　谐波分析窗口

6.7.4.7 Logs(记录)窗口

如图 6-30,在此可以通过最下方的按键来切换记录方式(快速记录、最大值/最小值记录、事件记录)。记录方式在窗口上方对话框中显示出来,点击"Refresh"刷新。

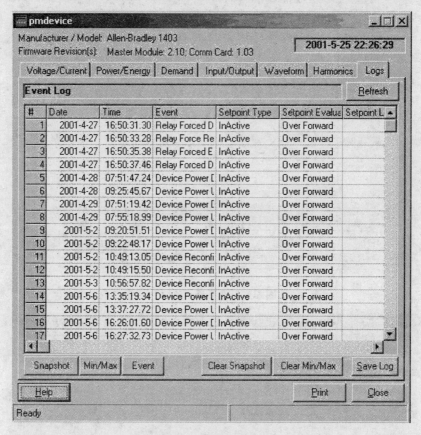

图 6-30 数据记录窗口

6.8 RSView32 软件组态监控平台

6.8.1 RSView32 组态软件

6.8.1.1 RSView32 简介

RSView32 是由 Rockwell Software 公司开发的一种对自动控制设备或生产过程进行高速、有效的监视和控制,以 Microsoft Windows NT 或 Windows 95 为平台的 MMI(人机接口)软件包;它是一个在图形显示中利用 ActiveX, Visual Basic Application, OPC(面向过程控制的 OLE)的 MMI 产品,提供了监视、控制和数据采集功能;是一个可扩展性强,监视性能高并有很高再利用性的监控组态软件包。

RSView32 为生产过程提供交互窗口、面向对象的动画图形、开放的数据库格式、历史数据存储、增强的趋势分析、报警、引导标签创建和事物探测的能力。

6.8.1.2　RSView32软件的特点

（1）具有互操作性　RSView32软件与WINteligent Linx、WINteligent Recipe、WINteligent Logix软件和PanelView 1200e终端具有互操作性。

协调Rockwell软件和A-B产品,增强功能和节省时间。WINteligent Linx软件向A-B、Modicon、Square D、GE、Reliance和超过100家第三方提供DDE驱动程序。支持开放型数据库,容易实现与Microsoft产品的数据共享,采用符合ODBC特征的数据库,使用Microsoft Access等数据库工具,可进行标签的参照及管理。

由于RSView32的图像为OLE,当嵌入Excel、Word、Access等应用程序时,不需要进行文件的输入/输出,以及其他屏幕或应用程序。另外,Linx软件可协调所有的Linx工具和Linx诊断工具所有的功能(如SuperWho,表明网络组态),不必要的二次开发标签。浏览和选择WINteligent Logix和A.I.标签,并将它们用于RSView32软件中。当某事件发生时(如报警),可以显示对应的梯形图。兼容WINteligent Recipe软件和PanelView 1200e终端,避免重复开发。按照需要下载WINteligent Recipe,并在RSView32软件和PanelView1200e终端之间共享标签。

（2）与微软产品兼容　RSView32软件可以和微软产品,如:Excel、Word和Visual Basic等兼容。

（3）面向对象的图形　利用完善的定向对象的图形,RSView32软件的开发既快捷又容易。利用OLE的拖放操作,RSView32软件使用户易于从大范围的对象库中选择仪表、容器、管道、面板和按钮等。基于Microsoft标准,RSView32软件的图形编辑器允许用户从图库中利用拖放操作选择对象,从RSView32软件的外部或内部,在剪贴板上将对象剪贴/粘贴,并任意显示。分别开发和显示图形,以及输入第三方厂商的图形和.dxf、.bmp、.wmf等图形文件。为了图形显示更有用,用户可将趋势分析、数据显示、及时报警和OLE应用嵌入到图形屏幕中。

（4）高效率工具　当用户进行修改时,RSView32软件提供的工具可保持过程的正常运行。编辑图形显示的同时,既可以运行其他的显示程序,也可在PLC处理器运行之前,在图形编辑器内测试动画以及更改标签地址、节点地址、PLC网络和设备驱动器。

（5）动画链接　RSView32软件是惟一的包含编辑方式的应用软件,修改定制对象属性时,不必首先删去原有对象,然后再重新建立。对象的每个部分可以由位置、填充、触摸、可视性、旋转、OLE动作以及其他的动画控制进行测试。RSView32软件引入Object Smart Path,可以交互选择动画对象的尺寸和位置,抛弃过去煞费苦心的计算对象像素的方法。

（6）开放数据链接(ODBC)　开放数据链接是微软开发的标准,是数据库格式可被第三方使用的工具。所有的RSView32标签和系统组态都被存入ODBC支持的数据库中,允许第三方工具创建组态/修改。这些第三用户的工具可被用于创建定制报告,并把组态内容和其他数据库融合起来。

（7）OLE(目标链接和嵌入)　RSView32提供完全的OLE应用程序无缝嵌入RSView32图形中显示,并进行在线编辑。在线编辑使所有应用功能可在RSView32软件中实现,使其能力超越传统的MMI。例如,RSView32软件可容纳电子表格,可以直接在RSView32的显示中改变电子表格的内容。

（8）报警　RSView32报警器具有8个阈值和8级强度的数字和模拟报警。报警摘要可被嵌入 RSView32 显示中,可快速查询一个或全部报警。模拟报警具有预防从其他 RSView32 标签中间接近阈值并要求改进的措施;这样可排除令人头疼的季节性报警问题。当数据值改变时就启动数字报警,并且每一个报警值都被记录和打印,随后经一系列的工具进行筛选。

(9) 趋势分析　RSView32 趋势分析能力非常灵活——数据可来自实时数据值或来自历史数据文件。甚至数据不被记录时,用户也可以查看显示信息。每个趋势可以有 16 种表示,而且可以根据用户需要显示更多的趋势,这样就进一步增强了运行的灵活性。趋势分析对象为透明的,允许实际值和期望值进行比较。

(10)网络特性　RSView32 软件提供创建网络系统的能力。RSView32 节点可利用文件服务器检索大部分组态数据。RSView32 软件的输入输出信息的最佳吞吐量依赖于 Advance DDE 格式,全局报警和远程历史数据检索,使节点操作更容易,可以创建灵活的、易于维护的系统。

(11)RSView32 软件的通信系统的动态优化,使网络阻塞降至最低,并且得到最佳性能。对每一个标签都进行错误检测,若出错,则在驱动器之间进行热转换。RSView32 软件可在 A-B 处理器的直接驱动程序或 DDE 服务器间进行选择。RSView32 软件支持 A-B 处理器的 WINteligent Linx 软件、Data Highway Plus、DH-485、DF1、EtherNet 以及其他可编程序控制器和设备的 DDE 驱动程序。

6.8.2　RSPower32 的嵌入

前面所介绍的 RSPower32 是运行在 Windows95/98/2000、WinNT 下的 Powermonitor 监控软件,它可以单独使用。由于 RSPower32 属于工程师组态软件,人机交互界面不是很友好,需要技术性很强的现场操作人员才能运用,因此需要在其他组态软件中对其进行二次开发,方可在实际应用中推广。众所周知,RSView32 以其强大的组态功能受到认可,能否将 RSPower32 作为附件,嵌入到 RSView32 中呢? 答案是可行的,只要计算机中已安装了 RSView32,就可以将 RSPower32 集成到 RSView32 中去。集成后,它提供向导和程序库,以生成一个全功能的电源管理系统。这样在 RSView32 中建立起监控组态界面,完全实现了 Powermonitor 的远程监控和供电系统的无人化管理。

在 RSView32 中由于 RSPower32 的嵌入,RSPower32 本身固化的一些 Powermonitor 监控参量的 Tag 值也随之嵌入,使用时在 Tag Database 中导入即可。但谐波分析的 Tag 在 RSPower32 中没有固化,即在以 OPC 方式建立 RSView32 组态时,其中就没有关于谐波分析的 Tag。所以要用编程的方法,将大量所需要组态的数据通过 RSLogix5 编程从 Powermonitor 底层采集上来,那么在 RSView32 中建立几百个 Tag 的工作是很繁琐的,因此要用多 Tag 的导入方法,来完成全部或是有选择性的 Tag 导入到 Tag Database 中。

6.8.3　系统监控功能要求

6.8.3.1　系统连接图

将 A-B 公司的可编程控制器 PLC-5/80E,用 Remote I/O 的方法与 Powermonitor 进行连接。而 PLC-5/80E 与装有 RSView32 组态软件、主板上插有 1784-KTX 通讯卡的计算机组成一个 DH + 网。在 Powermonitor 中的数据通过 PLC-5 的编程运算,将读取来的信息传给计算机进行处理,再由 RSView32 进行组态。

运行 RSView32:新建一个项目,随即进入编程模式窗口,开始对系统进行配置:

1)第一步是配置通道(Channel);

2)第二步是配置节点,如图 6-31,在 RSView32 里,Powermonitor 可作 OPC Server。Sever Name:RSI.RSPower32.1, Access Path:'pp.pmk'。设置完成后,将 Powermonitor 中的 Tag 全部或是有选择性的导入到 RSView32 的 Tag Database 中去。

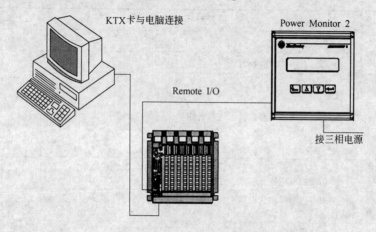

图 6-31　系统配置图

6.8.3.2　监控功能

打开 RSView32 建立一个新项目,将 Powermonitor 的 Tag 全部或者有选择地导入到 RSView32 的 Tag Datebase 中。利用这些 Tag 在 RSView32 中通过字符串的输出或各种动画就可以来表示监控参量了,同时获取了电力系统监控对象的各种实时参数。如:三相电压、三相电流、三相有功功率、无功功率、视在功率、畸变、相移、功率因数、电压电流不平衡度、电流电压正负序分量等,组态界面如图 6-32 所示。

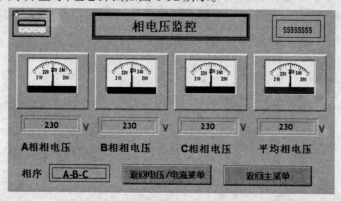

图 6-32　监控参量组态界面

6.8.3.3　设定点功能组态

设定点监视和设置功能,同时支持 20 个设定点,一个设定点包括设定点点号、类型、判断条件、高限、低限、动作延时、释放延时和动作类型 8 个参数。设定点按 6 种不同条件来判断数据，即正向超限、反向超限、正向低限、反向低限、相等、不相等。设定点输入组态见表 6-5。

设定点监控组态参数没有固化到 RSPower32 中去，所以在 RSView32 中不可能直接导入，那就需要通过用 RSLogix5 编程，由 PLC-5 从 Powermonitor 中读数据上来。

表 6-5　设定点输入组态

参 数 名 称	参 数 说 明	参 数 范 围
设定点点号	正在组态的设定点点号	1 ~ 20
设定点类型	由设定点估算的参数值	0 ~ 54
设定点判断条件	用来估算设定点参数值的运算条件	0 = 正向超限(+) 1 = 反向超限(−) 2 = 正向低限(+) 3 = 反向低限(−) 4 = 相等(=) 5 = 不相等(< >)
设定点高限	用来进行超限比较以激活设定点或用来进行高限比较以取消设定点动作的参考值。	0 ~ 1,000,000
设定点低限	用来进行超限比较以取消设定点动作或用来进行低限比较以激活设定点的参考值。	0 ~ 1,000,000
设定点动作延迟	在设定点触发之前必须要超过设定点限值的连续的以秒计的最小时间	0 ~ 9999
设定点释放延迟	在设定点触发之前必须要超过设定点限值的连续的以秒计的最小时间	0 ~ 9999
设定点动作类型	在设定点触发时将发生的动作	0 ~ 20(详见附表)

设定点组态分为三种主要界面：设定点输入、设定点状态查看、设定点显示（如图 6-33）。设定点显示主要采用 RSView32 中的字符串显示功能，在所要显示的项目后设定导入的 Tag，操作时在设定点显示界面输入要查看的设定点号，即可查看 1 ~ 20 个设定点的各参数；设定点输入则是采用字符串输入的方式组态的，操作时在设定点输入界面输入各参量，完成设置；设定点状态查看的是设定点是否设置或重新设置。

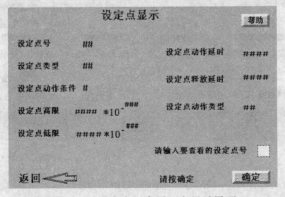

图 6-33　设定点组态界面之显示界面

6.8.3.4 数据记录功能组态

数据记录功能,Powermonitor 提供了三种记录数据的方式:事件记录(100 个最新事件)、最大值/最小值记录(1403-MM 为 84 个,1403-LM 为 63 个)及快速记录(50 个记录,每个记录为 46 个参数)。与设定点的组态方式一样,可通过用 RSLogix5 编程由 PLC-5 从 Powermonitor 中读数据上来,然后再组态。

这项功能分四个界面实现:事件记录、最大值/最小值记录、电压/电流快速记录、功率快速记录。组态方法大致相同,用字符串输入方式建立输入查询,用字符串显示的方式建立输入查询后的显示值。如图 6-34 事件记录查询,"请输入想要查看的项目数量"设置成字符串输入,最大不能超过 100。"事件号"、"事件类型"、"事件代码"设置成字符串显示。

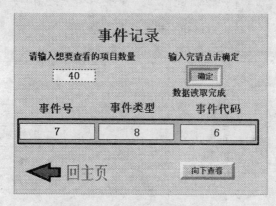

图 6-34 事件记录组态界面

图 6-35 为最大值/最小值记录,"请输入想要查看的项目"设置成字符串输入,"最大值记录"、"最小值记录"设置成字符串显示。操作时在"请输入想要查看的项目"中输入 1～84 范围内的任意数字,在下方即可得到显示值。

图 6-35 最大值/最小值记录组态界面

图 6-36 为电压/电流快速记录,操作时点击"开始",在下方即可得到显示值。

6.8.3.5 波形录入功能组态

波形显示 7 通道同时两周录波,2 通道 12 周录波。A、B 通道 12 周录波是用户自己组态的。同样波形录入的数据也需要通过 RSLogix5 编程由 PLC－5 从 Powermonitor 底层把数据读上来。这项功能有两个界面组成,波形界面和确定波形的相关数据点界面,如图 6-

37。表 6-6 为录波写入的范围。

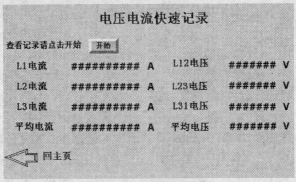

图 6-36　快速记录组态界面

表 6-6　录波写入的范围

数　字	表示的意义	数　字	表示的意义
1	一相电压	6	三相电流
2	一相电流	7	中线电流
3	二相电压	8	A 通道 12 周录波
4	二相电流	9	B 通道 12 周录波
5	三相电压		

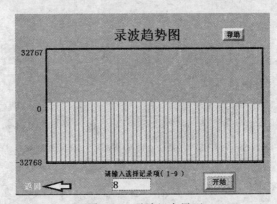

图 6-37　录波组态界面

6.8.3.6　谐波分析功能

(1)谐波分析的趋势图查看页　如图 6-38 所示,该页可以查看谐波中的 3 次,5 次,7 次谐波畸变的变化趋势,由于谐波中的 3 次,5 次,7 次谐波畸变值都是由数学表达式表现的,所以使用了衍生 Tag 的方法做出了三个 Tag,代表 3、5、7 次谐波值。

(2)谐波分析数据的柱状图查看页　如图 6-39 所示,在此页中,包含一个谐波畸变的柱状比例图。其中每条细柱都是使用了 RSView32 中的 Fill 功能,在柱状图右侧是谐波的一些参数,如:IEEE 总畸变、IEC 总畸变、是否符合 IEEE 标准等,这些都是观察谐波的重要参数。在柱状图下有六个按钮分别表示 L1、L2、L3 的电压和电流。按下按钮时,谐波的柱状图将随之变化。在屏幕右下方有一个列表按钮可进入列表页。值得一提的是柱状图中 Fill

属性用的 Tag 都是表达式的方式。在本页下方的按钮有切换查看各项谐波值的功能。

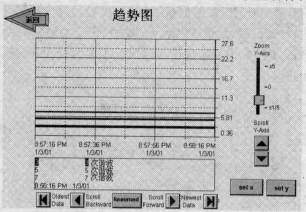

图 6-38 谐波分析数据的趋势图查看页

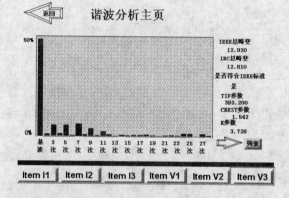

图 6-39 谐波分析数据的柱状图查看页

(3)谐波分析数据的数字式查看页 图 6-40 是对谐波畸变, 大小, 相角值的数字显示页。右下方的图表按钮可以与柱状图页连接。左上方返回可以回到选项页。通过数字查看页, 可以详细的查看谐波量的各项数值。

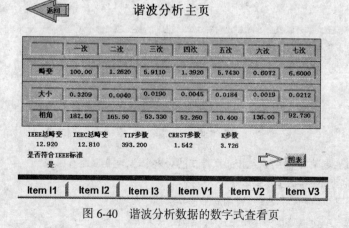

图 6-40 谐波分析数据的数字式查看页

(4)谐波分析数据查看页　图6-41为数据的记录页,这里把各项的3次谐波记录为.DBF宽型数据,一共建立6个记录文件I1sanci、I2sanci、I3sanci、V1sanci、V2sanci、V3sanci。每一项的设置的路径为相对路径,不重新启动新的文件,记录的触发方式为值的变更触发。设置的 Tag 为衍生 Tag。该页共有六个按钮,分别可以打开六个记录文件,这些按钮的触发都是用 VBA 编程得到的。

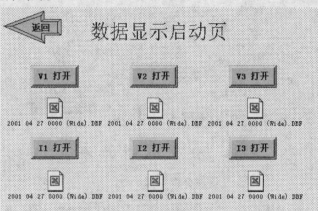

图6-41　谐波分析数据查看页

(5)谐波分析的报警页　图6-42为报警查看页,它含有报警栏和指向记录分析、报警、趋势图和谐波分析。在此系统中,当谐波量不符合 IEEE 的标准时,将报警。在报警页下方的报警开和报警关按钮是打开和关闭报警的。

通过点击按钮可以进入记录分析,报警总汇,趋势图,谐波分析页。

图6-42　谐波分析报警页

习　　题

6-1　什么叫做变电站的二次进线,按二次接线的用途来分,主要回路有哪些?

6-2　对断路器控制回路的基本要求是什么?

6-3　什么叫自动重合闸,对自动重合闸的基本要求是什么?

6-4　备用电源自动投入装置的作用是什么,有哪些要求?

6-5　采用计算机构成的继电保护有哪些主要特点?

7 供电质量的提高与电能节约

7.1 工业企业供电系统电压水平的保持

7.1.1 工业企业供电系统电压水平保持的方法

在4.6节中我们已经详细介绍了供电网路中的电压偏移和电压损失的计算方法,以及电压偏移过大对用电设备的不良影响。为了确保用电设备端子上的电压水平,提高供电电压的质量,应尽量减少电压偏移。

在工业企业电力网路中,为提高电压质量,通常采用下列几种方法减少电压偏移:

1)限制线路的电压损失在一定的范围之内,这个范围称为允许电压损失。若导线和电缆的截面按允许电压损失来选择,在一般情况下可保证用电设备端子上的电压偏移不超过允许值。

在某些场合,例如当 $\Delta U_R \ll \Delta U_x$ 时,若单纯依靠改变导线的截面,有时也难以降低线路的电压损失,此时 ΔU_x 随导线截面而变化的范围很小,即 S 增大很多而 ΔU_x 下降无几。在这种情况下,必须采用下列一些措施与其相配合,才能减少电压偏移,提高电压质量。

2)在电力系统变电站中装置电压调整器,使线路始端的电压也随负荷的变化而变化。例如在最大负荷时,将线路始端的电压调高 $\Delta U'$,就可使线路末端的电压偏移减小 $\Delta U'$,如图7-1所示。反之,在最小负荷时,为了不使线路末端用户的电压过高,可将线路始端电压适当降低。

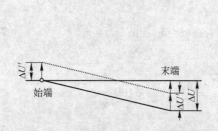

图7-1 改变线路始端电压以减少电压偏移

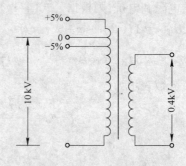

图7-2 变压器分接头

3)在工业企业中采用不带负荷调压的变压器,即采用具有固定分接头的变压器。适当选择其分接头,能降低工厂电网的电压偏移。

4)采用并联补偿电容器以减少网路中的无功功率,或采用串联补偿电容器以减少网路中的电抗,这二者从理论上讲均能降低网路中的电压损失,从而提高电压水平。前者的主要目的是提高功率因数,而后者在经济上是不太合适的。

一般说来,只要电力系统的变电站在最大负荷和最小负荷时,保持一定的电压水平,然后再在企业中采取一些简单的办法,例如调节变压器的分接头和选择适当的导线截面,就可保证各用电设备所要求的电压水平。

下面着重介绍怎样选择变压器的分接头以满足电压水平的要求。

7.1.2 变压器分接头的选择

我们先来研究一下在正常情况下,普通电力变压器的工作情况。一般电力变压器在一次侧均设有三个分接头,即 $+5\%$,0 ,-5% ,如图 7-2 所示。如果在一次绕组的"0"分接头上加上额定电压 U_{N1} ,即接上 $100\% U_{N1}$ 的电压,则当空载时,二次绕组的电压为 $105\% U_{N2}$ (例如 35/10.5,10/0.4kV),因此变压器的电压就有 $+5\%$ 的恒定升高,其目的是用以抵偿变压器在满载时本身的电压损失。此外,若在一次绕组的 -5% 分接头上接以额定电压 U_{N1} ,则二次侧空载电压就变为 $110\% U_{N2}$,即升高 $5\% + 5\% = 10\%$ 。同理,若在一次绕组的 $+5\%$ 分接头上接以额定电压 U_{N1} ,则二次侧空载电压降为 $100\% U_{N2}(5\% - 5\% = 0)$ 。由此可见,变压器里即使有电压损失,但通过调节变压器一次侧绕组的分接头,也可以使二次侧电压升高,如图 7-3 所示。设计者的任务,就是根据供电系统电压变动的情况和企业的用电设备对电压水平的要求,来选择变压器的分接头,以保证用电设备的正常运行。

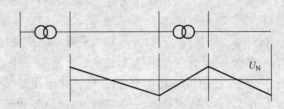

图 7-3 网路中的电压损失和变压器中的电压升高

在选择变压器的分接头之前,先研究变压器中电压损失的计算。设 R_T、X_T 分别为变压器的电阻和电抗,则根据公式(4-14)可知变压器中的电压损失为:

$$\Delta U_T = \sqrt{3} I (R_T \cos\varphi + X_T \sin\varphi)$$

$$= \sqrt{3} I_N (R_T \cos\varphi + X_T \sin\varphi)\frac{I}{I_N} = \sqrt{3} I_N (R_T \cos\varphi + X_T \sin\varphi)\frac{S}{S_N} \tag{7-1}$$

或用百分数表示为:

$$\Delta U_T\% = \frac{\sqrt{3} I_N (R_T \cos\varphi + X_T \sin\varphi)}{U_N} \cdot \frac{S}{S_N} \times 100$$

$$= (R_T\% \cos\varphi + X_T\% \sin\varphi)\frac{S}{S_N} \tag{7-2}$$

式中　S——变压器的实际负荷,kV·A;

　　S_N——变压器的额定容量,kV·A;

　　$\cos\varphi$——变压器的功率因数;

　　$R_T\%$——变压器的电阻百分数;

　　$X_T\%$——变压器的电抗百分数。

206

其中
$$R_T \% = \frac{R_T}{\frac{U_N}{\sqrt{3} I_N}} \times 100 = \frac{\sqrt{3} I_N R_T}{U_N} \times 100$$

$$= \frac{3 I_N^2 R_T}{\sqrt{3} U_N I_N} \times 100 = \Delta P_K \%$$

$$X_T \% = \sqrt{(Z_T \%)^2 - (R_T \%)^2} = \sqrt{(U_K \%)^2 - (\Delta P_K \%)^2}$$

$$Z_T \% = \frac{Z_T}{\frac{U_N}{\sqrt{3} I_N}} \times 100 = \frac{\sqrt{3} I_N Z_T}{U_N} \times 100 = U_K \%$$

$$\Delta P_K \% = \frac{\Delta P_K \times 10^{-3}}{S_N} \times 100 = \frac{\Delta P_K}{10 S_N}$$

式中 ΔP_K——变压器的铜损,W;

$\Delta P_K \%$——变压器的铜损百分数;

$U_K \%$——变压器的短路电压百分数。

将这些数值代入公式(7-2)中便得:

$$\Delta U_T \% = \left[\frac{\Delta P_K}{10 S_N} \cos\varphi + \sin\varphi \sqrt{(U_K \%)^2 - \left(\frac{\Delta P_K}{10 S_N}\right)^2} \right] \cdot \frac{S}{S_N} \qquad (7\text{-}3)$$

利用式(7-3)便可计算变压器中的电压损失。

在计算了变压器中的电压损失之后,即可选择变压器的分接头。

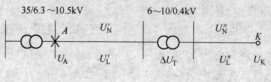

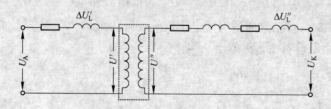

图 7-4　变压器的分接头选择图

设在图7-4中,电力系统保证企业变电站二次侧母线上 A 点的电压 U_A 在最大负荷(通常为额定负荷)时为 U_{A2},在最小负荷(一般为额定负荷的25%)时为 U_{A1}。低压线路最远处的用电设备的电压 U_K,在最大负荷时不得小于 U_{K2},在最小负荷时不得大于 U_{K1}。通常对电力用户来说,$U_{K2} = 0.95 U_N''$,$U_{K1} = 1.05 U_N''$,U_N'' 为低压线路的额定电压,即 $U_N'' = 380V$。U_N' 为高压线路的额定电压,即 $U_N' = 6 \sim 10 kV$。

设 $\Delta U'_{L2}$、$\Delta U'_{T2}$ 和 $\Delta U''_{L2}$ 分别代表高压线路、变压器和低压线路在最大负荷时的电压

损失；$\Delta U'_{L1}$、$\Delta U'_{T1}$和$\Delta U''_{L1}$分别代表高压线路、变压器和低压线路在最小负荷时的电压损失，其等效电路如图7-4所示。于是在最大负荷时，车间变压器高压侧的电压为：

$$U'_2 = U_{A2} - \Delta U'_{L2}$$

在最大负荷时，车间变压器低压侧(等值理想变压器低压侧，见图7-4)的电压为：

$$U''_2 = U_{K2} + \Delta U''_{L2} + \Delta U_{T2}$$

所以根据最大负荷时用电设备端子上(图7-4中的 K 点)电压的要求，变压器的变比不应大于

$$k_2 = \frac{U'_2}{U''_2} = \frac{U_{A2} - \Delta U'_{L2}}{U_{K2} + \Delta U''_{L2} + \Delta U_{T2}} \qquad (7\text{-}4)$$

同理，根据最小负荷时，用电设备端子上电压的要求，变压器的变比不应小于

$$k_1 = \frac{U'_1}{U''_1} = \frac{U_{A1} - \Delta U'_{L1}}{U_{K1} + \Delta U''_{L1} + \Delta U_{T1}} \qquad (7\text{-}5)$$

所以实际选用的变比 k 应满足下列条件：

$$k_2 \geqslant k \geqslant k_1 \qquad (7\text{-}6)$$

根据上式可知，如果 $k_2 > k_1$，则可选取一恰当的变比 k 值，以满足上述要求。反之，如果 $k_2 < k_1$，则无法满足上述要求。此时，必须采取其他一些措施，例如降低线路的电压损失和要求电力系统改变其所保持的电压值来满足上述要求。如果能满足公式(7-6)的要求，则在最大负荷和最小负荷时，用电设备端子上的电压偏移均不会超过所规定的范围。

最后应当指出，分接头选好后，就固定下来，不要随负荷变动而改变，因所选的分接头对最大负荷和最小负荷均能满足要求。

例7-1 设某企业部分供电系统如图7-4所示。已知电力系统保证企业变电站二次母线上 A 点的电压 U_A 在最大负荷时为 $U_{A2} = 1.03 U'_N$($U'_N = 6000\,V$ 为高压线路的额定电压)，即 U_{A2}比 U'_N 高3%。在最小负荷时 A 点的电压为 $U_{A1} = 0.95 U'_N$，即比网路额定电压低5%。在最大负荷时，高压线路、变压器和低压线路的电压损失分别为 $\Delta U'_{L2} = 5\%$ U'_N；$\Delta U'_{T2} = 4.5\% U_{NT}$；$\Delta U''_{L2} = 4\% U''_N$。$U''_N$ 为低压线路的额定电压(380V)。最小负荷可按最大负荷的25%确定，这时所有的电压损失均降为最大负荷时的1/4。试选择变压器的分接头和计算用电设备端子上的电压偏移。

解 $\Delta U'_{L2} = \dfrac{5}{100} \times 6000 = 300$ （V）

$\Delta U'_{T2} = \dfrac{4.5}{100} \times 400 = 18$ （V）

$\Delta U''_{L2} = \dfrac{4}{100} \times 380 = 15.2$ （V）

根据公式(7-4)，在最大负荷时变压器的变比不应大于：

$$k_2 = \frac{U_{A2} - \Delta U'_{L2}}{U_{K2} + \Delta U''_{L2} + \Delta U_{T2}} = \frac{6000 \times 1.03 - 300}{0.95 \times 380 + 15.2 + 18} = 14.9$$

在最小负荷时：

$$\Delta U'_{L1} = \frac{1}{4} \Delta U'_{L2} = \frac{1}{4} \times 300 = 75 \quad （V）$$

$$\Delta U_{T1} = \frac{1}{4} \Delta U_{T2} = \frac{1}{4} \times 18 = 4.5(V)$$

$$\Delta U''_{L1} = \frac{1}{4} \Delta U''_{L2} = \frac{1}{4} \times 15.2 = 3.8(V)$$

根据公式(7-5),在最小负荷时变压器的变比不应小于:

$$k_1 = \frac{U_{A1} - \Delta U'_{L1}}{U_{K1} + \Delta U''_{L1} + \Delta U_{T1}} = \frac{0.95 \times 6000 - 75}{1.05 \times 380 + 3.8 + 4.5} = 13.8$$

因 $k_2 > k_1$,故根据公式(7-6),可选 $k = \frac{5700}{400} = 14.25$。由此可知 $14.9 > 14.25 > 13.8$。因此,我们最后选定 -5% 的分接头 $\left(\frac{5700}{400}\right)$,在此位置上,不论在最大负荷时,还是在最小负荷时,均能满足电压水平的要求。

现在计算在所选定的 k 值下,在最大负荷和最小负荷时,K 点电压的实际偏移值:

$$U_{K2} + \Delta U''_{L2} + \Delta U_{T2} = \frac{U_{A2} - \Delta U'_{L2}}{k}$$

$$U_{K2} = \frac{U_{A2} - \Delta U'_{L2}}{k} - \Delta U''_{L2} - \Delta U_{T2}$$

$$= \frac{6180 - 300}{14.25} - 15.2 - 18 = 378.1(V)$$

其电压偏移百分数为:

$$U_{K2}\% = \frac{378.1 - 380}{380} \times 100 = -0.5$$

同理,在最小负荷时:

$$U_{K1} = \frac{U_{A1} - \Delta U'_{L1}}{k} - \Delta U''_{L1} - \Delta U_{T1}$$

$$= \frac{5700 - 75}{14.25} - 3.8 - 4.5 = 386.18(V)$$

其电压偏移百分数为:

$$U_{K1}\% = \frac{386.18 - 380}{380} \times 100 = +1.625$$

此外,可用下述方法直接计算用电设备端子在最大负荷和最小负荷时的电压偏移如表7-1所示。

最大负荷时:　　　$(3 + 10)\% - (5 + 4.5 + 4)\% = -0.5\%$

最小负荷时:　　　$(10)\% - (5 + 1.25 + 1.125 + 1)\% = +1.625\%$

表 7-1　电压水平的计算

负荷/%	企业变电站二次母线的电压偏移/%	6kV 线路上的电压损失/%	变压器空载时的电压升高/%	变压器中的电压损失/%	低压线路中的电压损失/%	用电设备端子上的电压总偏移/%
100	+3	-5	+10	-4.5	-4.0	-0.5
25	-5	-1.25	+10	-1.125	-1.0	+1.625

在最大负荷和最小负荷时,电网中各部分的电压水平如图 7-5 所示。

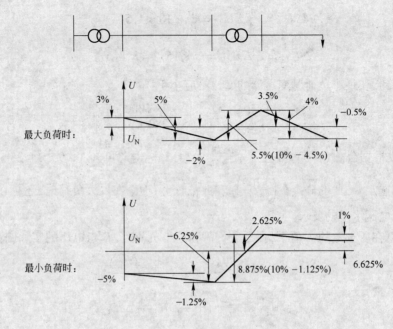

图 7-5　电网中各部分的电压水平图

7.2　工业企业供电系统的电压波动及其减少措施

7.2.1　电压波动的概念

电压在电网中快速、短时的变化(有的国家定义为每秒电压的变化速度超过 1%)称之为电压波动。白炽灯的照明负荷对电压波动很敏感,频繁的电压波动刺激人们的眼睛,以致无法进行生产活动。随机的,变化更为剧烈的电压波动称为电压闪变。

电压的波动和闪变是由于用户负荷的剧烈变化所引起。工厂供电系统中广泛采用鼠笼型感应电动机和异步启动的同步电动机,它们的启动电流达到额定电流的 4～6 倍(3000r/min 的感应电动机可能达到其额定电流的 9～11 倍),启动或电网恢复电压时的自启动电流,流经网路及变压器,在各个元件上引起附加的电压损失,使连接该电动机的供电系统和母线都产生快速、短时的电压波动,波动必然要波及到该系统其他用户的正常工作,特别是对要启动的电动机,当电压降得比额定电压低得较多时,使电动机转矩急剧减小($T \propto U^2$),长时间达不到其额定转速而使绕组过热,这种情况对有较多自启动电动机的部门更为不利,譬如使化工、石油、轻工业等连续生产的工厂电机减速,甚至强迫停止运行,直至全厂停工,对国民经济带来重大损失。这种影响对于容量较小的电力系统,尤其严重。

近年以来,由于重型设备的容量增大和某些生产过程功率变化非常剧烈,因而使波动值大,波及面广,这就为采取有效对策增加了新的涵义和要求。例如作为轧钢机的同步电动机,单台容量国外已达到 20000kW 以上,工作时有功功率的冲击值达到额定容量的 280% ,启动电流是额定电流的 7 倍,而且一分钟之内功率变化范围为 17～20 倍。

利用大型可控整流装置供给剧烈变化的冲击性负荷是产生电压波动或闪变的一个重要因素。它不像那些具有较大贯量的机械变流机组,也不像具有快速调节励磁的同步电动机,它毫无阻尼和惯性,在极短的驱动和制动工作循环内,吸收和向电网送回大量的无功功率。例如某台轧机用的可控整流器以 2,000,000kvar/s 的速度向电网送出 100,000kvar 无功功率(即在 1/20s 的时间内向电网送的无功功率从零提高到 100,000kvar),这自然会引起电压剧烈的波动或闪变。

大型电弧炼钢炉也是目前造成电压波动或闪变的一个重要原因之一。电弧炉在熔炼期间频繁切断,甚至在一次熔炼过程可能达到 10 次以上。熔炼期间还由于升降电极、调整炉体、检查炉况等工艺上的原因,需要的电流很小,同时由于炉料崩落而在电极尖端形成短路等复杂情况,都对电压波动或闪变影响很大。短路电流的大小,决定于电炉的容积,电炉变压器的参数、短网参数和炉料成分等一系列因素。

大型电焊设备也会造成电压波动或闪变,但较之电弧炉,它的影响面较小,一般来说,它只对 1000V 以下的低压配电网有较明显影响,例如接触焊机的冲击负荷电流约为额定值的 2 倍,在电极接触时能达到额定值的 3 倍以上。

电压波动是用户电能质量的重要指标之一。急剧的电压波动,可能引起同步电动机产生震荡,影响产品的质量,使电子设备和测试仪器无法准确工作,电视机和电子计算机的工作不正常。特别是在当前工农业建设规模日益发展,人民生活水平不断提高的情况下,这一问题必须引起广泛的注意。

电压波动可以定义为:

$$\Delta U_{fl}\% = \frac{U_{max} - U_{min}}{U_N} \times 100 \tag{7-7}$$

式中　U_{max}、U_{min}——电力系统在最小运行方式下,一个以上用户连接处的公共供电点相邻电压的均方根最大值与最小值;

　　　　U_N——电网的额定电压。

$\Delta U_{fl}\%$ 的变化速度不低于 1%。

7.2.2　减少电压波动的措施

7.2.2.1　合理的供电接线方式

所谓合理的供电接线方式就是给负荷变化剧烈的电气设备以专线单独供电,这是一条简便的、行之有效的方法,美国、前苏联都有类似的结论。考虑到一个大的工业用户不会是仅由一条线路供电,因此,就可以利用其中的一条线路供给某剧烈变化的负荷,并作为工厂中其他负荷的备用电源。

前苏联还为此采用了双路电抗器和分裂绕组变压器,但这种方式只有在系统阻抗 X_s 相对于变压器或电抗器阻抗很小时,才能得到预期的效果,否则,电压波动仍然会影响其他用户,如图 7-6 所示。

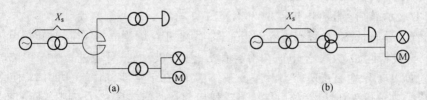

图 7-6　减少电压波动的措施

(a)双路电抗器;(b)分裂绕组变压器

7.2.2.2 提高供电电压

电压损失的百分比与电网额定电压的平方成反比,所以,提高供电电压无疑会对抑制电网电压波动的数值起到良好的作用。

7.2.2.3 增加短路容量

短路容量愈大,同样的冲击功率,电压的波动值愈小。增加短路容量的方法有:

1)采用双线并联供电;

2)在给剧烈变动负荷供电的线路上不设置电抗器;

3)采用串联补偿 由于采用串联补偿,电压损失可以下式计算:

$$\Delta U = \frac{PR + Q(X_L - X_C)}{U_N} \tag{7-8}$$

式中 P、Q——系统中输送的有功及无功功率;

X_L、X_C——线路的感抗及串联电容的容抗。

如果确定 ΔU 值,便可计算出 X_C 值,电容器的容量应为:

$$Q_{BC} = 3I^2 X_C \tag{7-9}$$

I 为最大负荷时通过电容器的电流。

由于采用串联补偿的方法能够瞬时地、毫无惯性地自动调节电压,所以对保证电焊设备正常工作有较好的效果。电容器一般串联在供电车间变电站线路的高压侧。运行结果表明,当冲击负荷不超过供电系统容量的 20%,电压波动值不会超过 1%,完全可以满足人们视觉提出的要求。

7.2.2.4 采用静止型无功功率补偿装置

为了减少无功功率冲击引起的电压闪变,国内外普遍应用了静止型无功功率补偿装置(SVC)。采用电力电子技术的 SVC 有不同的结构和控制方法,如晶闸管控制电抗器(TCR)型,晶闸管切合电容器(TSC)型及控制饱和电抗器型等。图 7-7 为主回路由固定电容器(FC)及 TCR 组成的 SVC。FC 对于基波是无功功率补偿装置,它并作为高次谐波的滤波器。

由于负荷一般是感性的,设负荷的无功功率变化量为 Q_L,利用晶闸管的相位控制,使电抗器需要消耗的无功功率对应于 Q_L 相反的变化量为 Q_{LR},从而使 $Q_{LR} + Q_L = \text{const}$(感性)。

电容器产生的无功功率 Q_C(容性),与 $Q_{LR} + Q_L$ 相互补偿。即 $Q_S = Q_{LR} + Q_L - Q_C \approx \text{const}$,可见控制 Q_{LR} 可使系统的无功功率基本保持恒定。

图 7-8 表示晶闸管相控电抗器型 SVC 的 U-I 特性。

晶闸管不导通时,SVC 只有电容器组工作,特性如 OA,当晶闸管全导通时,电抗器的特性为 OD,合成特性如 OC。当电压在给定值 U_{ref} 上下波动时,可通过晶闸管相位控制来改变电抗值,使其工作在 AB 段。当电压大于 U_{ref},SVC 呈感性,消耗无功功率,使系统电压下降。反之,则提供无功功率,使电压上升。线段 AB 的斜率是 SVC 恒压特性的重要参数,它取决于 SVC 的容量和给定值 U_{ref} 的设计。

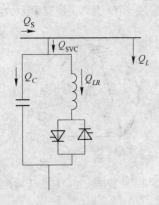

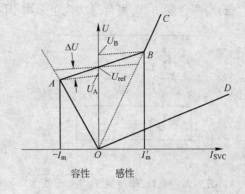

图 7-7　SVC 工作原理图　　　　　　　图 7-8　SVC 的 U-I 特性

7.3　电网高次谐波及其抑制

7.3.1　高次谐波及其影响

供电系统中存在着各种各样的引起高次谐波电流的因素。例如气体放电灯,变压器的激磁电流,电弧炉,电焊机,电气机车,电解电镀等,即凡是电压与电流的关系是非线性的元件,都是谐波电流源。整流装置即使装上滤波器,也会有少量残余谐波电流流入系统。过去由于此类用电设备容量不大,大型可控固体整流装置的运用还不普遍,所以高次谐波电流对系统及用户的危害还没有引起足够的重视和研究。据资料介绍,国外整流设备容量较大的工厂,电压畸变系数可达 25％～40％,国内某些工厂的畸变系数业已超过允许值的 2～3 倍,因此,在进行工厂的设计时,谐波问题决不应忽视。

接入电网运行的可控硅装置,客观上是起了一个高次谐波发生器的作用。这些高次谐波,如不采取措施加以抑制,则将窜到系统和其他用户中去引起许多不良影响。归纳起来,高次谐波造成的影响有:使电网的电压和电流波形发生畸变,致使电能品质变坏;使电器设备的铁损增加,造成电器设备过热,降低正常出力;使电介质加速老化,绝缘寿命缩短;影响控制、保护及检测装置的工作精度和可靠性;使一些具有容性的电气设备(如电容器)和电气材料(如电缆)发生过热而引起损坏;对弱电系统造成严重干扰,甚至还有可能在某一高次谐波的条件下引起网路并联谐振的严重后果。

因此,在安装使用可控硅整流装置时,必须掌握高次谐波发生的规律,有针对性地采取抑制措施。

7.3.2　高次谐波的抑制

目前高次谐波的抑制方法有:增加整流器的相数;设置无源及有源滤波器;限制大整流器在电网中的联结容量。

7.3.2.1　增加整流器的相数

增加整流器的相数是限制高次谐波的基本和常用方法之一。具体方法如下:

1)在同一整流变压器铁心上,采用不同接法的两个二次绕组以实现 6 相整流。

2)用两台变压器,每台二次绕组采用不同接法以实现 12 相整流,如图 7-9 所示。

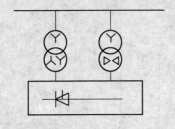

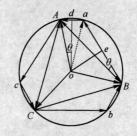

图 7-9　两台变压器实现 12 相整流　　　　图 7-10　曲折接线相应移相计算方法

3)整流变压器主绕组加附加绕组曲折接线形成多项整流,其原理如图 7-10 所示。图 7-10 中 $E_1 = Aa$ 为移相绕组电势相量,$E_2 = aB$ 为主绕组电势相量。E_2 与电网线电压 U_1(图中为 AB)的夹角 θ 为移相角。可以得到:

$$\theta = \arctan \frac{\sqrt{3} N_1}{2 N_2 + N_1} \tag{7-10}$$

式中,N_1、N_2 分别为移相绕组和主绕组的匝数。

由上述可知,曲折接线方法的原理是:当线电压为一定值时,采用不同的 U_1 及 U_2 值,可以使互成 120° 的移相绕组电势相量 $Aa(E_1)$ 与主绕组电势相量 $aB(E_2)$ 的连接点 a 沿圆弧 $\overparen{AaB}$ 移动,从而获得不同的移相角 θ。这是因为 a 点在 $\overparen{AaB}$ 上任意处都使 $\angle AaB$ 面对 2/3 圆周长,一定能够满足 $\angle AaB = 120°$ 的缘故。

移相变压器容量远小于整流变压器容量,当移相角为 10° 时,约为整流变压器容量的 17%。

多相整流变压器一般用于装置容量大、负荷稳定的设备,如电解、电镀等设备,我国已成功实现 36、48 相整流,并已在某些电解铝厂应用,效果与可靠性都很好。

整流变压器的曲折接线,理论上在变压器二次侧可以任意实现,但因若干个大截面绕组连接时需要曲折往返,工艺较为复杂,所以单铁心二次侧曲折接线目前仅用在 75kW 以下的小容量电力传动装置上,如机床、纺织、小型轧机等。

7.3.2.2　设置滤波装置

(1)无源滤波装置　由电力电容器、电抗器和电阻器联结成交流滤波器,多个滤波器组合称为无源滤波装置。运行中它和谐波源并联。除作滤波外,还对基波兼作无功补偿。

滤波装置包括数组单调谐滤波器和一组高通滤波器。图 7-11 为它们在供电系统的联结示意图。图中 X_{ns},R_{ns} 为电力系统对应于 n 次谐波的等效电抗与电阻,$X_{n \cdot L}$,$R_{n \cdot L}$ 为负荷对应于 n 次谐波的等效电抗与电阻。

理想的、吸收某一次谐波的单调谐滤波器参数是按照下式确定的:

$$n = \sqrt{\frac{X_C}{X_L}} \tag{7-11}$$

式中　X_C、X_L——分别代表滤波器的容抗及电抗器的电抗工频值。

在理想条件下,$Z_n = R_n$,即 n 次谐波电流通过低值电阻 R_n 分流。但由于下述原因将

214

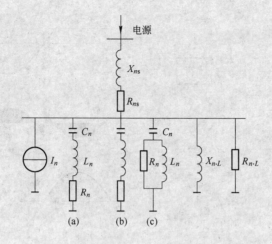

图 7-11　滤波装置在供电系统的联结示意图

(a)、(b)单调谐滤波器；(c)高通滤波器

会引起滤波器的失谐：1)电网工频角频率的误差；2)组成滤波装置的元件,如电容器和电抗器本身在制造、测量上的误差；3)滤波器成组的配合精度；4)环境温度的变化等。如通频带规定的范围一定时,失谐度的最大值 δ_m 与滤波器的品质因数 Q 成反比。换句话说,滤波器的 Q 值反映了通频带的宽度, Q 值愈大,通频带愈窄。

滤波装置的参数选择涉及到技术指标(谐波电压、谐波电流、无功补偿),安全指标(电容器的过电压、过电流)以及经济指标(投资、损耗)等,因此,往往需要多个方案比较才能确定。

图 7-11(c)所示的滤波器,由于 L_n 与 R_n 并联,其合成阻抗不可能超过 R_n 值,当频率低于某一截止频率 f_0 时,滤波器阻抗明显增加,使低次谐波电流难于通过,当 $f > f_0$ 时,并联回路主要只表现出 R_n 值,使大于 f 的谐波电流易于通过,称为高通滤波器。

在三相系统中,滤波器宜接成星形,以避免其中一相电容器故障击穿时引起相间短路,电抗器接在电容器后的低压侧,以便使电容器的外壳承受较小的对地电压,滤波装置多连接在高次谐波发生源或高次谐波电流较严重的地方。

滤波器中的电容器组价格昂贵,设置时要与该处需要的无功功率补偿要求相配合,由于调整的准确度要求高,所以不易扩充,不准确的调整不但降低其滤波效果,甚至会使变电所母线电压畸变增大。

(2)有源滤波装置　随着电力电子技术的发展,国内外正在研制新型"有源"交流滤波装置(即谐波抵消装置),图 7-12 为有源滤波装置的连接图。

设单相全波整流电路,谐波源(负荷)电流 I_L 为方波如图 7-12(b)(1)中实线所示,这个方波电流可以分解成基波电流(图 7-12(b)(1)中虚线所示)与高次谐波电流(图 7-12(b)中(2)所示)。利用高次谐波抑制装置(见图 7-12(a)),把一定幅值的直流电流,利用 PWM 的控制方式,使

$$I_s + I_n = I_L \tag{7-12}$$

以高次谐波电流供给负荷,电源电流 I_s 也就权作为负荷电流的基波成分(图 7-12(b)中(3))。

本装置在国外 1983 年业已试制投入运行,补偿容量为 $200 kV \cdot A$,补偿电流为 $18 A$,输

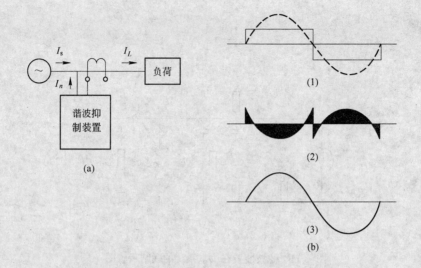

图 7-12　有源滤波装置连接图
(a)单线图；(b)电流波形图

入电压为$(6.6\pm10\%)$kV，工作正常。本装置的优点是：

1)用一台装置可以抑制多种高次谐波，同时，在运行中产生的 4 次谐波的谐振而引起线路的过负荷，经分析确定后，也得到了抑制；

2)当高次谐波电流在某些时候超过装置容量时，其本身仍可保持在额定功率下继续运行；

3)具有各种保护功能，便于维护。

本装置可抑制 2～7 次谐波，各次谐波电流均可抑制在原值的 20%以下，现场测试所得的综合电压畸变系数从 16%降至 3%。

本装置尚须事先测定谐波频谱，目前更大容量(750kV·A)的、可以自动检测的装置也正在研制中。

7.3.2.3　限制连接于供电系统的整流器极限容量

高次谐波电流在电网中与其相对应的谐波阻抗的乘积是相应的谐波压降，设其对任意基准值的标么值为 ΔU_{*nd}，可以有：

$$\Delta U_{*nd} = (n \cdot X_{*ld})\frac{I_n}{I_d} \tag{7-13}$$

式中　n——谐波的谐次；

　　　X_{*ld}——该电网基波阻抗对基准值的标么值；

　　　I_n——流过电网的谐波电流。

由于电压畸变系数是与 ΔU_{*nd} 有关的，因此上式可写成：

$$DFV \approx \Delta U_{*nd} = (nX_{*ld})\frac{I_1/n}{I_d} \tag{7-14}$$

由于　　　　　　　　$$X_{*ld} = \frac{1}{S_{*K}^{(3)}} \qquad I_{*ld} \approx S_{*NU}$$

上式就可改写为：

216

$$DFV \approx \frac{S_{*NU}}{S_{*K}^{(3)}} \qquad (7-15)$$

式中　S_{*NU}——整流器额定容量(标么值);

　　　$S_{*K}^{(3)}$——短路容量(标么值)。

以上只是定性的给出电压畸变系数与整流器的额定容量呈正比、与短路容量呈反比的概念,即给定 DFV,便可以根据 $S_{*K}^{(3)}$ 确定接于该系统上整流设备的容量。

我国水利电力部 1984 年曾以 SD126—84 颁发了《电力系统谐波管理暂行规定》,对任意谐波源用户注入电网的谐波电流允许值作了明确规定。并公布了计算该允许值时的电网最小短路容量,如表 7-2 所示。

表 7-2　计算谐波电流允许值的电网最小短路容量

供电电压/kV	短路容量/kV·A	供电电压/kV	短路容量/kV·A
0.38	10	63	500
6 或 10	100	110	750
35	260		

如果实际的短路容量与表中所列数值不同,则须按式(7-16)对规定的允许谐波电流加以换算和修正。

$$I_n = \frac{S_{K \cdot min}}{S_K} \cdot I_{n \cdot al} \qquad (7-16)$$

式中　$S_{K \cdot min}$——电网连接点实际可能出现的最小短路容量;

　　　S_K——表 7-2 所列的规定短路容量;

　　　$I_{n \cdot al}$——《SD126—84 暂行规定》中载列的 n 次谐波电流允许值。

《暂行规定》中还规定了 0.38 ~ 10kV 配电网接入的三相换流器和交流电压调整器的最大允许容量。

7.4　工业企业供电系统中的电能节约

7.4.1　工业企业中与节约电能密切相关的技术指标

工厂是电能的主要用户,电能的节约是工业企业的一项长期、艰巨的任务。在工厂中与节约电能密切相关的技术指标有电力、电量及功率因数。

7.4.1.1　电力

限制最大负荷,减小工厂负荷曲线的峰谷差,不仅可以使电力系统的发、变电设备得到充分利用,而且当电能消耗量在某一规定时间内为定值时,平稳的负荷曲线将使配、变电设备及电网中的电能损耗为最小。

研究设备的利用情况及其电能损耗的重要技术指标是负荷率 β。

$$\beta = \frac{P_{av}}{P_m} = \frac{W}{t_w \cdot P_m} \qquad (7-17)$$

也可以为:

$$\beta = \frac{P_{av}}{P_N} = \frac{W}{t_w \cdot P_{al}} \tag{7-18}$$

式中　W——规定时间内的电能消耗量;

　　　t_w——工作时间;

　　　P_{av}——规定时间内的平均负荷;

　　　P_m——1h(或由供电部门指定的时间)的最大平均负荷;

　　　P_N——供电的额定负荷;

　　　P_{al}——供电部门规定的最大允许负荷。

随着电气化、自动化水平的不断提高,负荷率有逐年下降的趋势,由此可知,电力需求量的增长,导致发电及输变电设备相应地不断增长,与此同时,生产设备的有效利用率降低,从而使电能损耗增加,因此,维持工厂较高的负荷率也就响应了国家对于工厂节约电能的要求。

提高负荷率、降低最大负荷的技术措施有:

1)工厂全面节能,以降低最大负荷;

2)在不违反生产规律的条件下,通过改变某些关键的大型用电设备或生产工序的开工时间来降低最大负荷;

3)加强自动控制及自动检测,使关键用电设备工作在负荷曲线的低谷时间。

7.4.1.2　电量

单位产品的耗电定额,供电系统中变、配电设备及线路上的电能损耗是合理节约电能的重要指标。

我国的工厂企业在节约电能的工作中积累了不少经验,归纳起来,其主要途径如下:

1)利用工业余热发电供热;

2)改进旧设备,提高效率及性能;

3)在保证设备安全运行条件下,缩短生产周期,增加产量,提高质量;

4)减少工序和压缩每道工序所需时间;

5)改善工艺,改进操作;

6)加强设备维修,减少机械磨损;

7)减少工业用气、用风、用水的漏失;

8)采用新技术、新工艺;

9)在供电系统中采取措施节约电能,如减少工厂变压器及线路损耗,提高系统功率因数等。

上述 1~8 项潜力最大,具体内容、措施与各工业部门的特点、生产条件有关,国内外已有各行业汇编的节约电能资料可供参考学习。

供电系统中节约电能的主要方法有:

(1)减少供电系统中变压器的电能损耗　工厂中的变压器数量较多,正确选择数量和容量,及时投入和退出,使之达到合理运行,对节约电能影响很大。

在负荷较低时,尽量减少空负荷变压器的台数,特别是节假日进行检修、试验等工作时,一定要对供电系统进行认真的调度。为了达到上述目的,在设计供电系统时就需要考虑灵活的低压联络。如果工厂的负荷曲线很不均衡,为了减少变压器的空载损耗,可将事故照明和警卫照明电源接在工厂厂内电网的不同地点,设置两台相互联络、专供照明的小型变压器。

(2)减少配电线路中的电能损耗　在设计配电线路时,在厂区内应尽量减少迂回,线路即经确定,导线电阻即为常数,节约电能只能从导线通过的电流上着手,因此,条件允许时应采用已有的双回路并联工作和尽量利用备用线路供电。

(3)减少线路无功功率损耗　这可以通过供电系统的总电流减小来实现,所以馈电线上应尽量不设电抗器,必要时可采用分裂绕组变压器或首先考虑设置母线电抗器等方法。如果用载流导体供电,应将它们正确排列以减少近距效应,从而使感抗减小,例如图 7-13(b)中的排列方法,电能与功率损耗比图 7-13(a)约大 2 倍。

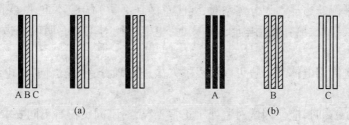

图 7-13　载流导体的排列方法
(a)正确的;(b)错误的

7.4.1.3　功率因数

这是工厂供电中节能的一项重要技术措施,将在本章第五节中详细介绍。

7.4.2　制订电能平衡计划,挖掘节电潜力

7.4.2.1　电能平衡的内容

为了节约电能,必须了解用电要求达到的目的及所消耗的数量,因此,工厂必须每年制定电能的平衡计划,该计划应包括电能的输入和电能的消耗两部分。

电能的输入部分包括:

1)工厂由电力系统输入的电能;

2)工厂由电力系统其他用户转供的电能;

3)工厂自用发电设备,包括同步补偿器、静电电容器发出的无功电能等。

电能的消耗部分包括:

1)不计算电能损耗,直接用于生产过程中为生产产品所需的电能消耗量;

2)虽在生产过程耗用,但因工艺过程制定尚不完备,未达到工艺规定的标准参数,以及设备本身缺陷等而需增加的用电量;

3)生产辅助设备耗用的电能,如车间通风、运输、照明等;

4)供电系统中的电能损耗;

5)转供用户以及其他生活福利设施所消耗的电能等。

当然不是每个工厂都具有上述所有五个方面。参考上述内容,结合具体情况制定的电能平衡计划,有利于得到用于生产主要产品的电能消耗总量,求出其实际单耗,经分析比较,

找出薄弱环节,采取措施,堵塞漏洞,消灭浪费,尽量压缩不合理的非生产用电,以及降低工厂各个环节的电能损耗等。

应制订的电能平衡计划包括有功电能部分:

1)全厂用电平衡计划;

2)车间用电平衡计划;

3)由动力科指定的,大型特殊用电设备用电平衡计划。

7.4.2.2 平衡电能的具体步骤

平衡电能的具体步骤如下:

(1)明确对象与范畴 在平衡电能时,首先要明确所研究的与电能消耗有关的对象和范畴,这个对象一般统称为用电体系,要把进行平衡的用电体系从其他周围用电体系中划分出来。确定电能平衡的边界。划分体系时,要注意做到不漏、不错、不重,既要符合电能平衡的目的和要求,又要利于测算和用电管理。因此,电能平衡对象应有明确的边界,同类用电体系应有统一的边界。

目前平衡电能用电体系一般可以用以下方法进行划分:电能流向;用电装置类型;工艺流程和产品类型。

(2)测算 测算时,应使测试对象处于正常工况,对不同负荷有不同要求,例如对重点耗电装置必须逐台测试,周期变化负荷可测数个工作周期并取平均值,变化较大的负荷可测数个代表日取平均值,型号相同、工况基本相同的负荷可以进行抽样测试,测试手段及测量方法也应有统一的规定和标准。

(3)计算用电装置耗用的有效电能及平衡用电体系耗用的有效电能 W_e

$$W_e = \sum_{i=1}^{n} W_{ei} \tag{7-19}$$

式中　W_{ei}——各种用电装置耗用的有效电能。

(4)计算系统中的损耗电能　系统中的损耗电能包括:

1)生产设备的损耗电能 ΔW_{et};

2)供电系统用电设备如变压器、线路等的损耗电能 ΔW_T,ΔW_1;

3)电动机的损耗电能 ΔW_M;

4)电容器的损耗电能 ΔW_C;

5)各种计量仪表的损耗电能 ΔW_P。

平衡用电体系的损耗总电能

$$\Delta W_\Sigma = \Delta W_{DQ} + \Delta W_{et} + \Delta W_{GL} \tag{7-20}$$

式中　ΔW_{DQ}——变压器、网路以及其他电器设备损耗的电能;

ΔW_{et}——生产设备的损耗电能;

ΔW_{GL}——由于生产、技术、用电等管理工作不完善而引起的电能损耗;

$$\Delta W_{GL} = W_{GG} - W_e - \Delta W_{DQ} - \Delta W_{et}$$

式中　W_{GG}——平衡用电体系电能总输入;

W_e——平衡用电体系有效电能耗量。

(5)确定主要技术经济指标,其中包括:

1)有效综合用电单耗

$$g_e = \frac{W_e}{N_{ql}} \qquad (7-21)$$

式中　　N_{ql}——平衡期合格产品(产值)总量。

　2)实际综合用电单耗

$$g_{rl} = \frac{W_{GG}}{N_{ql}} \qquad (7-22)$$

　3)综合电能利用率

$$\eta_{syn} = \frac{g_e}{g_{rl}} \times 100\% = \frac{W_e}{W_{GG}} \times 100\% \qquad (7-23)$$

　(6)制图表　在测定及计算的基础上绘制电能平衡图,电能平衡图包括体系框图和电能能流图(图7-14),并根据需要编制电量平衡表、按体系消耗平衡表、用电装置测算汇总表、电能损失分类汇总表,并提出提高电能利用率的措施等。

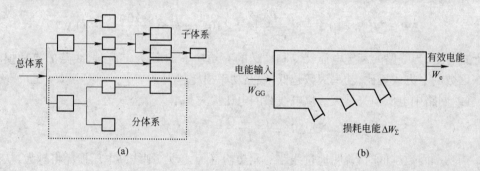

图 7-14　电能平衡图
(a)体系框图;(b)电能能流图

7.4.2.3　工厂供电系统计算电能损耗的方法

计算电能损耗的重要原始资料是负荷曲线(参阅第二章第一节),根据负荷曲线可以求出形状系数,求形状系数的具体步骤为:

　1)记录典型工作期间内的电能消耗量;

　2)求出日平均电能消耗量;

　3)在记录中查出对应于该日平均电能消耗量的负荷曲线;

　4)求出该负荷曲线的形状系数。

对于生产稳定的工厂形状系数差别不大,可取测量 3~5 次获得的平均值作为全年或全月的不变值。

计算电能损耗的方法见 2.3 节。

7.5　工业企业供电的无功功率补偿

7.5.1　提高功率因数的意义

在工业企业供电系统中,由于绝大多数用电设备均属于感性负荷,这些用电设备在运行时除了从供电系统取用有功功率 P 外,还取用相当数量的无功功率 Q。有些生产设备(如轧机、电弧炉等)在生产过程中还经常出现无功冲击负荷,这种冲击负荷比正常取用的无功功率可能增大 5~6 倍。从电路理论知道,无功功率的增大使供电系统功率因数降低。功率因数降低给供电系统带来下述不良影响。

(1)网路功率损耗增大 以一回线路为例,设该线路每相导线的电阻为 $R(\Omega)$,线电流为 $I(\mathrm{A})$,则该线路的功率损耗为:

$$\Delta P = 3I^2 R \times 10^{-3} = 3\left(\frac{S}{\sqrt{3}\,U_\mathrm{N}}\right)^2 R \times 10^{-3} = 3\left(\frac{\sqrt{P^2+Q^2}}{\sqrt{3}\,U_\mathrm{N}}\right)^2 R \times 10^{-3}$$

$$= \left(\frac{P^2}{U_\mathrm{N}^2} + \frac{Q^2}{U_\mathrm{N}^2}\right) R \times 10^{-3} \quad (\mathrm{kW})$$

损耗中的后一项表示由于输送无功功率而引起的有功损耗,当企业需用的有功功率 P 一定时,无功功率 Q 越大,则网路中的功率损耗就越大。如果按需用有功功率 P 一定计算,可将损耗计算公式换写为:

$$\Delta P = 3I^2 R \times 10^{-3} = 3\left(\frac{I_\phi}{\cos\varphi}\right)^2 R \times 10^{-3} = \frac{P^2 R \times 10^{-3}}{U_\mathrm{N}^2 \cos^2\varphi} \quad (\mathrm{kW})$$

由上式看出,当线路的额定电压 U_N 和输送的有功功率 P 均为定值时,线路的有功损耗与功率因数的平方成反比,功率因数越低,线路功率损耗越大。

(2)网路中电压损失增大 供电线路的电压损失基本计算公式为:

$$\Delta U = \frac{PR + QX}{U_\mathrm{N}} \quad (\mathrm{V})$$

当功率因数越低时,说明通过线路的无功功率 Q 越大,则线路电压损耗将越大,从而使用电设备的电压偏移增大,供电质量下降。

(3)降低供电设备的供电能力,提高电能成本 供电设备的供电能力(容量)是以视在功率 S 来表示的。由 $S = \sqrt{P^2 + Q^2}$ 可知,由于功率因数降低,即无功功率 Q 增大,因而使同样容量的供电设备所能供给的有功功率 P 减少,没有发挥应有的供电潜力,降低了供电能力。

在有功功率 P 一定的条件下,由于功率因数低劣,网路电流增大,会使发电机的转子去磁效应增加,端电压降低,从而使发电机达不到额定出力。

另外发电厂发电能力在额定值的条件下,总成本费基本是固定的。如果功率因数低劣,网路和变压器的有功功率损耗就增大,提供给用户的有功电能就相对减少,因而均摊到生产用电使每度电的成本必然抬高。

从上面的分析得知,工业企业耗用无功功率越大,功率因数就越低劣,引起的后果越严重。不论是从节约电能、提高供电质量还是从提高供电设备的供电能力出发,都必须考虑改善功率因数(补偿无功功率)的措施。

功率因数是电力系统的一项重要技术经济指标。国家为了奖励企业提高功率因数,在按两部电价制收电费时,规定了依照企业功率因数的高低而调整所收电费额的附加奖惩制度。按照这个制度,对月平均功率因数高于规定值的企业,可以按照超过的多少相应的减收电费;而当功率因数低于规定值时,则增收电费。在《全国供用电规则》中明确规定,功率因数低于 0.7 时,电业局可不予供电。采取这些办法的目的是调动企业改善功率因数的积极性,重视节约电能。

7.5.2　工业企业功率因数的计算方法

工业企业用电负荷的功率因数一般是随着负荷性质的变化及电压的波动而变动的。在讨论改善措施之前,首先对工业企业几种功率因数的计算方法做简要说明。

(1)瞬时功率因数　瞬时功率因数可由功率因数表(又叫相位计)随时直接读出,或者根据电流表、电压表及有功功率表在同一瞬时的指示数进行计算求得,即

$$\cos\varphi = \frac{P}{\sqrt{3}\,UI} \tag{7-24}$$

式中　P——有功功率表指示数,kW;

　　　U——电压表指示数,kV;

　　　I——电流表指示数,A。

观察瞬时功率因数的变化情况可借以分析及判断企业或者车间在生产过程中无功功率的变化规律,以便采取相应的补偿措施。

(2)月平均功率因数　月平均功率因数依据记录企业用电量的有功电度表及无功电度表的每月积累数字来计算,即

$$\cos\varphi = \frac{W_P}{\sqrt{W_P^2 + W_Q^2}} = \frac{1}{\sqrt{1 + \left(\dfrac{W_Q}{W_P}\right)^2}} \tag{7-25}$$

式中　W_P——有功电度表的月积累数,kW·h;

　　　W_Q——无功电度表的月积累数,kvar·h。

月平均功率因数是电力部门每月收企业电费时作为调整收费标准的依据。

(3)自然功率因数　凡未装设任何补偿装置的电力系统的功率因数称为自然功率因数。自然功率因数分瞬时功率因数和月平均功率因数。

(4)改善后的总功率因数　企业装设人工补偿装置后的功率因数称为总功率因数。它也同样分为瞬时值和月平均值两种。

7.5.3　提高自然功率因数

根据调查并对大、中型工业企业用电情况的分析,企业无功功率消耗的一般情况是:感应电动机占 65% ~ 70%,变压器(包括整流变压器,电炉变压器等)占 20% ~ 25%,其他(包括网路、电抗器、感应型电器及仪表等)约占 10%。由此可见,为了降低无功功率损耗以提高功率因数,通常可以采用两种办法:一种是提高自然功率因数;另一种是人工补偿提高功率因数。

提高自然功率因数是指设法降低用电设备本身所需的无功功率,从而改善其功率因数。它不需要采取附加的补偿设备,而主要是从合理的选择和使用电气设备,改善它们的运行方式,提高对它们的检修质量等方面着手,这是提高功率因数积极有效的办法。

人工补偿是指采用附加的补偿设备以补偿企图所需要的无功功率,从而提高企业的功率因数。采用人工补偿法不仅需要增加设备和投资,而且要增加维护和管理的工作量。因此,首先应尽可能采取各种措施提高企业的自然功率因数(采取自然补偿措施可能达不到规定值 0.85 ~ 0.90),然后再采取人工补偿法把企业功率因数提高到期望值。下面讨论提高

自然功率因数的方法和途径。

7.5.3.1 合理选择电动机的型号、规格和容量,使其接近满载运行

根据不同的生产条件和环境的要求,感应电动机制成各种结构形式,其规格和性能也不相同。在选择电动机时,不仅要注意它们的机械性能,而且要考虑它们的电气指标(功率因数、效率等)。通常,在容量相同时,高转速电动机的电气指标较低转速者稍高;在容量、转速和构造形式相同时,鼠笼型电动机的功率因数较绕线型电动机高 4% ~ 5%;开启式和防护式感应电动机的电气指标较封闭式或防爆式的要高些。因此,选择电动机的形式时,如允许使用开启式,就不要选用封闭式。

由于感应电动机的空载电流是固定不变的,并占额定电流的 25% ~ 30%,因此如果选用的电动机容量偏大,则电动机必然长期处于低负荷运行,这样既会增大功率损耗又会使功率因数和效率显著降低,故从节约电能和提高功率因数的观点出发,必须正确合理的选择电动机的容量。

对已在使用中的电动机,如果负载长期过低(通常指负载率低于 40% ~ 50%),就应当进行更换。对新更换的电动机必须进行技术性能(如启动能力等)校验。采取这种措施,既能改善自然功率因数,又能节约电能。

7.5.3.2 降低轻载感应电动机的定子绕组电压

根据电机学基本知识,我们知道电动机的激磁电流(从网路取无功功率)与加到定子绕组的电压的平方呈正比,因此降低定子绕组电压能显著地减少激磁电流,从而提高功率因数。图 7-15 给出了感应电动机在不同负载率下改变电压对其功率因数的影响曲线。

降低轻载感应电动机的定子绕组电压通常采取的简单易行的办法是将原△结线的定子绕组改接成Y结线。换结线后,电动机的每相电压降低到 $\frac{1}{\sqrt{3}}$ 倍,而此时电动机的正常转矩及启动转矩都相应地降低到 $\frac{1}{3}$ 倍,因此,这种方法只适用于轻载或空载启动的电动机,并且电动机必须经过启动能力、工作稳定性及温升校验。

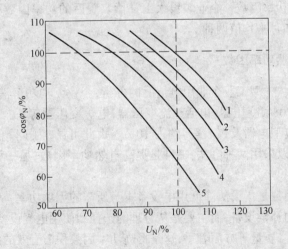

图 7-15 感应电动机在不同负载率下,改变电压对功率因数的影响

1—电动机轴上负载等于 100% 时;2—80%;3—65%;4—40%;5—25%

如果感应电动机定子绕组的每相原有结线是由多个绕组单元加以串并联组成的,则改

换结线时应将每相绕组串联的匝数增加,使每匝的电压降低。这样能使磁通减少,磁通减少意味着取用的无功功率减少,因此提高了电动机的自然功率因数。

7.5.3.3 调整和改革生产工艺流程

调整和改革生产工艺流程,使生产环节密切协调配合,改善电气设备的运行方式,消除或限制感应电动机空载运行。

7.5.3.4 提高电动机的检修质量

感应电动机修理质量的好坏密切地影响着功率因数。在修理电动机时,应严格按照电动机的规定技术指标和额定参数进行检修,修理后,必须保持其原有的性能数据及装配精确度。否则,如修理质量不高,将会增加无功功率需要量,使功率因数恶化。

例如,重绕绕组时,每相匝数不应少于原绕组的匝数。否则当电动机定子绕组结线方式与端电压不变时,匝数的减少,必然导致磁通(磁感应强度)相应地增加,其后果是使电动机的无功功率需要量有较多的增加,功率因数下降。

又例如,在检修时,决不可改变定子和转子之间气隙的原有尺寸,或者破坏气隙的匀称性,否则都会增大气隙磁阻,使消耗的无功功率增加,引起功率因数下降。

7.5.3.5 合理地选择变压器的容量,改善变压器的运行方式

在前面提到,变压器所消耗的无功功率占企业全部无功功率的 20% ~ 25%,其中变压器的空载无功功率又占全部无功功率的 80% 左右。实际上,往往由于变压器的容量和台数选择不当,以及变压器的运行方式不合理,导致企业功率因数的降低。因此选择变压器的容量和台数时,必须把变压器经济运行和改善企业功率因数加以综合分析和考虑,使这两个指标都能趋于优化为好。

根据变压器经济运行的理论分析(见第四章第二节),目前我国出产的电力变压器,其最经济负载率 β 一般在 $0.35 \sim 0.65$ 范围内,这个偏低的经济负载率虽然符合经济运行规律,但都使功率因数下降。综合分析时,可以进行必要的经济比较。通常把一个月(或一年)的经济效益作为比较的依据。首先选定几个 β 值,把其中最经济 β 值作为最小的一个值,与 β 值对应可以计算出相应的月平均功率因数,从而可以排出几个方案如下:

方案	Ⅰ	Ⅱ	Ⅲ	……
负载率	β_1(经济)	β_2	β_3	……
功率因数	$\cos\varphi_1$	$\cos\varphi_2$	$\cos\varphi_3$	……

其中最简单的比较方法是分别计算出每种方案下的电能损耗费和按功率因数所调整的电费。累计各方案这两种费用之和进行比较,不难看出,总费用最小者为最优方案。在实际中,变压器可以按照这个方案的 β 值运行。

如果选用两台以上的变压器,则应随着企业负荷的变化,按多台并联变压器经济运行规律,变更运行变压器的台数,既要保证经济运行,也应考虑尽可能地少从系统中取用无功功率。对于平均负荷率小于 30% 的变压器,应予以更换;或者通过变压器二次侧联络线调整负荷,将部分负载过轻的变压器拉闸退出系统。

7.5.3.6 绕线型感应电动机同步化运行

对于负载率不大于 0.7 及尖峰负荷不大于 0.9 的绕线型感应电动机,必要时采取措施令其同步化运行,使它产生超前电流,减少企业从系统吸取的无功功率,以改善企业的功率

因数。这种方法一般适用于负荷比较稳定而且不经常启动的由绕线型感应电动机拖动的设备。

7.5.3.7　电磁开关无电压运行

工业企业低压系统使用大量的各种类型的电磁开关控制电机或其他用电设备。这种开关的控制线圈(接 380V 或 220V 电压)属于感性。当开关合闸给电时,控制线圈一直接通电源,既消耗电能,又产生滞后的无功电流,影响企业的功率因数改善。目前有些企业在抓电能节约时,对这种开关进行了改革。在开关上加装机械锁住机构,当电磁开关合闸后,靠电气连锁接点的作用,立即将控制线圈断电,使电磁开关的线圈处于无电压运行状态。这样既可改善功率因数又能节电,效果很好,值得推广。建议制造厂家今后能成批生产这种无电压运行的电磁开关。

以上所介绍的提高企业自然功率因数的方法,如能得到认真执行,对改善企业功率因数能取得较好的效果,但欲使企业的功率因数提高到期望值,尚需采取人工补偿办法。

7.5.4　功率因数的人工补偿

供电单位在工厂进行初步设计时对功率因数要提出一定的要求,功率因数是根据工厂电源进线、电力系统发电厂的相对位置以及工厂负荷的容量决定的。根据《全国供用电规则》的规定,要求一般工业用户的功率因数为 0.85~0.9 或以上。

供电单位对工厂功率因数这样高的要求,仅仅依靠提高自然功率因数的办法,一般不能满足要求。因此,工厂便需装设无功补偿装置,对功率因数进行人工补偿。

提高功率因数的补偿装置有同步补偿器和静电电容器。

同步补偿器是无功功率的发电机,它的最大优点是可以均匀地调节电网的电压水平,如在日最大负荷时间内,当工厂和电网的负荷都较大时,同步补偿器可在过励情况下工作,而在夜间,当电网的无功负荷的需要量下降时,补偿器可以在欠励情况下工作。但由于同步补偿器的容量越小,其每千乏的造价越高,即使容量很大的同步补偿器也远较静电电容器昂贵,而且它每发出 1kvar 的无功功率,较之静电电容器的功率损失高达 6~9 倍;容量组成不灵活;安装条件要求高;运行维护也较复杂。因此适宜在大电网中枢调压或总降压变电站中应用。

目前国内外在工矿企业广泛采用的补偿装置是静电电容器。

7.5.4.1　静电电容器补偿

企业功率因数不好主要是由于企业感性负载多,感性负载从供电系统吸取的无功功率是滞后(负值)功率,即

$$Q_L = \sqrt{3}\,UI\sin(-\varphi) = -\sqrt{3}\,UI\sin\varphi$$

由于电容器需要的无功功率是引前(正值)功率,即:

$$Q_C = \sqrt{3}\,UI\sin\varphi$$

因此如果一组电容 C 和感性负载并联,并适当选择电容 C 值,使 $|Q_C| = |Q_L|$,则此时系统中所需的无功功率 $Q_L + Q_C = 0$,即企业不再向供电系统吸取无功功率了,功率因数 $\cos\varphi = 1$ 达到最佳值。基于这个道理,对于功率因数达不到规定值的企业,可以采用并联电容的办法进行人工补偿。

目前,我国大批生产性能良好的新型并联电容器供工业企业补偿无功功率,型号分为 BW(烷基苯浸纸介质并联电容器)、BWF(烷基苯浸渍膜绒复合并联电容器)和 BGF(硅油浸渍复合介质并联电容器)三种,常用的并联电容器的技术数据见附表18。

并联电容器由于具有价格较便宜,有功损耗小,安装及运行维护方便,故障范围小等优点,因此在工业企业 10kV 级及以下供电系统被广泛地用以补偿无功功率。它的不足之处是只能进行有级调节而不能随着企业感性无功功率的变化而进行无级调节。

根据上面介绍的原理,如果工业企业用电原有月平均功率因数为 $\cos\varphi_1$,按规定要求如提高到 $\cos\varphi_2$,则需要并联电容器的补偿容量可按下式确定:

$$Q_C = P_{av}(\tan\varphi_1 - \tan\varphi_2) = \alpha P_{ca}(\tan\varphi_1 - \tan\varphi_2) = \alpha P_{ca}q_c \quad (kvar) \quad (7\text{-}26)$$

式中　P_{av}——企业的月平均有功负荷,kW;

　　　P_{ca}——企业的月最大有功计算负荷,kW;

　　　α——月平均负荷系数,对工业企业一般均在 $0.7 \sim 0.8$ 范围内 $\alpha = \dfrac{P_{av}}{P_{ca}}$;

$\tan\varphi_1$、$\tan\varphi_2$——补偿前、后企业月平均功率因数角的正切值;

　　　q_c——补偿率,$q_c = \tan\varphi_1 - \tan\varphi_2$。

在三相供电系统中,如单相电容器的额定电压与网路额定电压相同时,则应将电容器接成三角形结线,再与三相系统并联;只有当电容器额定电压低于网路额定电压时,才把电容器接成星形结线。其原因可简要分析如下:

为了把企业用电的功率因数从 $\cos\varphi_1$ 提高到 $\cos\varphi_2$,所需电容器的补偿容量已计算出为 Q_C。

当采用星形接线时,则

$$Q_C = \sqrt{3}\,UI_C \times 10^{-3} = \sqrt{3}\,U\frac{\dfrac{U}{\sqrt{3}}}{X_{C\phi}} \times 10^{-3} = \sqrt{3}\,U\frac{\dfrac{U}{\sqrt{3}}}{\dfrac{1}{\omega C_\phi}} \times 10^{-3} = U^2\omega C_\phi \times 10^{-3} \quad (kvar)$$

当采用三角形接线时,则

$$Q_C = \sqrt{3}\,UI_C \times 10^{-3} = 3UI_{C\phi} \times 10^{-3} = 3U\frac{U}{X_{C\phi}} \times 10^{-3} = 3U^2\omega C_\phi \times 10^{-3} \quad (kvar)$$

式中　U——网路线电压,V;

　　　I_C——电容器组的线电流,A;

　　　$I_{C\phi}$——电容器组的相电流,A;

　　　$X_{C\phi}$——每相容抗,Ω;

　　　C_ϕ——每相电容器组电容,F;

　　　ω——电角频率。

由上面公式可求得每相电容器组需要电容的数值(电容以微法、网路电压以千伏表示)为:

星形接线时　　　　$C_Y = \dfrac{Q_C \times 10^3}{U^2\omega} \quad (\mu F) \quad\quad\quad\quad (7\text{-}27)$

三角形接线时　　　$C_\triangle = \dfrac{Q_C \times 10^3}{3U^2\omega} \quad (\mu F) \quad\quad\quad\quad (7\text{-}28)$

比较这两个公式,可以得出结论:当需要补偿的无功功率容量相同时,采用三角形接线比星

227

形接线能节约电容三分之二,同时需要电容值与电压的平方成反比。因此,在实际中电容器组多接成三角接线,并尽可能接在较高的电压侧。

在工业企业采用静电电容器来提高功率因数时,电容器的装设地点有三种方式:(1)集中补偿——电容器组集中装设在企业总降压变电站的 6~10kV 侧母线上。这种方式只能使企业以上的供电系统内能够减少由于无功功率引起的损耗;(2)分组补偿——电容器组分设在功率因数较低的车间变电站高压侧母线上。这种方式能够减少这些车间以上配电系统内无功功率引起的损耗;(3)单独补偿——对个别功率因数特别不好的大容量感应电动机进行单独补偿。从节能角度来衡量,集中补偿最差,目前不提倡采用这种方法,而建议采用分组补偿。

电容器组(单独补偿除外)应装设专用的控制、保护和放电设备。电容器组的放电设备必须保证在电容器放电一分钟后,电容器组两端的残压在 65V 以下,以保证人身安全。1kV 以上的电容器组用电压互感器作放电设备,1kV 以下的电容器组可以用电阻或白炽灯作放电设备。单独补偿时,电容器组可以和被补偿的感应电动机共用一组控制开关和保护装置。

目前由于越来越多地采用大功率可控硅整流器作为直流电源,因此这种电源的高次谐波对供电系统的影响日益增加,尤其对静电电容器也产生了极为有害的影响。谐波电流的存在使电容器内部介质损耗增大,急剧发热,致使运行中电容器发出异常的响声,严重时发生鼓肚甚至爆炸事故。发生这种情况的主要原因是:(1)高次谐波电流叠加于基波电流,使电容器总电流增大;(2)某一高次谐波在系统感抗和电容器容抗之间引起并联谐振,使流入电容器的电流成倍增长;(3)电容器内部对某一高次谐波发生局部串联谐振,从而引起过负荷。我们已经知道,当整流变压器一次侧的接线为星接或角接时,高次谐波中的 3 次及 3 的倍数次谐波虽已被变压器自然抑制,不再回供电系统,但 5、7、11、13 次等高次谐波依然存在,其中特别是 5 次谐波电流对电容器最为不利。除要求可控硅整流器必须采取抑制高次谐波的措施外,可以在补偿电容器组的每相内串接一个空心电抗器(目的是防止发生铁磁谐振)来限制电流。电抗器的工频感抗值的选择应使在可能产生的任何谐波下,均使电容器回路的总电抗为感抗,而不是容抗,从而根本上消除了产生谐振的可能。防谐振电抗器的工频感抗值按下式计算:

$$X_L = K \frac{X_C}{n^2} \quad (\Omega) \tag{7-29}$$

式中　X_C——补偿电容器的工频容抗,Ω;

　　　　n——可能产生的最低谐波次数;

　　　　K——可靠系数,可取 1.2~1.5。

由于串联电抗器的结果,加于电容器的端电压将会升高一些,所以电容器的额定电压比同级网路的额定电压高出 5%(见附表 18),例如 6kV 系统使用的电容器,其额定电压为 6.3kV。另外,所有移相电容器均能在 1.1 倍额定电压的条件下长期运行,因此串联电抗器后使电容器的端电压有所升高对电容器的安全运行并无影响。

7.5.4.2　采用同步电动机补偿

同步电动机较感应(异步)电动机具有几个突出的优点:

1)可在功率因数超前的方式下运行,输出无功功率来补偿企业所需要的无功功率,因而可提高企业的功率因数;

2)可以采用低转速电动机(极对数愈多,转速愈低)直接与生产机械耦合,省去减速箱;

3)当电网频率不变时,电动机的转速是恒定的,与负荷性质无关,所以生产率高;

4)电动机转矩受电压波动的影响较小(同步电动机的转矩与电网电压 U 成正比,而异步电动机转矩与 U^2 成正比);

5)如采用强行励磁,可以提高供电系统的稳定性。由于同步电动机具有这些优点,所以工业企业的大型通风机,空压机,水泵以及球磨机等运行速度恒定的生产机械应尽量采用同步电动机拖动。虽然同步电动机价格贵一些,控制设备复杂一些,且维护麻烦一些,但经济效益显著。

同步电动机的补偿能力,习惯上用该电动机的输出无功功率与其额定容量的比值来表示,即

$$q\% = \frac{Q_{\text{out}}}{S_N} \times 100 \tag{7-30}$$

式中　Q_{out}——同步电动机的输出无功功率,kvar;

　　　S_N——同步电动机的额定容量,kV·A。

同步电动机的补偿能力($q\%$)与同步电动机的负载率、激磁电流及其额定功率因数等有关,在恒定的激磁电流下,当负载率减小时,同步电动机的无功功率输出可相对地提高。

如果同步电动机轴上不带机械负荷,只是空载运行专门用作补偿无功功率时,则此种同步电动机称为同步调相机。采用同步调相机可以调节无功功率的数值,这是它的优点。但同步调相机是一种旋转电机,在运行期间需要有专门人员进行维护管理,并且它的有功损耗大,因而使用不普及。同步调相机通常安装在电力系统的地区变电站内,向系统输送无功功率,补偿一个地区供电系统的功率因数。

7.5.4.3　动态无功功率补偿

现代化工业企业中,有一些大型变速生产机械采用直流电动机拖动、电动机功率较大(例如大型冷、热连轧机,电动机功率可达数千千瓦)并且由可控硅整流装置供电。这些大型生产机械在生产过程中,负载经常急剧变化,而且对电网产生重复性的无功冲击;另外,由于可控硅的调相和电压的非线性特性,造成电网电压波形畸变,产生高次谐波。前者将引起电网电压严重波动和功率因数的恶化,而后者将影响和干扰供电系统内的其他用电设备(如控制、检测及通讯设备)以致无法正常工作。这些随着生产技术快速发展而出现的技术问题已引起人们重视,目前正在探索合理的解决措施。

对于这种急剧变化而幅值很大的冲击性无功功率,采用静态的并联电容器和响应时间较慢(200~500ms)的调相机来进行补偿,在技术上已不符合要求。

从技术上来讲,对于这种急剧变化的冲击无功功率的补偿,要求既能够做到快速响应(响应时间最好不大于10ms)又能进行实时动态补偿,以消除对电力系统的影响。目前采取的方法有以下几种:

采用可控硅开关快速分段切投电容器;快速响应式调相机;饱和电抗器式静止型动态无功补偿装置;高阻抗变压器式静止型动态无功补偿装置以及高压电抗器式静止型动态无功补偿装置等。

采用可控硅开关快速分段切投电容器的响应时间快,一般为10ms,但补偿特性是不平滑的梯形有级补偿,适用于对补偿要求不高的情况。

由于快速响应式调相机采用可控硅励磁,因此使响应时间加快(一般小于 100ms),它虽然适用于要求不高的情况下,但由于存在旋转机械,难以维护和检修,所以目前不太受欢迎。

对于饱和电抗器式静止型动态无功补偿装置来讲,美国在 20 世纪 60 年代末就研制成功并把它用于冶金工业的大型金属压延工艺和电弧炉炼钢上,解决了动态补偿冲击无功问题,响应时间能达到 20ms。我国在 20 世纪 70 年代开始使用这种装置。这种装置不仅能稳定系统电压,改善功率因数和电网运行性能,还能吸收高次谐波,在 20 世纪 70 年代初属于技术先进的补偿装置。其缺点是能量损耗和噪音偏大。

目前,国内外普遍重视高阻抗变压器式及高压电抗器式两种静止型动态无功补偿装置,认为它们的平滑调节性能优越,响应时间快速(均小于 10ms),且谐波、损耗、噪音均小,补偿效率高,维修也方便,是最有发展前途的动态补偿装置。

针对工业企业生产用电过程中的无功变化和冲击,研究技术先进的动态无功补偿装置,不仅是为了改善功率因数有利于节约电能的问题,更重要的是有益于提高电源质量,以保证工业企业需要的高质量电能。

习　题

7-1　某企业的部分供电系统如图 7-16 所示。已知在最大负荷和最小负荷时,电力系统保证企业变电站二次侧母线上的电压分别为 $U_{A2} = 1.05 U'_N$ 和 $U_{A1} = U'_N$。K 点负荷要求电压保持在 $U_{K2} \geqslant 0.95 U''_N$(最大负荷时)和 $U_{K1} \leqslant 1.05 U''_N$(最小负荷时)。在最大负荷时,高压线路、变压器和低压线路的电压损失分别为 $\Delta U'_{12} = 5\% U'_N$;$\Delta U'_{T2} = 4.5\% U_{NT}$;$\Delta U''_{12} = 4\% U''_N$。其中 $U'_N = 10\text{kV}$,为高压线路的额定电压;$U''_N = 380\text{V}$,为低压线路的额定电压。最小负荷各部分的电压损失分别为最大负荷时的 1/4。试选择变压器的分接头。

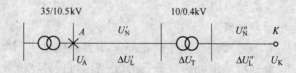

图 7-16　题 7-1 图

7-2　工业企业供电系统中变压器对电压偏移有哪些影响,减小电压偏移的措施有哪些?

7-3　什么是电压波动,产生电压波动的主要原因是什么,电压波动对供电系统有哪些影响?

7-4　工业企业供电系统中减小电压波动的措施有哪些?

7-5　为什么在供电系统中会产生高次谐波,高次谐波对供电系统有哪些影响?

7-6　供电系统中抑制高次谐波的方法有哪些,简述这些方法的作用原理。

7-7　试从理论上分析,为什么用户的无功功率越大,发电和输配电设备的能力越不能充分利用。

7-8　为什么在冶金企业中特别需要进行动态无功功率补偿?

7-9　某烧结厂一台主抽风机采用同步拖动,同步电动机额定容量为 2000kW,负载率为 75%,额定励磁,功率因数接近 1。求此电动机的补偿能力及可能输出的无功功率。如果功率因数调整到滞后和超前时,会出现哪些后果?

7-10　某工厂有功计算负荷为 9500kW,额定电压为 10kV,该厂全年负荷系数 0.72,功率因数为 0.78。如将功率因数改善到 0.90,需要静电电容器多少千乏?

7-11　为什么整流变压器采用丫/△或△/丫接线法均能抑制 3 次及 3 的倍数次谐波?试从理论上分析说明。

附　表

附表1　SL₇ 系列铝线圈低损耗配电变压器技术数据

10(或6)kV级30~6300kV·A无激磁调压变压器技术数据

额定容量/kV·A	型　号	额定损耗/W		阻抗电压/%	空载电流/%	绕组联结组
		空　载	短　路			
30	SL₇-30/10	150	800	4	3.5	均为
50	SL₇-50/10	190	1150	4	2.8	Y/Y₀-12
63	SL₇-63/10	220	1400	4	2.8	结线
80	SL₇-80/10	270	1650	4	2.7	
100	SL₇-100/10	320	2000	4	2.6	
125	SL₇-125/10	370	2450	4	2.5	
160	SL₇-160/10	460	2850	4	2.4	
200	SL₇-200/10	540	3400	4	2.4	
250	SL₇-250/10	640	4000	4	2.3	
315	SL₇-315/10	760	4800	4	2.3	
400	SL₇-400/10	920	5800	4	2.1	
500	SL₇-500/10	1080	6900	4	2.1	
630	SL₇-630/10	1300	8100	4.5	2.0	
800	SL₇-800/10	1540	9900	4.5,5.5	1.7	
1000	SL₇-1000/10	1800	11600	4.5,5.5	1.4	
1250	SL₇-1250/10	2200	13800	4.5,5.5	1.4	
1600	SL₇-1600/10	2650	16500	4.5,5.5	1.3	
2000	SL₇-2000/10	3100	19800	5.5	1.2	
2500	SL₇-2500/10	3650	23000	5.5	1.2	
3150	SL₇-3150/10	4400	27000	5.5	1.1	
4000	SL₇-4000/10	5300	32000	5.5	1.1	
5000	SL₇-5000/10	6400	36700	5.5	1.0	
6300	SL₇-6300/10	7500	41000	5.5	1.0	

附表2　SL₇ 系列铝线圈低损耗电力变压器技术数据

35kV级50~31500kV·A无激磁调压变压器技术数据

额定容量/kV·A	型　号	额定损耗/W		阻抗电压/%	空载电流/%	绕组联结组
		空　载	短　路			
50	SL₇-50/35	265	1350	6.5	3.5	Y/Y₀-12
100	SL₇-100/35	370	2250	6.5	3.2	Y/Y₀-12
125	SL₇-125/35	420	2650	6.5	3.0	Y/Y₀-12
160	SL₇-160/35	470	3150	6.5	2.5	Y/Y₀-12
200	SL₇-200/35	550	3700	6.5	2.3	Y/Y₀-12

35kV 级 50～31500kV·A 无激磁调压变压器技术数据

额定容量/kV·A	型　号	额定损耗/W		阻抗电压/%	空载电流/%	绕组联结组
		空　载	短　路			
250	SL$_7$-250/35	640	4400	6.5	2.3	Y／Y$_0$-12
315	SL$_7$-315/35	740	5300	6.5	2.2	Y／Y$_0$-12
400	SL$_7$-400/35	880	6400	6.5	2.0	Y／Y$_0$-12
500	SL$_7$-500/35	1040	7700	6.5	1.8	Y／Y$_0$-12
630	SL$_7$-630/35	1230	9200	6.5	1.7	Y／Y$_0$-12
800	SL$_7$-800/35	1500	11000	6.5	1.6	Y／Y$_0$-12
1000	SL$_7$-1000/35	1770	13500	6.5	1.5	Y／△-11
1250	SL$_7$-1250/35	2100	16300	6.5	1.5	Y／△-11
1600	SL$_7$-1600/35	2550	17500	6.5	1.4	Y／△-11
2000	SL$_7$-2000/35	3400	19800	6.5	1.4	Y／△-11
2500	SL$_7$-2500/35	4000	23000	6.5	1.32	Y／△-11
3150	SL$_7$-3150/35	4750	27000	7.0	1.2	Y／△-11
4000	SL$_7$-4000/35	5650	32000	7.0	1.2	Y／△-11
5000	SL$_7$-5000/35	6750	36700	7.0	1.1	Y／△-11
6300	SL$_7$-6300/35	8200	41000	7.5	1.05	Y／△-11
8000	SL$_7$-8000/35	9800	50000	7.5	1.05	Y／△-11
10000	SL$_7$-10000/35	11500	59000	7.5	1.0	Y／△-11
12500	SL$_7$-12500/35	13500	70000	8.0	1.0	Y／△-11
16000	SL$_7$-16000/35	16000	86000	8.0	1.0	Y／△-11
20000	SL$_7$-20000/35	18700	103000	8.0	1.0	Y／△-11
25000	SL$_7$-25000/35	21500	123000	8.0	1.0	Y／△-11
31500	SL$_7$-31500/35	25500	147000	8.0	1.0	Y／△-11

附表 3　SJL$_1$ 型三相双绕组铝线电力变压器技术数据

型　号	额定容量/kV·A	额定电压/kV		损耗/kW		阻抗电压/%	空载电流/%	绕　组联结组	质量/t		参考价格（万元/台）
		高压	低压	空载	短路				器身重	总　重	
SJL$_1$-1000/10	1000	10 6	6.3 3.15	2	13.7	5.5	1.7	Y／△-11	1.73	3.33	
SJL$_1$-1000/10	1000	10 6.3 6	0.4	2	13.7	4.5	1.7	Y／Y$_0$-12	1.77	3.44	
SJL$_1$-1250/10	1250	10 6	6.3 3.15	2.35	16.4	5.5	1.6	Y／△-11	1.98	3.98	
SJL$_1$-1250/10	1250	10 6.3 6	0.4	2.35	16.4	4.5	1.6	Y／Y$_0$-12	1.975	3.995	
SJL$_1$-1600/10	1600	10 6	6.3 3.15	2.85	20	5.5	1.5	Y／△-11	2.29	4.72	
SJL$_1$-1600/10	1600	10 6.3 6	0.4	2.85	20	4.5	1.5	Y／Y$_0$-12	2.45	5.2	

型　号	额定容量 /kV·A	额定电压/kV		损耗/kW		阻抗电压 /%	空载电流 /%	绕　组 联结组	质量/t		参考价格 （万元/台）
		高压	低压	空载	短路				器身重	总重	
SJL₁-2000/10	2000	10 6	6.3 3.15	3.3	24	5.5	1.4	Y/△-11	2.675	5.4	
SJL₁-2500/10	2500	10 6	6.3 3.15	3.9	27.5	5.5	1.3	Y/△-11	3.14	6.29	
SJL₁-3150/10	3150	10 6	6.3 3.15	4.6	33	5.5	1.2	Y/△-11	3.7	7.2	
SJL₁-4000/10	4000	10	6.3 3.15	5.5	39	5.5	1.1	Y/△-11	4.54	8.6	
SJL₁-5000/10	5000	10	6.3 3.15	6.5	45	5.5	1.1	Y/△-11	5.36	10.15	
SJL₁-6300/10	6300	10	6.3 3.15	7.9	52	5.5	1.0	Y/△-11	6.45	11.85	
SJL₁-1000/35	1000	35	10.5 6.5 3.15	2.2	14	6.5	1.7	Y/△-11	1.95	4.17	1.59
SJL₁-1000/35	1000	35	0.4 10.5	2.2	14	6.5	1.7	Y/Y₀-12	1.95	4.08	1.59
SJL₁-1250/35	1250	35	6.3 3.15	2.6	17	6.5	1.6	Y/△-11	2.225	4.67	1.80
SJL₁-1600/35	1600	35 38.5	10.5 6.3 3.15	3.05	20	6.5	1.5	Y/△-11	2.58	5.47	2.20
SJL₁-1600/35	1600	35	0.4 10.5	3.05	20	6.5	1.5	Y/Y₀-12	2.61	5.15	2.20
SJL₁-2000/35	2000	35 38.5	6.3 3.15 10.5	3.6	24	6.5	1.4	Y/△-11	2.95	6.3	2.50
SJL₁-2500/35	2500	35 38.5	6.3 3.15 10.5	4.25	27.5	6.5	1.3	Y/△-11	3.4	7.04	2.77
SJL₁-3150/35	3150	35 38.5	6.3 3.15 10.5	5	33	7	1.2	Y/△-11	4.04	8.33	3.22
SJL₁-4000/35	4000	35 38.5	6.3 3.15 10.5	5.9	39	7	1.1	Y/△-11	4.88	9.56	3.80
SJL₁-5000/35	5000	35 38.5	6.3 3.15 10.5	6.9	45	7	1.1	Y/△-11	5.74	11.22	4.50
SJL₁-5600/35	5600	35 38.5	6.3 3.15 10.5					Y/△-11			
SJL₁-6300/35	6300	35 38.5	6.3 3.15	8.2	52	7.5	1.0	Y/△-11	6.81	12.83	5.65

注:(1)符号意义:S——三相;J——油浸散热;L——铝线圈;

(2)变压器轨距(mm):1000~1600kV·A 的轨距为820;2000~6300kV·A 的轨距为1070。

附表 4　工业企业常用高压少油断路器技术数据

序号	型　号	额定电压/kV	额定电流/A	断流容量/MV·A			额定断流量/kA	极限通过电流/kA		热稳定电流/kA				固有分闸时间/s	合闸时间/s
				额定电压时	6kV	10kV		峰值	有效值	1s	4s	5s	10s		
1	SN10-10 I	10	600		200	350	20.2	52	30		20.2			0.05	0.2
2	SN10-10 II	10	1000		200	500	28.9	74	42		28.9			0.05	0.2
3	SN11-10/600~1000	10	600～1000			350	20	52	30	30		20	14		
4	SN9-10/600	10	600			250	14.4	36.8	19		14.4			0.05	0.2
5	SN8-10/600	10	600		300	200	11.6	33			11.6			0.05	0.25
6	SN3-10/2000	10	2000		300	500	29	75	43.5	43.5		30	21	0.14	0.5
7	SN3-10/3000	10	3000		300	500	29	75	43.5	43.5		30	21	0.14	0.5
8	SN10G/5000	10	5000	1800			105	300	173	173		120	85	0.15	0.65
9	CN2-10/600	10	600		150	200		37	22		14.5			0.05	0.15
10	SW2-35	35	1000	1500			24.8	62.4	39.2		24.8			0.06	0.4
11	SW2-35C	35	1500	1500			24.8	63.4	39.2		24.8			0.06	0.4
12	SW3-35/600	35	600	400			6.6	17	9.8		6.6			0.06	0.12
13	SW3-110G/1200	110	1200	3000			15.8	41			15.8			0.07	0.4
14	SW4-110/1000	110	1000	3500			18.4	55	32	32		21	14.8	0.06	0.25
15	SW6-110/1200	110	1200	4000			21	55	32	32	21			0.04	0.20

注:符号意义:SN——户内用少油式;
CN——户内用磁吹式;
SW——户外用少油式;
G——改进型。

234

附表 5　工业企业常用高压多油断路器技术数据

序号	型号	额定电压/kV	额定电流/A	断流容量/MV·A 3kV	断流容量/MV·A 6kV	断流容量/MV·A 10kV	额定断流量/kA 3kV	额定断流量/kA 6kV	额定断流量/kA 10kV	极限通过电流/kA 峰值	极限通过电流/kA 有效值	热稳定电流/kA 1s	热稳定电流/kA 5s	热稳定电流/kA 10s	固有分闸时间/s	合闸时间/s
1	DN1-10	10	200	50	100	100	9.7	9.7	5.8	25	15			6	0.07	0.1
		10	400	50	100	100	9.7	9.7	5.8	25	15			10	0.07	0.1
		10	600	50	100	100	9.7	9.7	5.8	25	15			10	0.07	0.1
2	DN3-10	10	400	75	150	200	14.5	14.5	11.6	37	14.2		13		0.08	0.05
3	DW4-10	10	200		50			2.88		12.8	7.4	7.4	4.2	3	0.1	
			400													
4	DW5-10G	10	50～200		50			2.9		7.4	4.2	4.2	2.9	2.05	0.2	
5	DW7-10	10	30～400		25			1.5		5.6	2.3	1.8	1.6	1.15	0.1	0.27
6	DW6-35	35	400		350			5.6		19	11	11	6		0.1	0.27
7	DW8-35	35	600		400			6.6		19	11	11	6		0.07	0.3
		35	800													
		35	1000		1000			16.5		41	29	16.5	16.5 (4s)			

注：符号意义：DN—户内用多油式；DW—户外用多油式；G—改进型。

附表 6　工业企业常用高压空气断路器技术数据

序号	型号	额定电压/kV	额定电流/A	断流容量/MV·A	额定断流量/kA	极限通过电流/kA 峰值	极限通过电流/kA 有效值	热稳定电流/kA 4s	热稳定电流/kA 5s	固有分闸时间/s	合闸时间/s	每相操作电流/A 合闸	每相操作电流/A 分闸
1	KW2-110	110	1500	4000 (2500)	21 (13.1)	52 (33.6)	32	24	21.5	0.06	0.15	3.3	3.3
2	KW4-110	110	1500	5000	26.2	67	39		26.2	0.04	0.15	1	1
3	KW6-35	35	2000	1200	20	52	32	20		0.035	0.06	1	1
4	KW3-35	35	400	400	6.6	16.8	9.8	6.6		0.05	0.15	2.75	2.75

注：1. KW2 型空气断路器括号内数字号为试验数据，因受试验设备限制未做额定断流容量试验；
2. 操作电流系操作电压为 220V 时的数据；
3. KW—户外空气断路器；KN—户内空气断路器。

附表7 TJ型裸铜绞线的电阻和电抗

绞线型号	TJ-10	TJ-16	TJ-25	TJ-35	TJ-50	TJ-70	TJ-95	TJ-120	TJ-150	TJ-185	TJ-240	TJ-300
电阻 /Ω·km⁻¹	1.34	1.20	0.74	0.54	0.39	0.28	0.20	0.158	0.123	0.103	0.078	0.062
线间几何均距/m	感应电抗 /Ω·km⁻¹											
0.4	0.355	0.333	0.319	0.308	0.297	0.283	0.274					
0.6	0.381	0.358	0.345	0.336	0.325	0.309	0.300	0.292	0.287	0.280		
0.8	0.399	0.377	0.363	0.352	0.341	0.327	0.318	0.310	0.305	0.298		
1.0	0.413	0.391	0.377	0.366	0.355	0.341	0.332	0.324	0.319	0.313	0.305	0.298
1.25	0.427	0.405	0.391	0.380	0.369	0.355	0.346	0.338	0.333	0.320	0.319	0.312
1.50	0.438	0.416	0.402	0.391	0.380	0.366	0.357	0.349	0.344	0.338	0.330	0.323
2.0	0.457	0.437	0.421	0.410	0.398	0.385	0.376	0.368	0.363	0.357	0.349	0.342
2.5		0.449	0.435	0.424	0.413	0.399	0.390	0.382	0.377	0.371	0.363	0.356
3.0		0.460	0.446	0.435	0.423	0.410	0.401	0.393	0.388	0.282	0.374	0.376
3.5		0.470	0.456	0.445	0.433	0.420	0.411	0.408	0.398	0.392	0.384	0.377
4.0		0.478	0.464	0.453	0.441	0.428	0.419	0.411	0.406	0.400	0.392	0.385
4.5			0.471	0.460	0.448	0.435	0.426	0.418	0.413	0.407	0.399	0.392
5.0				0.467	0.456	0.442	0.433	0.425	0.420	0.414	0.406	0.399
5.5					0.462	0.448	0.439	0.433	0.426	0.420	0.412	0.405
6.0					0.468	0.454	0.445	0.437	0.432	0.428	0.418	0.411

附表8 LJ型裸铝绞线的电阻和电抗

绞线型号	LJ-16	LJ-25	LJ-35	LJ-50	LJ-70	LJ-95	LJ-120	LJ-150	LJ-185	LJ-240	LJ-300
电阻 /Ω·km⁻¹	1.98	1.28	0.92	0.64	0.46	0.34	0.27	0.21	0.17	0.132	0.106
线间几何均距/m	电抗 /Ω·km⁻¹										
0.6	0.358	0.345	0.336	0.325	0.312	0.303	0.295	0.288	0.281	0.273	0.267
0.8	0.377	0.363	0.352	0.341	0.330	0.321	0.313	0.305	0.299	0.291	0.284
1.0	0.391	0.377	0.366	0.355	0.344	0.335	0.327	0.319	0.313	0.305	0.298
1.25	0.405	0.391	0.380	0.369	0.358	0.349	0.341	0.333	0.327	0.319	0.302
1.5	0.416	0.402	0.392	0.380	0.370	0.360	0.353	0.345	0.339	0.330	0.322
2.0	0.434	0.421	0.410	0.398	0.388	0.378	0.371	0.363	0.356	0.348	0.341
2.5	0.448	0.435	0.424	0.413	0.399	0.392	0.385	0.377	0.371	0.362	0.355
3	0.459	0.448	0.435	0.424	0.410	0.403	0.396	0.388	0.382	0.374	0.367
3.5			0.445	0.433	0.420	0.413	0.406	0.398	0.392	0.383	0.376
4.0			0.453	0.441	0.428	0.419	0.411	0.406	0.400	0.392	0.385

附表 9 LGJ型钢芯铝绞线的电阻和电抗

绞线型号	LGJ-16	LGJ-25	LGJ-35	LGJ-50	LGJ-70	LGJ-95	LGJ-120	LGJ-150	LGJ-185	LGJ-240	LGJ-300	LGJ-400
电阻 /Ω·km⁻¹	2.04	1.38	0.95	0.65	0.46	0.33	0.27	0.21	0.17	0.132	0.107	0.082
几何均距 /m	电抗 /Ω·km⁻¹											
1.0	0.387	0.374	0.359	0.351	—	—	—	—	—	—	—	—
1.25	0.401	0.388	0.373	0.365	—	—	—	—	—	—	—	—
1.5	0.412	0.400	0.385	0.376	0.365	0.354	0.347	0.340	—	—	—	—
2.0	0.430	0.418	0.403	0.394	0.383	0.372	0.365	0.358	—	—	—	—
2.5	0.444	0.432	0.417	0.408	0.397	0.386	0.379	0.372	0.365	0.357	—	—
3.0	0.456	0.443	0.428	0.420	0.409	0.398	0.391	0.384	0.377	0.369	—	—
3.5	0.466	0.453	0.438	0.429	0.418	0.406	0.400	0.394	0.386	0.378	0.371	0.362

附表 10 电流互感器技术数据

型号	额定变流比/A	级次组合	准确级次	二次负荷/Ω 0.5级	1级	3级	10级	D级	10%倍数 二次负荷/Ω	倍数	1s热稳定倍数	动稳定倍数	可穿过的铝母线尺寸/mm²
LM1-0.5 LMK1-0.5	5,10,15,30, 50, 75,150/5												25×3
	20,40,100, 200/5		0.5	0.2	0.3								25×3
	300/5												30×4
	400/5												40×5
LMZ1-0.5 LMS-0.5	5,10,15,20, 30,40, 50,75,100, 150,200/5		0.5	0.2	0.3								25×3
	300/5		1										30×4
	400/5												40×5
LQ-0.5	5~300/5									6			
	400/5		0.5	0.2					0.2	4	50	100	
	600,750/5									6			
LQC-0.5	5~750/5		0.5	0.4	0.6				0.4	6	50	70	
LM-0.5	800/5		3							13			
	1000/5									17			
	1500/5									21			
	2000/5		1							33			
	3000/5								0.8	32			
	4000/5									40			
	5000/5									42			
LA-10	5,10,15,20/5		0.5	0.4						<10			
	30,40,50, 75/5	0.5/3 及 1/3	1		0.4					<10	90	160	
	100,150, 200/5		3			0.6				≥10			

型 号	额定变流比 /A	级次 组合	准确 级次	二次负荷/Ω					10%倍数		1s 热稳 定倍数	动稳定 倍数	可穿过的 铝母线尺 寸/mm²
				0.5级	1级	3级	10级	D级	二次负荷/Ω	倍数			
LA-10	300~400/5	0.5/3 及 1/3	0.5	0.4						< 10	75	135	
			1		0.4					< 10			
			3			0.6				≥ 10			
	500/5	0.5/3 及 1/3	0.5	0.4						< 10	60	110	
			1		0.4					< 10			
			3			0.6				≥ 10			
	600~1000/5	0.5/3 及 1/3	0.5	0.4						< 10	50	90	
			1		0.4					< 10			
			3			0.6				≥ 10			

注:符号说明:L——电流互感器;Q——线圈式;M——母线式;K——塑料外壳绝缘;Z——浇注绝缘;S——塑料绝缘;C——瓷绝缘;A——穿墙式。型号后的数字指可用于该电压等级及以下,电压单位为 kV。

附表 11   LQJ-10 型电流互感器技术数据

型 号	额定电流 比/A	级次 组合	第一铁心			第二铁心				1s 热稳 定倍数	动稳定倍数	
			准确 级次	额定容量 /V·A	额定负载 /Ω	准确 级次	额定容 量/V·A	额定负 载/Ω	额定负载时 10%倍数		5~100 /A	150~400 /A
LQJ-10	5~100/5	0.5/3	0.5		0.4	3		1.2	> 6	90	225	
	150~400/5	0.5/3	0.5		0.4	3		1.2	> 6	75		160
	5~400/5	0.5/1 0.5/3	0.5 0.5	15 15	0.6 0.6	1 3	30 30	1.2 1.2	> 6	65~70	150~200	150
	5~400/5	1/3 1/1	1 1	15 15	0.6 0.6	3 1	30 15	1.2 0.6	> 6	70~80	150~250	150~165
LQJC-10	150~400/5	0.5/C 1/C	0.5 1	15 15	0.6 0.6	C C	30 30	1.2 1.2	9	65~70	150~200	150

注:1. 符号意义:L——电流互感器;Q——线圈式;J——环氧树脂浇注;C——供差动保护用;10——用于 10kV 及以下电压等级。

2. 此型电流互感器供安装在各种高压配电装置内(如 GG-1A 型高压开关柜)。

238

附表 12 LMJ-10 型电流互感器技术数据

型号	额定电流比/A	级次组合	准确级次	额定二次负荷/Ω 0.5级	额定二次负荷/Ω 1级	额定二次负荷/Ω 3级	10%倍数	1s热稳定倍数	动稳定倍数	备注
LMJ-10	600/5,800/5	0.5/3	0.5	0.4				65	100	1. L—电流互感器；M—母线式；J—环氧树脂浇注；10—用于10kV及以下电压等级； 2. 动稳定倍数是按相间距离 L 为250mm 确定的，如 $L<250$mm 时，需乘以校正系数 $\sqrt{\dfrac{L}{250}}$。 3. 周围空气不超过 +40℃时，许可按110% 额定电流运行。
	1000/5,1500/5		3			0.6	10		60	
	600/5,800/5	1/3	1		0.4			65	100	
	1000/5,1500/5		3			0.6	10		60	
	600/5,800/5	0.5/3	0.5	0.6				65	100	
	1000/5,1500/5		3			1.2			60	
LMJC-10	600/5,800/5	1/C	1		0.4			65	100	1. C—供差动保护用。 2. 其他技术条件同上。
	1000/5,1500/5		C				10		60	
	600/5,800/5	0.5/C	0.5	0.6				65	100	
	1000/5,1500/5		C				10		60	

附表 13 LCW 型电流互感器技术数据

型号	额定电流比/A	级次组合	准确级次	二次负载/Ω 0.5级	二次负载/Ω 1级	二次负载/Ω 3级	二次负载/Ω 10级	二次负载/Ω D级	10%倍数 二次负载Ω	10%倍数 倍数	1s热稳定倍数	动稳定倍数	备注
LCW-35	15~1000/5	0.5/3	0.5	2	4				2	28	65	100	1. L—电流互感器；C—瓷绝缘；W—户外式；D—供差动保护用。 2. * 号表示当电流比为1000/5时，倍数为50； ** 号表示当电流比为1000/5时，动稳定倍数为100。
			3			2			2	5			
LCWD-35	15~1000/5	D/0.5	D			3	4	0.8	0.8	35*	65	150**	
			0.5	1.2	1.2								
LCW-110	(50~100)~(300~600)/5	0.5/1	0.5	1.2	2.4				1.2	15	75	150	
			1	1.2	1.2								
LCWD-110	(50~100)~(300~600)/5	D/1	D			4		0.8	0.8	30	75	150	
			1	1.2	1.2					15			

附表 14　裸铜、铝及钢芯铝绞线的允许载流量

（按环境温度 + 25℃最高允许温度 + 70℃）

铜　　线			铝　　线			钢　芯　铝　线	
导线型号	载流量/A		导线型号	载流量/A		导线型号	屋外载流量/A
	屋外	屋内		屋外	屋内		
TJ-4	50	25	—	—	—	—	—
TJ-6	70	35	LJ-10	75	55	—	—
TJ-10	95	60	LJ-16	105	80	LGJ-16	105
TJ-16	130	100	LJ-25	135	110	LGJ-25	135
TJ-25	180	140	LJ-35	170	135	LGJ-35	170
TJ-35	220	175	LJ-50	215	170	LGJ-50	220
TJ-50	270	220	LJ-70	265	215	LGJ-70	275
TJ-60	315	250	LJ-95	325	260	LGJ-95	335
TJ-70	340	280	LJ-120	375	310	LGJ-120	380
TJ-95	415	340	LJ-150	440	370	LGJ-150	445
TJ-120	485	405	LJ-185	500	425	LGJ-185	515
TJ-150	570	480	LJ-240	610		LGJ-240	610
TJ-185	645	550	LJ-300	680		LGJ-300	700
TJ-240	770	650	LJ-400	830		LGJ-400	800
TJ-300	890	—	LJ-500	890		LGJQ-330	745
TJ-400	1085	—	LJ-625	1140		LGJQ-480	925

附表 15　裸导线载流量的温度校正系数 K_1

导体额定温度/℃	实际环境温度（℃）时的载流量校正系数											
	-5	0	+5	+10	+15	+20	+25	+30	+35	+40	+45	+50
80	1.24	1.20	1.17	1.13	1.09	1.04	1.00	0.95	0.90	0.85	0.80	0.74
70	1.29	1.24	1.20	1.15	1.11	1.05	1.00	0.94	0.88	0.81	0.74	0.67
65	1.32	1.27	1.22	1.17	1.12	1.06	1.00	0.94	0.87	0.79	0.71	0.61
60	1.36	1.31	1.25	1.20	1.13	1.07	1.00	0.93	0.85	0.76	0.66	0.54
55	1.41	1.35	1.29	1.23	1.15	1.08	1.00	0.91	0.82	0.71	0.58	0.41
50	1.48	1.41	1.34	1.26	1.18	1.09	1.00	0.89	0.78	0.63	0.45	—

注：一般决定导线允许载流量时，周围环境温度均取 + 25℃作为标准，当周围环境温度不是 25℃时，其载流量乘以温度校正系数 K_1，由下式确定：$K_1 = \sqrt{(t_1 - t_0)/(t_1 - 25)}$，式中 t_0——敷设处实际环境温度，℃；t_1——导线及电缆长期允许工作温度，℃。

附表 16　电缆埋地多根并列时的电流校正系数

电 缆 根 数	1	2	3	4	5	6	7	8
电缆外皮间距 100mm	1	0.9	0.85	0.8	0.78	0.75	0.73	0.72
200mm	1	0.92	0.87	0.84	0.82	0.81	0.80	0.79
300mm	1	0.93	0.9	0.87	0.86	0.85	0.85	0.84

附表17 DL-20(30)系列电流继电器技术数据

型 号	整定范围 /A	线圈串联		线圈并联		动作时间	返回系数	最小整定电流时的功率消耗 /V·A	接 点	
		动作电流 /A	长期允许电流/A	动作电流 /A	长期允许电流/A				常 开	常 闭
DL-21 DL-31	0.0125 ~ 0.05	0.0125 ~ 0.025	0.08	0.025 ~ 0.05	0.16	(1)当1.2倍整定电流时,不大于0.15s	0.8	0.4	1	
DL-22	0.05 ~ 0.2	0.05 ~ 0.1	0.3	0.1 ~ 0.2	0.6		0.8	0.5		1
DL-23 DL-32	0.15 ~ 0.6	0.15 ~ 0.3	1	0.3 ~ 0.6	2		0.8	0.5	1	1
DL-24 DL-33	0.5 ~ 2	0.5 ~ 1	4	1 ~ 2	8		0.8	0.5	2	
DL-25	1.5 ~ 6	1.5 ~ 3	6	3 ~ 6	12	(2)当3倍整定电流时,不大于0.03s	0.8	0.55		2
DL-34	2.5 ~ 10	2.5 ~ 5	10	5 ~ 10	20		0.8	0.85	2	2
	5 ~ 20	5 ~ 10	15	10 ~ 20	30		0.8	1	2	2
	12.5 ~ 50	12.5 ~ 25	20	25 ~ 50	40		0.8	6.5	2	2
	25 ~ 100	25 ~ 50	20	50 ~ 100	40		0.8	23	2	2
	50 ~ 200	50 ~ 100	20	100 ~ 200	40		0.7		2	2

注:1. 此系列电流继电器替代DL-10系列,用于对电机、变压器和送电线路的过负荷及短路保护,作为启动元件;

2. 动作电流误差不大于±6%;

3. 接点断开容量:当电压不大于250V及电流不大于2A时,接点断开功率,在具有电感负荷的直流电路中不超过50W,在交流电路中不超过250V·A。

附表18 并联电容器的技术数据

型 号	额定电压/kV	标称容量/kvar	额定频率/Hz	相 数
BW0.23-5-1 BW0.23-5-3	0.23	5	50	1 3
BW0.4-14-1	0.4	14	50或60	1
BW0.4-14-3	0.4	14	同上	3
BW0.4-16-1	0.4	16	50	1
BW0.4-16-3	0.4	16	50	3
BW3.15-18-1	3.15	18	50	1
BW6.3-18-1	6.3	18	50	1
BW6.3-18-1G	6.3	18	50	1
BWF6.3-30-1	6.3	30	50	1
BWF6.3-30-1G	6.3	30	50	1
BWF6.3-40-1	6.3	40	50	1
BWF6.3-50-1W	6.3	50	50	1
BWF6.3-60-1	6.3	60	50	1
BGF6.3-80-1	6.3	80	50	1
BGF6.3-100-1	6.3	100	50	1
BW10.5-18-1G	10.5	18	50	1

型　　号	额定电压/kV	标称容量/kvar	额定频率/Hz	相　　数
BW10.5-18-1	10.5	18	50	
BWF10.5-30-1	10.5	30	50	1
BWF10.5-30-1G	10.5	30	50	
BWF10.5-40-1	10.5	40	50	1
BWF10.5-50-1W	10.5	50	50	1
BWF10.5-60-1	10.5	60	50	1
BGF10.5-80-1	10.5	80	50	1
BGF10.5-100-1	10.5	100	50	1
BWF11/$\sqrt{3}$-30-1	11/$\sqrt{3}$	30	50	1
BWF11/$\sqrt{3}$-30-1G	11/$\sqrt{3}$	30	50	1
BWF11/$\sqrt{3}$-50-1	11/$\sqrt{3}$	50	50	1
BWF11/$\sqrt{3}$-50-1W	11/$\sqrt{3}$	50	50	1
BWF11/$\sqrt{3}$-60-1	11/$\sqrt{3}$	60	50	1
BGF11/$\sqrt{3}$-80-1	11/$\sqrt{3}$	80	50	1
BGF11/$\sqrt{3}$-100-1	11/$\sqrt{3}$	100	50	1
BWF11/$\sqrt{3}$-100-1	11/$\sqrt{3}$	100	50	1
BWF11/$\sqrt{3}$-100-1W	11/$\sqrt{3}$	100	50	1
BWF11/$\sqrt{3}$-200-1W	11/$\sqrt{3}$	200	50	1
BWF11/$\sqrt{3}$-334-1W	11/$\sqrt{3}$	334	50	1
BWF11-50-1	11	50	50	1
BWF11-60-1	11	60	50	1
BGF11-80-1	11	80	50	1
BGF11-100-1	11	100	50	1

注:1. 型号中,第一字母"B"代表并联;第二字母"W"代表烷基苯油,"G"代表硅油;第三字母"F"代表膜纸复合;

2. 型号中,末尾字母"G"代表高原型,"W"代表全户外型,全户外型采用不锈钢板外壳;

3. 型号中,第一个数字表示额定电压,kV,第二个数字表示标称容量,kvar;第三个数字代表相数。

参 考 文 献

1 耿毅主编.工业企业供电.北京:冶金工业出版社,1985

2 刘介才编.工厂供电(修订本).北京:机械工业出版社,1991

3 丁昱主编.工业企业供电.北京:冶金工业出版社,1993

4 苏文成主编.工厂供电(第二版).北京:机械工业出版社,1990

5 苑文叔、薛世杰编.电力工程与工厂供电.西安:西安交通大学出版社,1990

6 李宗纲等编著.工厂供电设计.长春:吉林科学技术出版社,1985

7 王崇林、邹永明主编.供电技术.北京:煤炭工业出版社,1997

8 李光沛、徐玉琦编.纺织企业供电.北京:纺织工业出版社,1987

9 美国电气和电子工程师协会编.北京有色冶金设计研究总院电力室译、工厂配电.北京:电力工业出版社,1982

10 周鸿昌编著.工厂供电及例题习题.上海:同济大学出版社,1992

11 同济大学电气工程系编.工厂供电.北京:中国建筑工业出版社,1981

12 徐玉琦编著.工厂电气设备经济运行.北京:机械工业出版社,1988

13 苏文成、金子康等编著.无功补偿与电力电子技术.北京:机械工业出版社,1990

14 吴竞昌等编著.电力系统谐波.北京:水利电力出版社,1988

15 工厂常用电气设备手册编写组编.工厂常用电气设备手册.北京:水利电力出版社,1990

16 马长贵主编.继电保护基础.北京:水利电力出版社,1987

17 J.L.布列克勃恩编.继电保护的应用.北京:水利电力出版社,1982

18 PowermonitorII User Manual, Rockwell Automation

19 浙江大学罗克韦尔自动化技术中心编.可编程序控制器系统.杭州:浙江大学出版社,2000 年

20 国家标准 GB4728—84、85.电气图形符号.北京:中国标准出版社,1986

21 电气制图及图形符号国家标准汇编.北京:中国标准出版社,1989

冶金工业出版社部分图书推荐

书　名	作　者	定价(元)
热工测量仪表(国规教材)	张　华　等编	38.00
自动控制原理(第4版)(本科教材)	王建辉　等编	32.00
自动控制原理习题详解(本科教材)	王建辉　主编	18.00
现代控制理论(英文版)(本科教材)	井元伟　等编	16.00
自动检测和过程控制(第3版)(本科教材)	刘元扬　主编	36.00
机电一体化技术基础与产品设计(第2版)(本科教材)	刘　杰　等编	45.00
自动控制系统(第2版)(本科教材)	刘建昌　主编	15.00
可编程序控制器及常用电器(第2版)(本科教材)	何友华　主编	30.00
自动检测技术(第2版)(本科教材)	王绍纯　主编	26.00
电力拖动自动控制系统(第2版)(本科教材)	李正熙　等编	30.00
电力系统微机保护(本科教材)	张明君　等编	18.00
电路实验教程(本科教材)	李书杰　等编	19.00
电子技术试验(本科教材)	郝国法　主编	30.00
电机拖动基础(本科教材)	严欣平　主编	25.00
电子产品设计实例教程(本科教材)	孙进生　等编	20.00
电工与电子技术(第2版)(本科教材)	荣西林　等编	49.00
电工与电子技术学习指导(本科教材)	张　石　等编	29.00
电液比例与伺服控制(本科教材)	杨征瑞　等编	36.00
单片机实验与应用设计教程(本科教材)	邓　红　等编	28.00
网络信息安全技术基础与应用(本科教材)	庞淑英　主编	21.00
机械电子工程实验课程(本科教材)	宋伟刚　主编	29.00
冶金过程检测与控制(职教教材)	郭爱民　主编	20.00
参数检测与自动控制(职教教材)	李登超　主编	39.00
单片机原理与接口技术(职教教材)	张　涛　等编	28.00
维修电工技能实训教程(高职教材)	周辉林　主编	21.00
工厂电气控制设备(高职教材)	赵秉衡　主编	20.00
电气设备故障检测与维护(技能培训教材)	王国贞　主编	28.00
热工仪表及其维护(技能培训教材)	张惠荣　主编	26.00
复杂系统的模糊变结构控制及其应用	米　阳　等著	20.00
冶金过程自动化基础	孙一康　等编	45.00
冶金原燃料生产自动化技术	马竹梧　编著	58.00
炼铁生产自动化技术	马竹梧　编著	46.00
炼钢生产自动化技术	蒋慎言　等编	53.00
连铸及炉外精炼自动化技术	蒋慎言　编著	52.00
热轧生产自动化技术	刘　玠　等编	52.00
冷轧生产自动化技术	孙一康　等编	52.00
冶金企业管理信息化技术	漆永新　编著	56.00
冷热轧板带轧机的模型与控制	孙一康　著	59.00
基于神经网络的智能诊断	虞和济　等著	48.00